空间天气定量预报模式

张效信 杜 丹 郭建广 编著

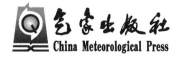
气象出版社
China Meteorological Press

内容简介

本书全面介绍了 25 个面向业务应用的空间天气定量预报模式,覆盖空间天气所涉及的太阳、行星际、磁层、电离层和中高层大气五大区域。本书内容是对公益性行业(气象)科研专项项目"空间天气定量化预报技术及其集成"(GYHY200806024)部分成果的凝练与总结,可作为空间天气相关学科的教科书,也可供从事空间天气相关的专业技术人员参考,并对面向业务的空间天气应用研究有积极推动作用。

图书在版编目(CIP)数据

空间天气定量预报模式/张效信,杜丹,郭建广编著. —北京:气象出版社,2016.2
ISBN 978-7-5029-6149-7

Ⅰ.①空… Ⅱ.①张…②杜…③郭… Ⅲ.①空间科学-天气预报 Ⅳ.①P45

中国版本图书馆 CIP 数据核字(2016)第 022190 号

出版发行:气象出版社

地　　　址:	北京市海淀区中关村南大街 46 号	邮政编码:	100081
总 编 室:	010-68407112	发 行 部:	010-68409198
网　　　址:	http://www.qxcbs.com	**E-mail:**	qxcbs@cma.gov.cn
责任编辑:	杨泽彬　邵俊年	终　　　审:	袁信轩
责任校对:	王丽梅	责任技编:	赵相宁
封面设计:	易普锐创意		
印　　　刷:	北京中新伟业印刷有限公司		
开　　　本:	787 mm×1092 mm　1/16	印　　张:	15
字　　　数:	370 千字	彩　　插:	8
版　　　次:	2016 年 4 月第 1 版	印　　次:	2016 年 4 月第 1 次印刷
定　　　价:	72.00 元		

本书如存在文字不清、漏印以及缺页、倒页、脱页等,请与本社发行部联系调换。

参与编写人员（按姓氏笔画排列）：

万卫星	于　超	王永福	王传兵	王建平
毛　田	冯学尚	吕建永	刘国华	刘瑞源
李汇军	肖伏良	余　优	张东和	张　莹
陈安芹	陈耿雄	陈婷娣	陈　耀	武业文
武　昭	林瑞淋	钟鼎坤	罗　浩	周　全
宗秋刚	郝永强	赵海娟	姜国英	徐文耀
徐寄遥	唐云秋	唐怡环	黄　聪	谢　伦
解妍琼	窦贤康	熊　波	潘宗浩	薛向辉

序

    空间天气科学是当代自然科学的一门新兴的多学科前沿的交叉科学,也是关乎国家经济社会发展和国家安全的新兴战略科学,它是我国空间科学中最有基础和优势的基础研究领域之一,可望在当代取得重大原创性新成就。了解灾害性空间天气变化过程与规律,是减轻或避免灾害性空间天气带给航天、通信、导航定位、遥感、资源、人类健康等高科技领域的损失与危害的基本前提和必备的科学基础。

    空间天气预报是空间时代人类社会生存与发展所必需的一种基本能力,犹如人类需要地球天气预报一样。今天,人类社会正全面进入探索空间、利用空间的新时期,空间天气预报面临前所未有的新挑战,特别是定量预报,需要各种描述日地空间整体和各组成部分(包括大气模型、电离层模型、磁层模型、行星际模型等)的基本状态和结构的模型,以及日地空间天气事件模型(包括各种太阳事件过程模型、行星际太阳风暴传播模型、磁暴和亚暴模型、电离层暴和热层暴模型等)。它们各有所长,各有所用,是空间天气预报需要逐渐集成与融合的两个重要方面。

    公益性行业(气象)科研专项项目——"空间天气定量化预报技术及其集成"(GYHY200806024)从空间天气业务发展的角度出发,集中同行的力量开展面向业务应用的空间天气定量化预报技术研究,对基于国外数据的预报模式进行了区域性分析,并分析了相关模式在国内的适应性,对国内(外)成熟的预报研究成果改造成面向业务的预报技术,开展了对比较成熟的预报方法的定量化技术改造,确定了相关空间天气预报技术接口规范;在进行太阳/行星际、太阳风/磁层、内磁层、电离层、中高层大气等空间区域的定量化预报模式转化的基础上,初步构建了空间天气定量化业务预报框架,完成了太阳、行星际、磁层、电离层和中高层大气等空间区域的定量化初级预报模式系统集成,是国内首个面向业务应用的跨越空间天气所涉及的五大区域(太阳、行星际、磁层、电离层和中高层大气)的集成预报模式。

    进一步发展集成预报模式,建立日地系统不同空间区域、不同参数和空间天气事件的因果链研究模式是提升我国空间天气监测预警水平为国际先进有待努力的一个方向,也将成为我国空间天气业务领域的关键技术和重要工作,对提升整个行业的业务水平具有极其重要的意义。

魏奉思

(中国科学院国家空间科学中心研究员,中国科学院院士)

2016 年 3 月 28 日

前　言

"空间天气定量化预报技术及其集成"（GYHY200806024）项目是国家卫星气象中心张效信研究员主持的公益性行业（气象）科研专项项目，于2008年10月立项。该项目从空间天气业务发展的角度出发，集中同行的力量开展面向业务应用的空间天气定量化预报技术研究，对基于国外数据的预报模式进行了区域性分析，并分析了相关模式在国内的适应性，对国内（外）成熟的预报研究成果改造成面向业务的预报技术，开展了对比较成熟的预报方法的定量化技术改造，确定了相关空间天气预报技术接口规范；在进行太阳/行星际、太阳风/磁层、内磁层、电离层、中高层大气等空间区域的定量化预报模式转化的基础上，初步构建了空间天气定量化业务预报框架，完成了太阳、行星际、磁层、电离层和中高层大气等空间区域的定量化初级预报模式系统集成，是国内首个面向业务应用的跨越空间天气所涉及的五大区域（太阳、行星际、磁层、电离层和中高层大气）的集成预报模式。中国科学院国家空间科学中心、北京大学、中国科学技术大学、中国极地研究中心、中国科学院地质与地球物理研究所、山东大学威海分校、长沙理工大学、中国人民解放军理工大学等国内主要空间天气研究单位作为协作单位参加了项目研究。项目的主要成员有万卫星院士、窦贤康教授、冯学尚研究员、刘瑞源研究员、徐寄遥研究员、宗秋刚教授、陈耀教授、肖伏良教授、王传兵教授等，都是相关研究领域的权威专家。经过四年的研究与开发，项目制定了国内首个空间天气预报规范。在各协作单位的大力支持下，项目组完成了25个空间天气定量预报模式的研发改造和集成，可谓是小投入大产出的典范项目。

项目关于空间天气预报规范的研究成果有利于提高业务能力，促进空间天气预报行业的规范化发展，更好地为航空、航天、地质勘探、导航定位、长距离管网等用户服务；项目构建的空间天气定量化预报初步框架是我国空间天气监测预警的基础性、前瞻性工作，也将成为我国空间天气业务领域的关键技术和重要工作，能够极大提高我国对灾害性空间天气的预测预报能力。定量预报系统已成为预报员预报空间天气的辅助工具，部分模式在日常业务中发挥了重要作用。鉴于此，将项目的部分研究成果根据当前的进展加以更新并编辑成册——《空间天气定量预报模式》，一方面是对项目成果的凝练与总结，另一方面可作为空间天气相关学科的教科书，也可供从事空间天气相关的专业技术人员参考，并对面向业务的空间天气应用研究有积极推动作用。

本书由国家卫星气象中心（国家空间天气监测预警中心）的张效信、杜丹、郭建广整理编写完成。第1章的CME冰激凌-锥模型以及三维运动学模式（HAF）由中国科学技术大学的王传兵教授、薛向辉教授和潘宗浩博士编写；未来2天M级、X级耀斑产生概率与未来1～3天F107定量预报模式分别由国家卫星气象中心（国家空间天气监测预警中心）的唐云秋和赵海娟高工编写；激波到达时间一维磁流体模式及专家数据库模式由中国科学院国家空间科学中心的冯学尚研究员、钟鼎坤和张莹博士编写；CME激波传播过程预报模式由山东大学的陈耀教授和武昭编写。第2章的磁层顶统计模式及太阳风传输模式由张效信研究员和中国科学院国家空间科学中心的林瑞淋博士编写；磁层状态模式由南京信息工程大学的吕建永教授和周全编写；极光卵分布预报模式由国家卫星气象中心（国家空间天气监测预警中心）的陈安芹博士编写;第 3 章的辐射带边界演化模式由北京大学的宗秋刚教授和王永福博士编写;高能质子注入事件预报模式、辐射带槽区高能电子通量预报模式以及辐射带南大西洋异常区高能粒子通量预报模式由北京大学的谢伦教授和王永福博士编写;电离层电流特征模式由中国科学院地质与地球物理研究所的陈耿雄和徐文耀研究员编写;地球辐射带波-粒相互作用由长沙理工大学的肖伏良教授编写;地磁扰动预报模式由解放军理工大学的解妍琼和李汇军博士编写。第 4 章的中国电离层电子总含量(TEC)现报技术的发展完善与多种参量数据同化模式由中国科学院地质与地球物理研究所的万卫星院士、余优和熊波博士编写;中国及其周边地区电离层 TEC 短期预报技术由中国极地研究中心的刘瑞源研究员和武业文博士编写;电离层闪烁效应预报模式由北京大学的张东和教授和郝永强博士编写。第 5 章的中低纬地区中高层大气温度、密度预报模式由中国科学院国家空间科学中心的徐寄遥研究员和姜国英博士编写;大气温度密度日变化模式、钠层季节变化模式以及钠层日变化模式由中国科学技术大学的窦贤康教授和薛向辉、陈婷娣、唐怡环博士编写。国家卫星气象中心(国家空间天气监测预警中心)的戎志国、阚凤清和吴雪宝研究员对项目的完成做了大量的协调和组织工作。国家卫星气象中心(国家空间天气监测预警中心)的毛田、黄聪、于超、叶茜、王传宇、周颜等人为本书做了大量细致和烦琐的整理、修改及其他辅助工作。在此谨向为本书做出贡献的所有成员表示诚挚的感谢。

　　本书的出版得到了魏奉思院士、汪景琇院士、王水院士、涂传诒院士、方成院士、肖佐教授、王赤研究员、杨军研究员、王劲松研究员、文洪涛博士、杨蕾博士等专家和领导的指导及支持,在此一并致以诚挚的谢意。

　　由于空间天气模式研究处于不断发展变化中,书中疏漏之处在所难免,敬请读者给予批评指正。

目　录

第 1 章　太阳/行星际模式

1.1　概况

1.1.1　目的意义

以日冕物质抛射(CME)为主要表现形式的太阳风暴,不仅是地面观测到的几乎所有非重现性地磁暴的太阳活动源,而且与它相联系的激波还是最强烈的太阳高能粒子事件(SEP)——渐进型 SEP 的驱动源。目前通过卫星及全球地面台站的联合不间断观测,我们可以实时监测太阳上的爆发活动,从而对地球附近空间环境可能遭受到的灾害性变化进行预报和警报。

空间天气研究已进入一个以日地系统空间天气全球(整体)过程的研究和预报为核心的发展阶段,空间天气灾害性事件定量预报是重要的科学前沿。预测 CME 近期是否可能发生,发生后太阳风暴到达地球轨道的时间、强度,以及可能伴随的 SEP 事件的流量、能量和通量是空间天气预报研究中极为重要的内容,它就像我们预报台风"桑美""海棠"何时登陆我国沿海一样具有重要的减灾防灾效益,可以为航天安全、通信保障等国防和民用需要做出贡献。

1.1.2　研究目标

建立一套可测算 CME 真实抛射速度、爆发位置及张角,并预报太阳耀斑产率、太阳风暴到达地球的时间和强度,以及 CME 驱动的行星际激波传播过程及其特性参数的智能化业务预报模式。

1.1.3　模式组成

太阳/行星际模式由以下五个模式组成(图 1.1):
①CME 冰激凌-锥模式。
②未来 1~3 天 F107 指数定量预报模式。
③未来 2 天 M 级、X 级耀斑产生概率预报模式。
④太阳风暴到达地球时间和强度的智能化业务预报模式。
⑤CME 激波的传播过程与激波特性的预报模式。

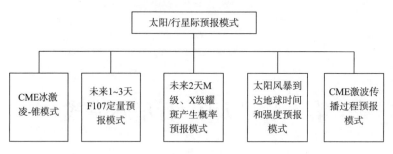

图 1.1　太阳/行星际模式结构图

1.1.4　技术路线

（1）整理、认证太阳活动（日冕物质抛射/Ⅱ型射电暴）观测特性；吸取和综合有关太阳风暴传播物理过程的已有研究成果；在此基础上，发展统计分析和数值预报计算技术。

（2）根据 CME 的冰激凌-锥模型反演计算 CME 的运动学参数；再将 CME 冰激凌-锥模型反演得到的 CME 运动学参数代入 HAF 运动学模型，模拟预测 CME 在日地空间的传播时间；将数值模型预测结果和观测资料进行比较分析，由资料分析结果指导模型的建模工作，进而将预测结果与观测比较，由观测资料来检验模型结果，优化模型中的一些特定参数或关系，以减少模型计算中的人为因素。

（3）分别根据太阳活动谷期、上升相、峰期和下降相来研究耀斑的产生情况，给出未来 2 天 M 级、X 级耀斑的产生概率。

（4）利用磁流体（MHD）模型计算 CME 驱动的激波在各个时刻和位置上的分布和传播特性，并给出指定位置和时间的激波的物理参数。

1.2　CME 冰激凌-锥模型

CME 是大量物质从日冕抛射到行星际空间的剧烈活动现象，是地球空间环境扰动的重要源，特别是正对地球抛射的 Halo CME（晕状 CME）。对 CME 抛射速度、张角及位置等运动学参数的准确确定，对研究 CME 在行星际空间的传播特征，以及对日地空间环境的影响，具有重要意义。但是，目前对 CME 的观测都只是对它在天空平面的投影观测，如果要知道它的真实运动学特征参数，则只有在一定的模型假设下，由其天空平面投影观测资料反演得到。根据国内外同行及我们自己的研究结果，我们假设 CME 的形状为冰激凌-锥形来反演计算 CME 的运动学参数，即 CME 的真实抛射速度、张角及位置等，并设计了一套半自动化的图像分析处理软件，相关结果可以用于一些空间天气预报模式（Xue $et\ al.$，2005）。

1.2.1　模型的基本假设、原理

在本模型中，对 CME 的抛射结构做如下假设：①CME 的抛射形状是对称的冰激凌-锥型，如图 1.2 所示，整个形状为一圆锥和一球相截构成，锥的顶点及球的中心均位于太阳的中心；

②CME 只存在径向的运动；③在 CME 的整个运动过程中，CME 的运动速度及角宽度（即圆锥的张角）不随时间变化（Xue et al.，2005）。

设 CME 在太阳爆发的日面位置为 (θ_0, φ_0)，这里 θ_0 和 φ_0 分别为爆发位置的余纬（余纬=90°－日面纬度）和经度。CME 的爆发速度为 v，爆发的范围是半张角为 $\alpha/2$ 的锥形，在整个锥体内 CME 等速且不随时间变化。建立如图 1.2 所示的坐标系，其中 (y_h, z_h) 为天空平面，x_h 轴在日地连线方向并指向地球，z_c 轴为冰激凌锥的中心对称轴。通过简单的坐标转换有

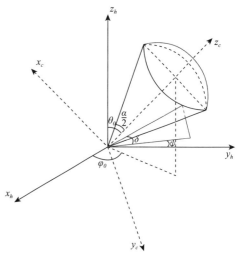

$$\begin{cases} x_h = x_c\cos\alpha_1 + y_c\cos\alpha_2 + z_c\cos\alpha_3 \\ y_h = x_c\cos\beta_1 + y_c\cos\beta_2 + z_c\cos\beta_3 \\ z_h = x_c\cos\gamma_1 + y_c\cos\gamma_2 + z_c\cos\gamma_3 \end{cases} \quad (1.1)$$

$$\begin{cases} x_c = x_h\cos\alpha_1 + y_h\cos\beta_1 + z_h\cos\gamma_1 \\ y_c = x_h\cos\alpha_2 + y_h\cos\beta_2 + z_h\cos\gamma_2 \\ z_c = x_h\cos\alpha_3 + y_h\cos\beta_3 + z_h\cos\gamma_3 \end{cases} \quad (1.2)$$

图 1.2　CME 的冰激凌-锥模型几何结构示意图（Xue et al.，2005）

其中，

$$\begin{cases} \cos\alpha_1 = \cos\theta_0\cos\varphi_0 \\ \cos\beta_1 = \cos\theta_0\sin\varphi_0 \\ \cos\gamma_1 = -\sin\theta_0 \end{cases} \quad (1.3)$$

$$\begin{cases} \cos\alpha_2 = -\sin\varphi_0 \\ \cos\beta_2 = \cos\varphi_0 \\ \cos\gamma_2 = 0 \end{cases} \quad (1.4)$$

$$\begin{cases} \cos\alpha_3 = \cos\varphi_0\sin\theta_0 \\ \cos\beta_3 = \sin\varphi_0\sin\theta_0 \\ \cos\gamma_3 = \cos\theta_0 \end{cases} \quad (1.5)$$

在 (x_c, y_c, z_c) 坐标系中，一个顶点在坐标原点的锥体的方程为 $\cos\theta \geqslant \cos(\alpha/2)$。那么该锥体在 (x_h, y_h, z_h) 坐标系中的方程则为

$$1 \geqslant \frac{x_h\cos\varphi_0\sin\theta_0 + y_h\sin\varphi_0\sin\theta_0 + z_h\cos\theta_0}{\sqrt{x_h^2 + y_h^2 + z_h^2}} \geqslant \cos\frac{\alpha}{2} \quad (1.6)$$

锥面上任意一径向和 Oy_hz_h 平面的夹角为

$$\sin\delta = \frac{x_h}{\sqrt{x_h^2 + y_h^2 + z_h^2}} \quad (1.7)$$

为了计算锥面上任一径向和 Oy_hz_h 平面的夹角 δ，我们用一单位球面和锥体相截，所得截面应满足方程

$$\begin{cases} 1 \geqslant x_h\cos\varphi_0\sin\theta_0 + y_h\sin\varphi_0\sin\theta_0 + z_h\cos\theta_0 \geqslant \cos\frac{\alpha}{2} \\ x_h^2 + y_h^2 + z_h^2 = 1 \\ \sin\delta = x_h \end{cases} \quad (1.8)$$

令 $y_h = \rho\cos\psi, z_h = \rho\sin\psi$,这里 ψ 为某一径向在 $Oy_h z_h$ 平面的投影线和 y_h 轴的夹角,有

$$\begin{cases} x_h\cos\varphi_0\sin\theta_0 + \rho(\cos\psi\sin\varphi_0\sin\theta_0 + \sin\psi\cos\theta_0) = \cos\dfrac{\alpha}{2} \\ x_h^2 + \rho^2 = 1 \end{cases} \tag{1.9}$$

由此可以求得

$$\sin\delta = x_h = \frac{\cos\dfrac{\alpha}{2}\cos\varphi_0\sin\theta_0 \pm A\sqrt{\cos^2\varphi_0\sin^2\theta_0 + A^2 - \cos^2\dfrac{\alpha}{2}}}{\cos^2\varphi_0\sin^2\theta_0 + A^2} \tag{1.10}$$

其中

$$A = \cos\psi\sin\varphi_0\sin\theta_0 + \sin\psi\cos\theta_0 \tag{1.11}$$

(1)对(1.10)式,当

$$\cos\frac{\alpha}{2} \leqslant \cos\varphi_0\sin\theta_0 \tag{1.12}$$

时,对任意的 $\psi \in [0, 2\pi]$,方程(1.10)均有解,CME 为 Halo CME。

(2)对(1.10)式,当

$$\cos\frac{\alpha}{2} > \cos\varphi_0\sin\theta_0 \tag{1.13}$$

时,CME 为非 Halo CME,方程(1.10)有实数解的 ψ 范围为

$$\psi_0 + \psi_- \leqslant \psi \leqslant \psi_0 + \psi_+ \tag{1.14}$$

其中

$$\tan\psi_0 = \frac{\cos\theta_0}{\sin\theta_0\sin\varphi_0} \tag{1.15}$$

$$\cos\psi_{\pm} = \frac{\pm\sqrt{\cos^2\dfrac{\alpha}{2} - \sin^2\theta_0\cos^2\varphi_0}}{\sqrt{\sin^2\theta_0\sin^2\varphi_0 + \cos^2\theta_0}} \tag{1.16}$$

(3)当锥体外表面和 $Oy_h z_h$ 平面有交点时,那么 CME 在天空平面的最大投影速度在某些方向将不由锥面的投影速度确定,而直接由 CME 的真实速度给定。假设在 $\psi_1 \leqslant \psi \leqslant \psi_2$ 的范围,CME 的投影速度直接由 CME 的真实速度给定,则令(1.9)式中 $x_h = 0$,可计算得

$$\begin{cases} \cos\psi_{1,2}\sin\varphi_0\sin\theta_0 + \sin\psi_{1,2}\cos\theta_0 = \cos\dfrac{\alpha}{2} \\ \sin\dfrac{\alpha}{2} \geqslant \sin\theta_0\cos\varphi_0 \end{cases} \tag{1.17}$$

令 $C = \sin\theta_0\cos\varphi_0$,根据上面的讨论,CME 投影速度的计算,可以分为下面几种情况:

①CME 为 Halo CME,并且 CME 的锥面和 $Oy_h z_h$ 平面没有交点,这时

$$v_p = v\cos\delta = v\left|\frac{A\cos\dfrac{\alpha}{2} \pm C\sqrt{A^2 + C^2 - \cos^2\dfrac{\alpha}{2}}}{A^2 + C^2}\right| \tag{1.18}$$

$$\psi \in [0, 2\pi]$$

②CME 为 Halo CME,并且 CME 的锥面和 $Oy_h z_h$ 平面有交点,这时

$$\begin{cases} v_p = v\cos\delta = v \left| \dfrac{A\cos\dfrac{\alpha}{2} \pm C\sqrt{A^2 + C^2 - \cos^2\dfrac{\alpha}{2}}}{A^2 + C^2} \right|, \psi \notin [\psi_1, \psi_2] \\ v_p = v, \psi \in [\psi_1, \psi_2] \end{cases} \tag{1.19}$$

③CME 为非 Halo CME,并且 CME 的锥面和 $O_{y_h z_h}$ 平面没有交点,这时

$$v_p = v\cos\delta = v \left| \frac{A\cos\dfrac{\alpha}{2} \pm C\sqrt{A^2 + C^2 - \cos^2\dfrac{\alpha}{2}}}{A^2 + C^2} \right| \tag{1.20}$$

$$\psi \in [\psi_0 + \psi_-, \psi_0 + \psi_+]$$

④CME 为非 Halo CME,并且 CME 的锥面和 $O_{y_h z_h}$ 平面有交点,这时

$$\begin{cases} v_p = v\cos\delta = v \left| \dfrac{A\cos\dfrac{\alpha}{2} \pm C\sqrt{A^2 + C^2 - \cos^2\dfrac{\alpha}{2}}}{A^2 + C^2} \right| & \psi \in [\psi_0 + \psi_-, \psi_0 + \psi_+], \psi \notin [\psi_1, \psi_2] \\ v_p = v, \quad \psi \in [\psi_1, \psi_2] \end{cases} \tag{1.21}$$

通过测量 CME 在天空平面不同方向的投影观测速度的大小,利用上面的关系(1.18)—(1.21)式,就可以反演计算 CME 的真实抛射速度、张角及位置等的最佳值。我们设计了一套半自动化的软件来实现这些测量、计算和反演工作。具体程序实现过程见下面的介绍。

1.2.2　模型的输入参数

CME 冰激凌-锥模型的输入参数,包括两部分。

(1)SOHO/LASCO 观测的差分图像

这部分差分图像的获得,对历史的 CME 事件和实时观测的 CME 事件是不同的。对历史的 CME 事件,SOHO/LASCO 的原始观测图像一般为 fits 格式或者 png 格式;但网上的实时观测图像一般为 jpg 或 gif 格式的图片。因为不同格式的原始文件,处理获得差分图像的程序也不太一样。差分图像的命名如"c30042.bmp",其中的 c3 表示是 SOHO/LASCO/C3 的观测,0042 表示观测时间是当天的 00:42 UT。示例如图 1.3 所示。

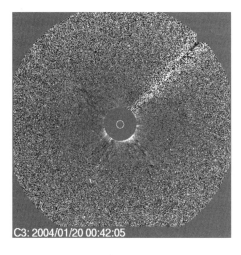
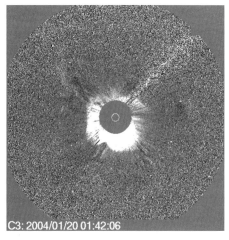

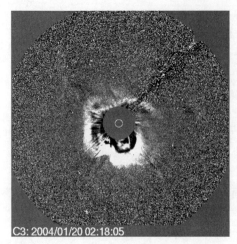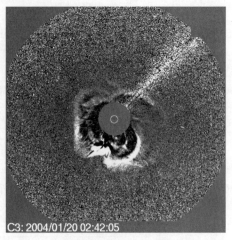

图 1.3　2004 年 1 月 20 日 CME 的 SOHO/LASCO/C3 观测差分图像

（2）SOHO/EIT 观测的差分图像或者 CME 对应耀斑的日面爆发位置

在这个部分，历史事件和观测事件的差分图像的获得、处理方式跟 SOHO/LASCO 的差分图像类似。采用 EIT 差分图像的目的是：大致确定 CME 在日面的爆发位置。在实际的操作中，也可以根据耀斑的资料，直接获得 CME 在日面的大致爆发位置。

1.2.3　模型的输出参数

（1）CME 天空平面投影速度的拟合曲线，以及 CME 爆发位置、速度和张角。

图 1.4 为对 2004 年 1 月 20 日 CME 的拟合反演结果，图中 v 为拟合得到的 CME 径向爆

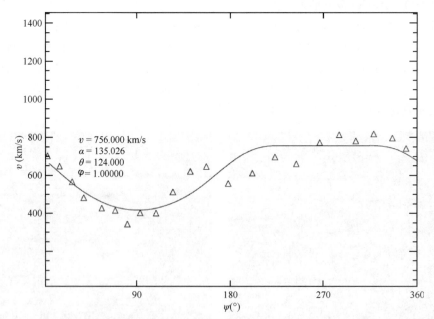

图 1.4　2004 年 1 月 20 日爆发的晕状 CME 的速度拟合结果曲线，其中三角形为 CME 在天空平面不同方向投影速度的测量值

发速度；α 为拟合得到的角宽度；θ 为拟合得到的 CME 爆发日面位置的余纬，其中大于 $90°$ 表示位于南半球，小于 $90°$ 表示位于北半球；φ 为拟合得到的 CME 爆发日面位置的经度，其中正值表示位于日面中心西边，负值表示位于日面中心东边。

（2）CME 拟合前沿位置和观测位置的比较图

图 1.5 为对 2004 年 1 月 20 日 CME 锥模型拟合的前沿位置和观测前沿位置的比较。根据该图，可以直观判断拟合结果和观测结果相比较的好坏。由图 1.5 可以看出，拟合的前沿位置和观测前沿位置，重叠得还是比较好的。

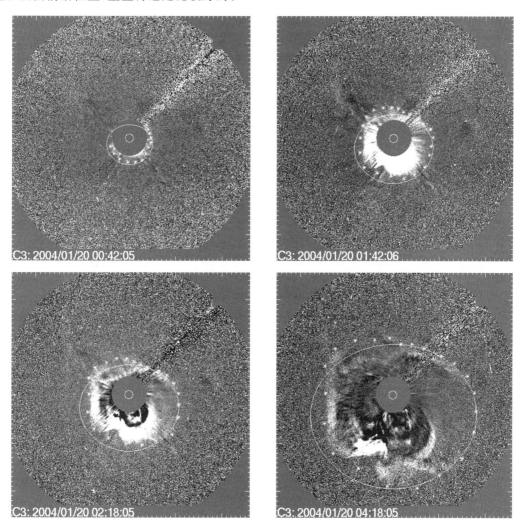

图 1.5　2004 年 1 月 20 日爆发的晕状 CME 的拟合前沿和观测前沿位置的比较，其中白线为拟合结果，白色星号为所选取的观测前沿位置代表点

1.2.4　程序反演计算过程

整个拟合反演的基本过程是：

①得到 SOHO/LASCO 的 C2 或 C3 的差分图像。

②由 SOHO/EIT 的差分图像或者 CME 对应耀斑的观测报告,确定 CME 在日面的大致爆发位置。

③由观测的 SOHO/LASCO 的 C2 和 C3 的差分图像,得到不同天空平面不同方位角上的高度-时间曲线,然后得到不同方位角的速度值。

④假设 CME 的几何位形为冰激凌-锥的形状,将测量的投影速度,以及 CME 爆发的大致日面位置利用最小二乘法拟合,获得 CME 爆发的空间真实径向速度 v、角宽度 α、爆发位置的日面纬度 θ 和日面经度 φ 的最佳估计。

在反演中一些参数的选择如下。

(1) Halo CME 和非 Halo CME 的处理

①α 的取值:

对于 Halo CME 必须满足方程(1.12)的要求,因此,角宽度取值在 $[2\cos^{-1}(\cos\varphi_0\sin\theta_0),$ $\pi]$(注意到这里的 $\theta_0\in[0,\pi]$,$\varphi_0\in\left[-\dfrac{\pi}{2},\dfrac{\pi}{2}\right]$,因此 $\cos^{-1}(\cos\varphi_0\sin\theta_0)\in\left[0,\dfrac{\pi}{2}\right]$)。而对于非 halo CME 角宽度的取值在 $[0,2\cos^{-1}(\cos\varphi_0\sin\theta_0)]$。

②v 的取值

一般在给定一个 α 后,令 $v\in[100,3000]$km/s,来拟合上述方程(1.18)—(1.21),得到最小方差下的最佳估计值 (v,α)。

(2) 对于锥与天空平面有交点的处理

当角宽度在给定范围内增大时,可能会出现锥和天空平面存在交点,如图 1.6 所示。此时根据简单的几何关系,当 $\delta+\dfrac{\alpha}{2}<\dfrac{\pi}{2}$ 时,锥和天空平面(yOz)没有交点,此时不需要处理,直接用上面方法拟合即可。当 $\delta+\dfrac{\alpha}{2}>\dfrac{\pi}{2}$ 时,这时锥和天空平面有交点,那么需要以下处理:

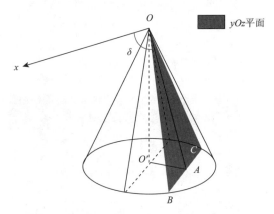

图 1.6 CME 的圆锥与天空平面的交点示意图

根据爆发点 (θ_0,φ_0),可以确定锥轴线 OO' 在天空平面的投影 OA 的方位角 ψ_0(满足 $\tan\psi_0=\dfrac{\cos\theta_0}{\sin\theta_0\sin\varphi_0}$),然后根据锥中立体几何关系计算得到锥交天空平面的范围是 $[\psi_0-\mathrm{d}\psi,\psi_0$ $+\mathrm{d}\psi]$(即 $\angle BOC$ 的大小),其中 $\mathrm{d}\psi=\arccos\left(\cos\dfrac{\alpha}{2}/\sin\delta\right)$。因此,在 $[\psi_0-\mathrm{d}\psi,\psi_0+\mathrm{d}\psi]$ 内,由前面分析,知道其各个方向速度应该是相同的,就是实际的空间速度,在 $[\psi_0-\mathrm{d}\psi,\psi_0+\mathrm{d}\psi]$ 外,按照原来的投影关系拟合。

1.2.5 模式使用说明和实例分析

(1)差分图像的获得

前面的图 1.3 给出了 2004 年 1 月 20 日 00:06 UT 时间爆发的 Halo CME 的差分图像

（C3 的差分图像）。该图像为从原始的 png 格式观测图像处理得到。需要说明的是,在模型的实时预报中,需要利用实时的 LASCO 观测图像,利用我们编写的一个简单程序来实现对实时观测图像的差分处理。实时的观测数据可以通过访问 SOHO 卫星网站来获得,其网址为:http://sohowww. nascom. nasa. gov/data/realtime-images. html。它提供了最新的 SOHO/LASCO 的 C2 和 C3 的观测数据(图片格式)。文件名称为 yyyymmdd_hhmm_C*. jpg(或 gif)(yyyy—四位年,mmdd—月份日期,hhmm—UT 时间,C* 表示 C2 或者 C3)。因为分辨率的原因,我们程序中使用的是 1024×1024 的 . jpg(或 gif)图片(下载时请注意使用与原文件相同的文件名,否则程序会出错)。

通过这些实时的观测图片,就可以获得差分图像。通过对不同时刻各个方向上 CME 的前沿位置的测量,可以得到不同角度 ϕ 的高度-时间曲线,从而可以拟合各个方向上的投影速度 v_p 的大小。

(2)CME 前沿时间-高度曲线的测量

为了方便测量高度-时间曲线,我们用了一个简单的窗口程序实现。该程序简单介绍如下。

该程序可以同时打开多个上述的差分图像,但对于图像有如下要求:

差分图像文件名为 C*****. bmp,第一个星号表示的是 C2 或 C3 挡板,后面 4 个星号代表这幅差分图像测量的时间。仍以上面 2004 年 1 月 20 日 00:06 UT 时间爆发的 Halo CME 为例,以上 4 幅图像的文件名称为:C30042. bmp,C30142. bmp 和 C30218. bmp,C30242. bmp。

程序打开图像后,主界面如图 1.7 所示。

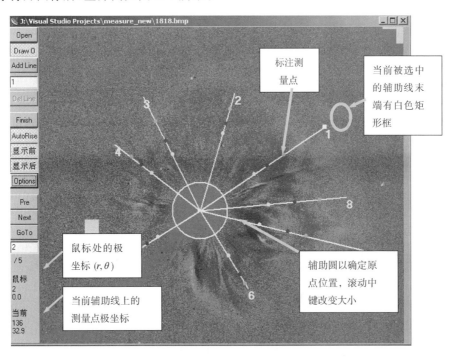

图 1.7　测量高度-时间曲线软件的主界面

测量的第一步:确定圆心。通过按键"draw0"可以任意确定圆心,如图 1.8 所示,确定好的圆心在图上以红色的圆点表示。

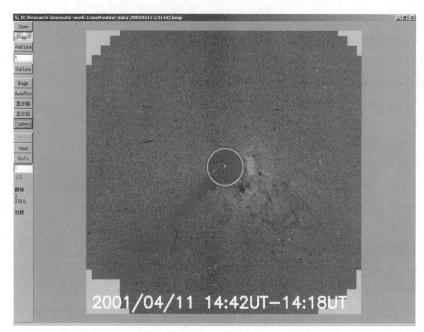

图 1.8　测量高度-时间曲线软件的圆心标定示意图

注意：通过鼠标中间的滚轮可以调节圆半径的大小来使之和 C2/C3 挡板吻合。这个圆的半径的像素长度，以及圆心的像素坐标将作为以后拟合程序的输入参数，请记录！其值的大小在 option 按钮中可以看到。默认值为 C2：$r=118$，$(x_0, y_0) = (350, 351)$；C3：$r=46$，$(x_0, y_0) = (354, 334)$

　　测量的第二步：可以作出任意方向任意数目的辅助测量线，通过按键"Add Line"可以实现这一功能；通过按键"Del Line"可以删除某一条辅助测量线。这些线按照先后顺序依次标号为"1，2，3，…"。图 1.9 是画完辅助线的参考，这些辅助线决定了本次测量的角度，即最后获得的各个角度的高度-时间曲线就是在这些辅助测量线所确定的方向。

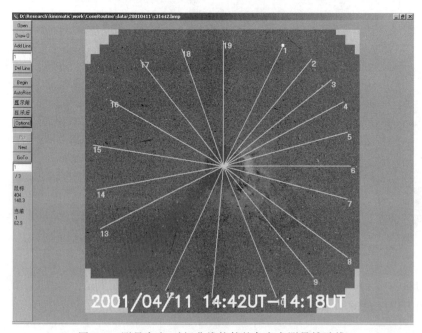

图 1.9　测量高度-时间曲线软件的各方向测量辅助线

　　测量第三步：分别在每幅图上对所有测量辅助线给出各个方向取点。先按按键"Begin"，开始执行第三步操作。利用鼠标右键依次在每一条辅助测量线上取点（注：右键点击一次，程序相应记录这点到圆心的距离，当前所测量的线编号，在右上方的空白窗口中显示。在同一根线上，只记录最后一次点击的位置距离）。按键"Auto Rise"可以实现每次自动跳跃到下一根线上测量，如果不选，则要手动调节测量的线的序号。"显示前"可以显示上一幅图像测量点的分布。如图 1.10 所示。

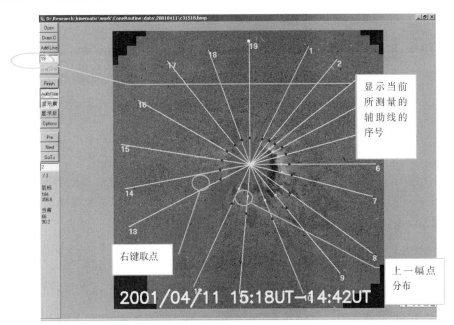

图 1.10　在测量高度-时间曲线软件的各方向测量辅助线上标定测量点

　　测量第四步：保存文件。依次对每幅图的各个方向取点结束后，按键"Finish"保存结果，会弹出如图 1.11 所示的对话框。结果格式：

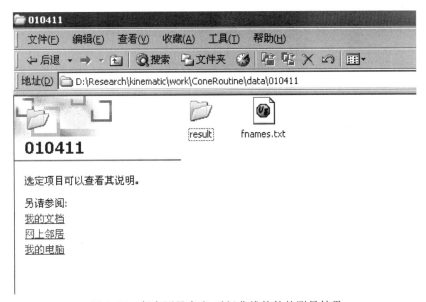

图 1.11　保存测量高度-时间曲线软件的测量结果

①时间序列。程序将测量的差分图像的文件名依次保存,生成 fnames. txt(默认名称)文件。文件中记录下每幅图像对应的时间。如:对于本次测量所保存的时间序列为:

c31442

c31518

c31542

c31618

注:如果某一幅图像没有进行任何测量(不合适用鼠标来取点),相应的位置就以"−1"来表示。

②各个角度的在各个时间的距离序列。与 fnames. txt 同一目录下,还生成了 result 文件夹,其中文件个数与前面测量辅助线的数目相同,文件名称为相应的辅助线在 yOz 平面的极角 ψ。这次测量我们共测量了 19 个方向,那么 result 下共生成 19 个 txt 文件。每一个文件中记录这个角度上在各个时刻(即每幅图像)CME 前沿到圆心的距离(如果该条线在某一时刻没有进行测量,那么该位置值为"−1")。

通过读取 fnames. txt 文件,可以得到时间序列;通过读取各个角度的距离文件,可以得到各个角度的高度序列,从而可以拟合出各个角度上的时间-高度曲线,进而得到各个角度上投影速度的观测值 v_p。将投影观测值 v_p 代入前面的方法进行最小二乘法拟合可以确定参数(v,α)。

(3)CME 爆发位置的初始估计

在拟合之前,还需要大致确定 CME 在日面的大致爆发位置。该爆发位置的确定有两种方法:

①根据与该 CME 对应的耀斑观测报告中的耀斑位置给定。在本测试事件中,因为这些事件都是历史事件,我们采用这一方法。

②根据 SOHO/EIT 的观测差分图像来确定。在实际的实时预报中,可能还没有耀斑的观测报告,一般采用这一方法确定。

为了便于模式的实时运用,采用上面第二种方法,初步给定 CME 爆发位置的处理计算程序。EIT 的实时观测图像也可以通过前面介绍的 website 来获得(同样建议下载 1024×1024 大小的 jpg 或 gif 的图像)。其文件名成为 yyyymmdd_hhmm_eit_ *** . gif(yyyy,mm,dd,hh,mm 含义与前面介绍相同,eit 后的三位 *** ,表示观测的波长,建议使用 195 埃波段的观测图像)。图 1.12 是利用程序生成的 eit 日面观测图像。黑色圈标注的区域为爆发的范围。利用日面的经纬度可以获得爆发点的位置。

日面经度的确定:在日心子午线左侧为日球的东经(为负),在日心子午线右侧为日球的西经(为正)。对于此次时间可以确定经度范围是 20°~30°W,即(+20,+30)。日面纬度的确定:赤道以北为正,赤道以南为负,对于本次时间,纬度为(15°~30°S),即(−15,−30)。这些确定的参数将作为拟合的输入参数。

(4)最小二乘法拟合及结果分析

①对于 Halo CME 的拟合结果

通过前面获得的测量数据,以及 EIT 观测范围,可以利用前面介绍的冰激凌-锥模型来拟合得到 CME 最优爆发参数,包括 CME 的径向速度、爆发日面位置的经纬度及角宽度。拟合程序包含两个,分别用于对 Halo CME 和 Non-Halo 进行拟合。

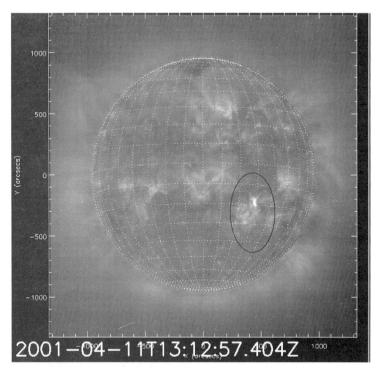

图 1.12　由 CME 的 EIT 观测差分图估计 CME 爆发位置的示例

　　拟合程序中需要输入的参数:(a)测量数据所在的目录;(b)EIT 爆发的范围(依次为纬度,经度);(c)如果在测量中使用的 LASCO 参数像素不同(如,前面提到的挡板的半径的像素长度不是默认值,圆心的像素坐标不是默认位置,以及保存时间序列的文件名称没有使用默认文件名 fnames.txt),那么在可选参数中进行相应调节。

　　拟合的结果保存在输出路径的程序新建 FitResult 目录下"velocity_obs.dat"文件中。如果没有给定输出路径,则保存在与测量数据同一个目录下。

　　对于 Halo CME 事件,文件内容示例如下表框:

756.0000	135.0257	1.0000	123.9999 22	3.9204	5.5562	63.7474
1.90241	401.431					
2.18864	512.737					
0.249582	647.968					
2.47488	620.654					
2.74191	645.939					
…	…					

　　第一行依次为:CME 的径向速度、角宽度、位置经度(东经为负,西经为正)、位置余纬、辅助测量线的数目、与天空平面交角的范围(两个,单位弧度)以及拟合误差。

　　第二行及以后行,为辅助线的方位角,以及在该方向上的拟合速度。

前面图 1.4 就是得出的对 2004 年 1 月 20 日 CME 的拟合曲线和观测数据点的图像,它保存在输出路径下的 FitCurve 文件夹下。从图中,也可以读出 CME 的相关爆发参数,图中相关参数的说明,详见 1.2.1 节中的输出参数说明。

前面图 1.5 是拟合得到的 2004 年 1 月 20 日 CME 拟合前沿和 LASCO 观测前沿的演化比较图像。它保存在输出路径的 FitImage 文件夹下。

②对于 Non-Halo CME 的拟合结果

下面给出一个对于 Non-Halo CME 的拟合结果。具体过程同上。但是需要注意的是在做辅助测量线的时候将整个爆发范围囊括,如图 1.13 所示。

图 1.13　2002 年 9 月 17 日 8:54 UT 时间爆发的边沿 CME 的测量图

拟合的结果如下表框所示,表中个各数值的含义同 Halo CME 拟合结果。

1002.0	55.0	27.00	114.0	11	−44.4418	52.6444	0.00	0.00	38.5158
	0.157080		638.512						
	4.41394		749.175						
	...		...						

图 1.14 是得到的拟合曲线与观测数据点的图像,它保存在输出路径下的 FitCurve 文件夹中。

图 1.15 是拟合得到的 CME 投影曲线的发展演化与 LASCO 观测的图像。它保存在输出路径的 FitImage 目录下。

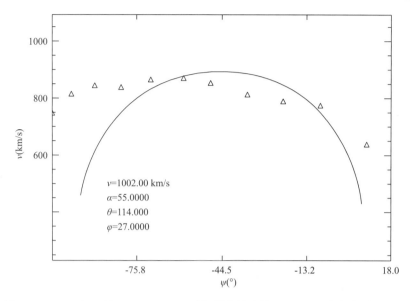

图 1.14　2002 年 9 月 17 日 8:54UT 时间爆发的边沿 CME 的速度拟合结果曲线

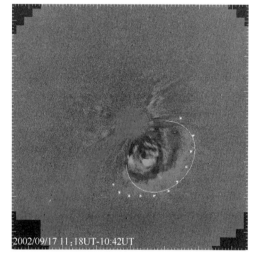

图 1.15　2002 年 9 月 17 日 8:54UT 时间爆发的边沿 CME 的差分图像,白线为根据冰激凌-锥模型拟合得到的 CME 前沿的运动曲线,白点为实际测量点

1.2.6　应用效果检验

为了检验 CME 冰激凌-锥模型反演计算 CME 真实发参数的可靠性,我们采用该模型反演计算了 2000 年至 2005 年 5 月间 93 个晕状或部分晕状 CME(投影张角大于 180°)在日面的真实爆发速度、张角和位置。将这些参数代入 CME 传播的运动学模型,模拟预报 CME 在日地空间的传播过程和到达地球轨道的时间,我们发现采用这些反演计算得到的参数可以显著改善 CME 传播运动学模型的预报精度(潘宗浩,2012)。这表明,CME 冰激凌-锥模型具有较高的可靠性和空间天气学应用价值。

1.3 未来 2 天 M 级、X 级耀斑产生概率预报模式

1.3.1 国内外现状

对空间环境扰动的预报和警报,各主要国家的航天局都已进行了多年的研究。但目前预报的水平仍比较低,仅仅达到二十世纪三四十年代天气预报的水平。警报和预报的能力都还非常有限。警报主要依据太阳活动及其传播过程的实时监测。但由于扰动传播过程、太阳风与磁层的耦合过程等基本物理过程,以及日地扰动事件间的联系等许多问题尚未研究清楚,仅仅基于太阳活动及其传播过程监测的警报缺乏足够的可靠性,不能使用户及时采取防范措施,并且不能有效地提前发布,也不能提供关于事件的大小和持续时间的信息。预报能力与警报一样薄弱,且预报难度更大,因为预报要求更长的时间提前量。

由于太阳耀斑爆发的物理机制未完全解决,因此太阳耀斑的短期预报,还处于起步阶段。从预报方法来看,主要采用统计预报,选取预报因子,采用多元判别方法或贝叶斯判别方法等数学手段得出结果。国内外许多科研和业务机构,如美国空间天气预报中心(SWPC)、国家天文台、中国科学院国家空间科学中心等也在使用及发展相关模型,尤其是在预报因子的选取上进行了深入研究。

1.3.2 模式原理

根据太阳耀斑爆发的物理机制以及可获取的数据,确定预报因子,选取预报因子历史相关数据及耀斑历史数据,通过统计分析,得到各预报因子产生不同级别 X 射线耀斑的加权概率,并利用简单多元判别方法建立预报模型,实现对太阳耀斑产率的短期预报。

其中关键技术是预报因子的选取及预报模型的建立。

1.3.2.1 选取预报因子

参考相关文献中预报方案所选取的预报因子,并结合太阳耀斑爆发的物理机制及目前可获取的数据,确定 4 个预报因子:黑子群的面积、McIntosh 分类、磁分类、太阳 10.7 cm 射电流量值(F107)。

其中各预报因子的具体情况细分如下:

(1)黑子群的面积

①$S \leqslant 200$;②$200 < S \leqslant 500$;③$500 < S \leqslant 1000$;④$S > 1000$;⑤无黑子。

(2)McIntosh 分类

①无黑子;②其他;③FSO,FKO,FRI,EAC,EKO,EAO,DHC,DKO,DKI,DSC,DAC,DHO,DHI,CKO,CKI;④ FKI,FSI,EKI,EHC,FAI,FHI,FHC,EHI,EAI,DKC;⑤FKC,EKC。

（3）磁分类

①α；②β；③β—γ，γ；④δ，β—γ—δ，β—δ；⑤无黑子。

（4）太阳 10.7 cm 射电流量值

①极小前和后四天内；②中间段；③极大前和后五天内；④三日内流量净增 15 s. f. u.。

1.3.2.2　研究方法

假设出现第 R 种预报因子的第 k 种情况的群日为 T，其中产生≥M 级耀斑 M 个，则第 R 种预报因子的第 k 种情况产生≥M 级耀斑的产率为

$$P_{Rk} = \frac{M}{T} \tag{1.22}$$

$(P_R)_{max}$ 表示第 R 种预报因子各种情况中最大的产率，则该预报因子在所有选取的预报因子中的权重为

$$W_R = \frac{(P_R)_{max}}{\sum_{i=1}^{N}(P_i)_{max}} \tag{1.23}$$

本工作中 $N = 4$。

得到各预报因子的权重因子后，各预报因子中的各种情况的加权概率可由下式给出

$$F_{Rk} = W_R \frac{P_{Rk}}{(P_R)_{max}} \tag{1.24}$$

于是一个活动区产生≥M 级耀斑的总的加权概率为

$$WP = F_{1i} + F_{2i} + F_{3i} + F_{4i} \tag{1.25}$$

1.3.2.3　各预报因子的耀斑产率

根据上述方法，参考王家龙对 1959—1963 年、1970 年 5 月—1972 年 8 月，乔达对 1969—1976 年，张桂清等对 1988—1990 年的统计结果，得到各预报因子的 P_{Rk} 和 F_{Rk} 如表 1.1 所示：

表 1.1　各预报因子的耀斑产率

黑子群面积（$W_1 = 0.12$）					
分类	①	②	③	④	⑤
P_{1k}	0.02	0.10	0.22	0.40	0
F_{1k}	0.01	0.03	0.07	0.12	0

McIntosh 分类（$W_2 = 0.51$）					
分类	①	②	③	④	⑤
P_{2k}	0	0.07	0.33	0.90	1.64
F_{2k}	0	0.02	0.10	0.28	0.51

磁分类（$W_3 = 0.13$）					
分类	①	②	③	④	⑤
P_{3k}	0.05	0.14	0.35	0.43	0
F_{3k}	0.02	0.04	0.11	0.13	0

太阳 10.7 cm 射电流量值($W_4=0.24$)					
分类	①	②	③	④	—
P_{4k}	0.34	0.45	0.69	0.77	—
F_{4k}	0.10	0.14	0.21	0.24	—

可见活动区的 McIntosh 分类对耀斑产率的作用最大,太阳 10.7 cm 射电流量值次之。

1.3.2.4　统计历史数据

根据 1996—1998 年的数据,最小的总加权概率为 0.15,因此,将总加权概率≤0.2 划为一个区间,其他 0.21～1 以 0.05(即 5%)为一个概率区间,统计得到各概率区间在第 n 天和第 $n+1$ 天产生 C 级、M 级、X 级耀斑的次数占区间内总耀斑出现次数的比例,结果如表 1.2 所示:

表 1.2　各概率区间在第 n 天和第 $n+1$ 天出现不同级别耀斑的统计结果

总加权概率	第 n 天							第 $n+1$ 天						
	WP 出现次数	C 级	所占比例	M 级	所占比例	X 级	所占比例	WP 出现次数	C 级	所占比例	M 级	所占比例	X 级	所占比例
≤0.2	48	46	96%	2	4%	0		40	35	88%	2	5%	3	7%
0.21～0.25	67	60	90%	7	10%	0		65	59	91%	6	9%	0	
0.26～0.3	105	92	88%	12	11%	1	1%	102	83	81%	17	17%	2	2%
0.31～0.35	28	21	75%	6	21%	1	4%	16	12	75%	4	25%	0	
0.36～0.4	34	23	68%	8	23%	3	9%	30	25	83%	4	13%	1	3%
0.41～0.45	14	11	79%	3	21%	0		13	8	62%	5	38%	0	
0.46～0.5	13	8	61%	4	31%	1	8%	10	6	60%	4	40%	0	
0.51～0.55	9	8	89%	1	11%	0		9	9	100%	0		0	
0.56～0.6	22	17	77%	5	23%	0		15	14	93%	1	7%	0	
0.61～0.65	12	9	75%	3	25%	0		11	8	73%	2	18%	1	9%
0.66～0.7	8	7	88%	1	12%	0		8	8	100%	0		0	
0.71～0.75	1	0		1	100%	0		0	0		0		0	
0.76～0.8	0	0		0		0		0	0		0		0	
0.81～0.85	4	3	75%	1	25%	0		4	2	50%	2	50%	0	
0.86～0.9	6	5	83%	1	17%	0		7	7	100%	0		0	
0.91～0.95	11	8	73%	1	9%	2	18%	9	6	67%	2	22%	1	11%
0.96～1	0	0		0		0		0	0		0		0	

1.3.2.5　建立预报模型并业务化

从表 1.2 可见,M 级、X 级耀斑产生的次数总体较少,体现了太阳活动低年的特征。考虑到在统计的数据范围内,没有出现总加权概率为 0.76～0.8,0.96～1 的活动区,总加权概率处于 0.71～0.75 区间的也只出现了一次,因此将上述三个概率区间与相邻的区间合并统计,结果如表 1.3 所示。从而建立起第 n 天、第 $n+1$ 天的耀斑爆发情况与第 $n-1$ 天的黑子群情况的统计关联,可据此进行未来两天的太阳 X 射线耀斑产生可能性的预报。

表 1.3 概率区间重新划分后在第 n 天和第 $n+1$ 天出现不同级别耀斑的统计结果

总加权概率	第 n 天							第 $n+1$ 天						
	WP 出现次数	C 级	所占比例	M 级	所占比例	X 级	所占比例	WP 出现次数	C 级	所占比例	M 级	所占比例	X 级	所占比例
≤0.2	48	46	96%	2	4%	0		40	35	88%	2	5%	3	7%
0.21~0.25	67	60	90%	7	10%	0		65	59	91%	6	9%	0	
0.26~0.3	105	92	88%	12	11%	1	1%	102	83	81%	17	17%	2	2%
0.31~0.35	28	21	75%	6	21%	1	4%	16	12	75%	4	25%	0	
0.36~0.4	34	23	68%	8	23%	3	9%	30	25	83%	4	13%	1	3%
0.41~0.45	14	11	79%	3	21%	0		13	8	62%	5	38%	0	
0.46~0.5	13	8	61%	4	31%	1	8%	10	6	60%	4	40%	0	
0.51~0.55	9	8	89%	1	11%	0		9	9	100%	0		0	
0.56~0.6	22	17	77%	5	23%	0		15	14	93%	1	7%	0	
0.61~0.65	12	9	75%	3	25%	0		11	8	73%	2	18%		9%
0.66~0.75	9	7	78%	2	22%	0		8	8	100%	0		0	
0.76~0.85	4	3	75%	1	25%	0		4	2	50%	2	50%	0	
0.86~0.9	6	5	83%	1	17%	0		7	7	100%	0		0	
0.91~1	11	8	73%	1	9%	2	18%	9	6	67%	2	22%	1	11%

根据统计结果,确定 10% 为 X 级耀斑产生可能性较大的阈值,20% 为 M 级耀斑产生可能性较大的阈值。而根据高强度耀斑优先判别的原则,当 X 级耀斑产生的可能性较大时,M 级耀斑产生的可能性也较大,当 X 级耀斑产生的可能性不大时,才根据 M 级耀斑的产生比例确定其发生的可能性。即当 X 级耀斑产生比例大于 10% 时,预报"产生 X 级耀斑的可能性较大,产生 M 级耀斑的可能性较大"。表 1.4 为各种情况下的预报结果。

表 1.4 预报结果

M 级耀斑的产生比例 ＼ 预报结果 ＼ X 级耀斑的产生比例	0	0~10%	大于 10%
0~10%	不可能产生 X 级耀斑;不可能产生 M 级耀斑	产生 X 级耀斑的可能性不大;产生 M 级耀斑的可能性不大	产生 X 级耀斑的可能性较大;产生 M 级耀斑的可能性较大
10%~20%	不可能产生 X 级耀斑;产生 M 级耀斑的可能性不大	产生 X 级耀斑的可能性不大;产生 M 级耀斑的可能性不大	
大于 20%	不可能产生 X 级耀斑;产生 M 级耀斑的可能性较大	产生 X 级耀斑的可能性不大;产生 M 级耀斑的可能性较大	

1.3.3 模式输入输出

模式输入参数有:活动区信息及前一天 F107 实测值。

模式输出参数有:未来 2 天 M 级、X 级耀斑爆发概率预报值。

1.3.4　模式使用说明

根据统计结果,编写业务软件,可投入业务使用,实现预报模型的业务化。

使用方法:

①根据从互联网上获取的前一天的活动区数据,分别选取 4 个预报因子的具体等级;

②点击"确定"后得到活动区产生 $\geqslant M$ 级耀斑的加权总概率,以及今明两日发生 M 级、X 级耀斑的可能性。该可能性即为预报结果。如图 1.16 所示。

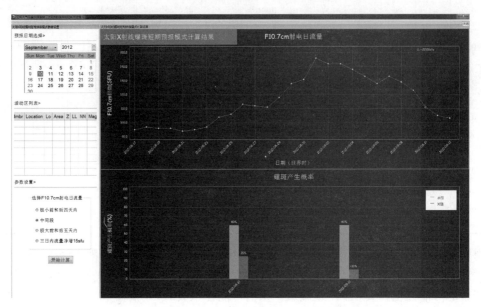

图 1.16　模式输出界面

1.4　未来 1～3 天 F107 定量预报模式

1.4.1　概述

F107 指数是描述太阳活动水平的一个最基本的参量。该参量是空间天气业务预报的主要内容之一,而且它还与中高层大气密度以及电离层电子浓度等参量之间有密切的关系。对它的准确预报直接关系到电离层电子浓度和中高层大气密度的预报,可以作为低轨卫星轨道衰减预报的重要参考信息。

1.4.2　模式原理

径向基函数(RBF)网络是以函数逼近理论为基础而构造的一类前向网络,这类网络的学习等价于在多维空间中寻找训练数据的最佳拟合平面。径向基函数网络的每个隐层神经元传递函数都构成了拟合平面的一个基函数,网络也由此得名。

一个具有 R 维输入的径向基函数神经元模型如图 1.17 所示。图中的 $\parallel \mathrm{dist} \parallel$ 模块表示输入矢量和输出矢量的距离。此模块中采用高斯函数作为径向基神经元的传递函数,其输出 n 为输入矢量 p 和权值矢量 w 的距离乘以阈值 b。高斯函数是典型的径向基函数,其表达式为 $f(x) = \mathrm{e}^{-x^2}$。

中心与宽度是径向基函数神经元的两个重要参数。神经元的权值矢量 w 确定了径向基函数的中心,当输入矢量 p 与 w 重合时径向基函数的神经元的输出达到最大值,当输入矢量 p 与 w 越远时,神经元输出就越小。神经元的阈值 b 确定了径向基函数的宽度,当 b 越大,则输入矢量 p 在远离 w 时函数的衰减幅度就越大。

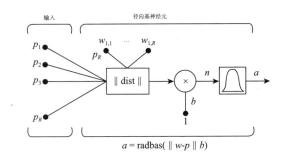

图 1.17　径向基函数神经元模型

一个典型的径向基函数(RBF)网络包括两层,即隐层和输出层。图 1.18 是一个径向基函数网络的结构图。图中所示网络的输入维数为 R、隐层神经元个数为 S^1、输出个数为 S^2,隐层神经元采用高斯函数 $f(x) = \mathrm{e}^{-x^2}$ 作为传递函数,输出层的传递函数为线性函数。图中 a_i^1 表示隐层输出矢量 a^1 的第 i 个元素,W_i^1 表示第 i 个隐层神经元的权值矢量,即隐层神经元权值矩阵 W^1 的第 i 行。

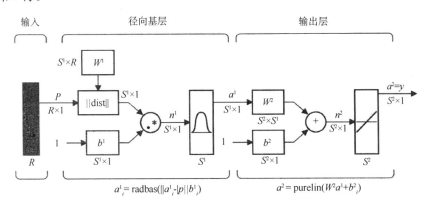

图 1.18　径向基函数网络结构图

选取从过去一年的历史数据用径向基函数(RBF)网络进行训练。我们将前三天的观测值 $D(n-2)$、$D(n-1)$、$D(n)$ 作为网络的输入向量,当天的观测值 $D(n+1)$ 作为输出向量对网络进行训练建立预报模型。将前三天的观测值 $D(n-2)$、$D(n-1)$、$D(n)$ 作为网络的输入向量,则输出向量即为未来第一天的预测值 $D(n+1)$。用相似的方法可以用前三天的观测值 $D(n-2)$、

$D(n-1)$、$D(n)$ 作为网络的输入向量,未来第二天的观测值 $D(n+2)$ 作为输出向量对网络进行训练,得到未来第二天的预测值 $D(n+2)$。同理,可以得到未来第三天的预测值 $D(n+3)$。

1.4.3　模式输入输出

模式输入参数:过去一年 F107 指数的实测值。

模式输出参数:未来三天 F107 指数预报值。模式输出界面如图 1.19 所示。

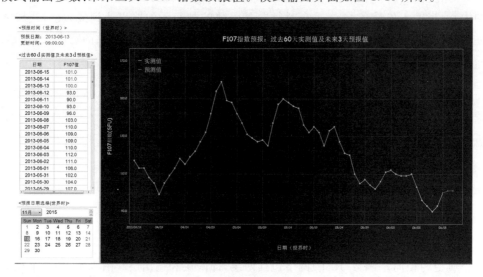

图 1.19　模式输出界面

1.4.4　模式使用说明

模式定时驱动:定时从数据库查询所需数据,驱动模式,给出未来 3 天 F107 预报值,并绘出趋势图。

1.5　太阳风暴到达地球时间和强度预报模式

1.5.1　概述

太阳活动是空间天气的主要驱动源,对日地空间环境具有举足轻重的影响。众所周知,瞬时太阳爆发活动,如太阳耀斑、Ⅱ型射电暴、暗条爆发及 CME 等是造成强烈行星际激波,以及非重现性地磁扰动的太阳源。在太阳风等离子体中,与 CME、耀斑以及流与流相互作用等相联系的行星际激波被视为太阳扰动在行星际空间的表现形式之一,并且激波到达地球轨道通常对应于地磁暴的急始,是相应地磁扰动开始的标志。因而,如何基于太阳爆发活动的观测来预报相应行星际激波到达地球轨道的时间是空间天气研究与预报中一个重要方面。目前,许多关于这方面的预测工作都是统计性的工作,虽然可以得到大量太阳爆发事件对地球空间环境的扰动强度与这些事件在太阳表面爆发的位置和强弱的定性关系,但是这些结果并不能明确提供某一具体的太阳事件爆发后,其传播到地球需要的时间及其对地球空间环境会造成多大影响这两方面的重要信息。

目前广泛接受的一个观点是,在太阳大气有限区域的磁场拓扑结构中储存的能量可以通过耀斑、CME 或者暗条消失等太阳活动得以释放并传播到行星际空间,产生相应的行星际扰动事件。这些扰动携带大量的等离子体流及磁场从太阳向行星际空间传播。扰动一般以激波的形式向前传播。如果扰动能量足够大,激波可以到达 1 个天文单位(AU)(地球所在位置);否则,激波将衰减成 MHD 波。观测分析表明,地磁的突然脉动与到达地球处的激波密切相关。如果激波及其携带的行星际磁场(IMF)维持一定的条件(主要是 IMF 的 Bz 南向分量维持足够的时间和强度),就有可能爆发地磁暴,从而对近地空间环境产生严重的扰动,直接影响航天器的成功发射、稳定运行、使用寿命及天基通信等。因此,对行星际激波到达 1AU 处的强度和时间加以预测可对地磁暴的预报提供一个很好的参考。

目前国际上在这方面被广泛运用且比较成功、可靠的预报模式主要有下面三种模式:①HAF(Hakamad-Akasofu-Fry)三维运动学模型(Hakamada *et al*., 1982;Akasofu *et al*., 1986;Fry *et al*., 2001;王传兵 等,2002);②STOA(The Shock Time of Arrival)模型(Moon *et al*., 2002);③ISPM(Interplanetary Shock Propagation Model)模型(Smith *et al*., 2000)。三种模式之间,各有自己的优缺点。HAF 三维运动学模型是一种半物理、半经验的模型,其计算速度快,可以即时利用太阳光球层及源表面(位于 2.5 个太阳半径 R_s)的观测磁场资料,可以很好地再现行星际磁场及扰动在行星际空间传播的大尺度三维结构,目前已由第一代模型发展到第二代模型。STOA 模型是基于膨胀波理论,并利用活塞驱动观点加以修正,它能预测激波到达地球的时间及强度,但不能给出太阳风等离子体的密度及行星际磁场的强度、方向等信息。ISPM 模型是一个 MHD 物理模型,理论上它是一个比较理想的预报模型,但目前由于计算机的计算能力及 MHD 数值计算格式发展的局限性,还较难做到即时地利用源表面的观测资料进行三维的模拟预测。

此外,我们还借助于 HAF 模式,建立了一个激波渡越时间数据库,给出一种可以预报激波到达时间的数据库方法。只要输入太阳观测事件的源位置,初始激波速度以及发生年份,就可以在数据库中迅速查找到该事件所对应的激波到达时间。并通过一定的样本事件来检验和修正该数据库方法。

1.5.2　三维运动学模式

1.5.2.1　基本假设、原理

利用三维运动学模型,人们可以根据卫星观测资料,计算得到太阳某一爆发事件在行星际空间的传播过程,对行星际磁场和等离子体密度、速度的扰动大小,以及相应的地磁暴和极光带的物理行为进行预测。其基本的假设是:单个太阳风粒子在离开源表面时,只有径向运动,并按照磁冻结理论,把太阳的磁场带出去,而背景太阳风在源表面处的速度和密度分布由源表面的磁场资料根据不同模型给定。

　　背景源表面磁场基于光球磁场的观测值采用势场模型计算得到。由于太阳的自转,以不同初始速度离开太阳源表面的粒子在行星际空间将发生相互作用,快的粒子被减速,慢的粒子被加速。原则上,粒子的这种相互作用受磁流体力学(MHD)方程组约束,通过求解 MHD 方程组可得到各粒子的速度 V 随时间的变化,从而确定粒子在任意时刻 t 距太阳源表面的距离 R(即 $R-t$ 关系)。三维运动学模型关键的部分是在观测和理论 $V-R$ 关系基础上找到了一个经验的 $R-t$ 关系,这个 $R-t$ 关系能够非常合理地产生观测和 MHD 理论确定的行星际激波对及其他结构。在只有稳恒背景太阳风的条件下,从源表面同一位置在不同时刻出发的太阳风粒子在行星际空间位置的连线即为一条根部位于该源表面位置的行星际磁力线。由磁力线的疏密程度或者磁通量守衡,可以计算得到行星际某处的磁场强度。该处太阳风速度,则由其邻近区域太阳风粒子的平均速度求得。该处太阳风等离子体的密度也可以根据从太阳表面出发的太阳风密度通量守恒求得。由这些计算得到的 1 AU 地球附近的太阳风和行星际磁场参数,进而可以预测计算其产生的磁层扰动强度:如磁层顶的位置,地磁 Dst 或 AE 指数,极光带的行为及同步轨道附近高能电子的通量等。

　　在本小节中所用运动学模型为我们在第一代运动学模型基础程序的基础上发展而来,使其能够利用太阳源表面的准实时观测资料,并在行星际磁场南北分量的计算方面做了些改进(王传兵 等,2002)。

1.5.2.2　模式输入参数

　　模式的输入参数分为三部分:

　　①太阳爆发事件的扰动参量文件:"SOIP_HAF_1.input"。这些参量主要有:(a)事件爆发的位置(经度和纬度)。(b)事件爆发的开始时刻。(c)事件爆发的持续时间常数。(d)事件爆发的速度及影响范围。这些参数存放在文件"SOIP_HAF_1.input"中,文件中的内容如下面的示例:

```
STN YYYYMMDD HHMM   MAX   END LAT LON IB   TAU VCME DLT FLAG
BOU  20000118    1720   1340  1420  S10  E20  1F   3.0  674   58      1
```

其中,第一行为各参量的简短说明,第 2 行为各参量的具体值,从左向右,各参量的意义分别为耀斑观测台站的名称、观测时间的年月日、小时分钟、耀斑强度最大的时间(小时分钟)、耀斑结束的时间(小时分钟)、事件爆发日面位置的纬度、经度、耀斑的强度、爆发事件持续时间、爆发事件的速度、爆发事件的影响范围、选择开关(FLAG)。FLAG=1(默认的值)表示模拟时,爆发事件的速度、影响范围、持续时间等参量直接采用"SOIP_HAF_1.input"文件中给定的值。FLAG=0(一般不取该值)表示爆发事件的速度、影响范围、持续时间等参量根据耀斑的资料由运动学模拟程序自动给定。

　　②模拟的开始和结束时间:"SOIP_HAF_2.input"。文件中的内容示例如下:

```
              20000118      0
              20000124      0
              YYMMDD   HHMM         START TIME OF FORECAST
```

　　第一行为模拟计算的开始时间:年、月、日、时、分
　　第二行为模拟计算的结束时间:年、月、日、时、分
　　数据格式为 FORMAT(I4,2I2,1X,2I2)

③源表面的背景磁场文件：如"cr ＊＊＊＊ _ ＊＊＊ nso.dat"。这部分数据不是每次模拟时，均需要修改，只需要给定文件存储的路径目录即可。目前，在天气条件允许的条件下，这部分资料可以做到每天更新。在下面的测试中，所采用的源表面磁场资料的下载网址为

ftp://helios.swpc.noaa.gov/pub/lmayer/WSA/fits_ss_maps/

该网站上文件存储格式为 fits 文件，文件命名如"cr2094_078_1nso.fits"。文件名中 cr2094 表示第 2094 卡林顿周的数据，078 表示观测该周数据的起始卡林顿经度，nso 表示观测台站的名称。在模型的实时预报时，需要将其转化为运动学模型需要的文本格式。

1.5.2.3　模式输出数据

①地球轨道所在 1AU 处，太阳风速度、密度以及行星际磁场方向和强度随时间的变化。数据记录在文件"SOIP_HAF_1.output"。文件中的数据内容示例如下：

120	2004	1	19	0	2012	1.0	2	1			
2004	19	1	19	0	359.41	5.18	9.93	0.00	329.23	−4.88	42.19
2004	19	1	19	1	350.80	5.17	12.92	−0.01	316.73	−4.89	42.23
2004	19	1	19	2	344.59	5.41	13.46	−0.01	316.79	−4.89	42.27
2004	19	1	19	3	339.47	5.43	14.16	−0.01	316.85	−4.90	42.32
2004	19	1	19	4	337.76	5.46	14.75	−0.01	316.91	−4.90	42.36
2004	19	1	19	5	335.87	5.49	15.35	−0.01	316.99	−4.90	42.40
2004	19	1	19	6	333.79	5.51	15.97	−0.01	317.06	−4.91	42.44
2004	19	1	19	7	331.47	5.54	16.63	−0.01	317.14	−4.91	42.49
2004	19	1	19	8	328.87	6.47	17.33	−0.01	317.22	−4.91	42.53
2004	19	1	19	9	325.93	7.41	18.09	−0.01	317.31	−4.92	42.57
2004	19	1	19	10	328.34	7.91	19.31	−0.01	317.41	−4.92	42.61

其中第一行记录内容依次为：模拟计算的总时间（120 h）、模拟计算的开始时间（2004 年 1 月 19 日 0 时）、模拟开始时间所在的卡林顿周，地球所在位置（1 AU）等。

后面每行记录的内容为地球轨道位置处，太阳风和行星际磁场参数在不同时刻的值，每行从左向右依次为：时间（年、月、日、当年的第几天、时）、太阳风速度、太阳风密度、行星际磁场强度、行星磁场的方位角和地球在日面投影位置所在的卡林顿纬度、经度。

②行星际磁场在黄道面的变化。数据记录在系列文件"ecplot ＊＊＊＊.dat"和"prsplot ＊＊＊＊.dat"中，这里"＊＊＊＊"为文件的编号，每间隔 1 h 存储一次数据。

1.5.2.4　模式输出图形

根据上面的输出数据，模式输出下面的一些图形：

①模式时间所在卡林顿周的源表面磁场强度和背景太阳风速度的分布。输出图形示例如图 1.20 所示：

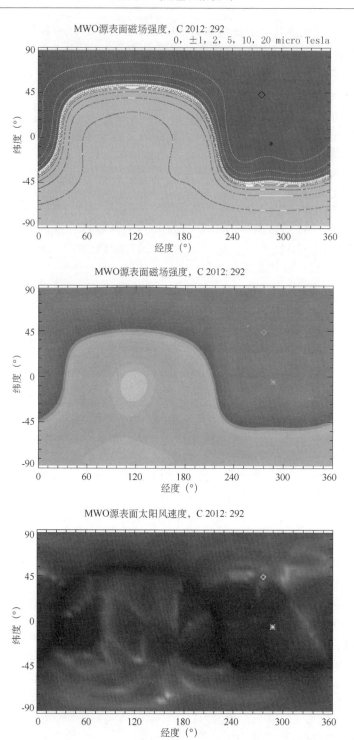

图 1.20　太阳源表面处磁场强度和太阳风粒子速度的分布。其中"＊"为地球位置，"◇"为事件爆发位置

　　②行星际磁场扰动在黄道面的传播过程。可以输出为图片，也可输出为动画。示例如图 1.21 所示（彩色图见书后）：

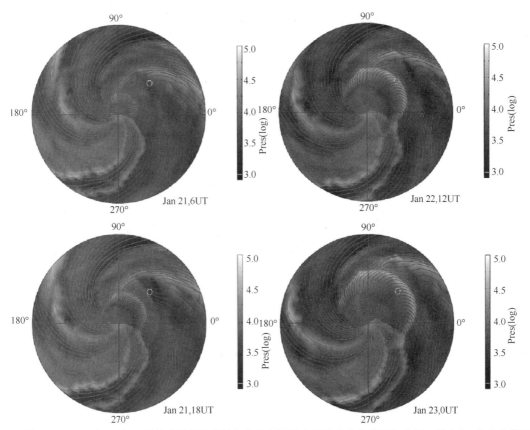

图 1.21　2004 年 1 月 20 日的太阳爆发事件产生的太阳风动压扰动在黄道面的传播。图中红、蓝曲线分别表示行星际磁力线方向为背向和指向太阳,圆圈代表地球所在位置,伪色彩代表太阳风动压的扰动强度(见彩图)

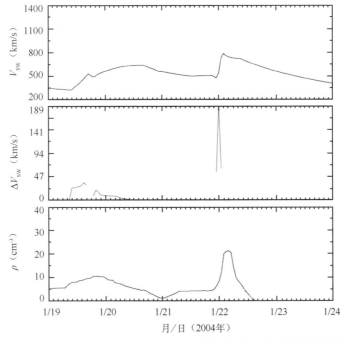

图 1.22　模拟得到的 2004 年 1 月 20 日太阳爆发事件在地球轨道处产生的太阳风速度和密度扰动(见彩图)

③地球轨道 1AU 处太阳风和行星际磁场随时间的变化。其输出 2 幅图，分别表示：太阳风速度、太阳风速度的单位时间变化量和太阳风密度的变化；行星际磁场强度，及其方位角 θ 和 φ 的变化。示例如图 1.22 和图 1.23 所示。

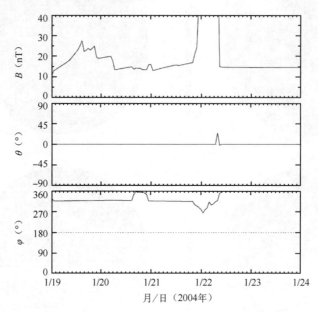

图 1.23　模拟得到的 2004 年 1 月 20 日太阳爆发事件在地球轨道处产生的行星际磁场扰动。θ 为正和负分别表示磁场是指向北向和南向；φ 大于 180° 表示磁场是指向太阳，小于 180° 表示磁场是背向太阳

1.5.2.5　爆发事件传播到达地球轨道时刻的确定

对 CME 爆发事件到达地球时间，目前还不能用程序自动判定，需要根据图形人工确定。确定的方法为：先根据行星际磁场扰动或太阳风动压在黄道面的传播图像上。扰动波前扫过地球的时间，粗略地限定事件到达地球的时间范围；然后根据地球轨道点的太阳风速度随时间变化的数据（或曲线），取太阳风速度发生明显跃变，即梯度最大的时刻，作为该爆发事件到达地球的时间（也就是图 1.22 中红色曲线最大值对应的时刻）。

1.5.2.6　运动学模型的预报测试

采用冰激凌-锥模型反演计算了 2000 年至 2005 年 5 月间 93 个晕状或部分晕状 CME（投影张角大于 180°）在日面的真实爆发速度、张角和位置。将这些参数代入 CME 传播的运动学模型，模拟预报 CME 在日地空间的传播过程和到达地球轨道的时间，取得了较好的预报结果（潘宗浩，2012）。图 1.24 为对这些事件的预报结果和观测结果的比较。

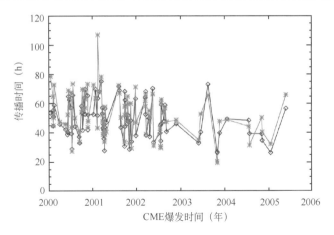

图 1.24　对 2000—2005 年 93 个 CME 在日地行星际空间传播时间的预报结果(◇菱形)和观测结果(* 星号)的比较。

1.5.2.7　运动学模式界面

图 1.25 为三维运动学模型在实际模拟预报中的运行界面。

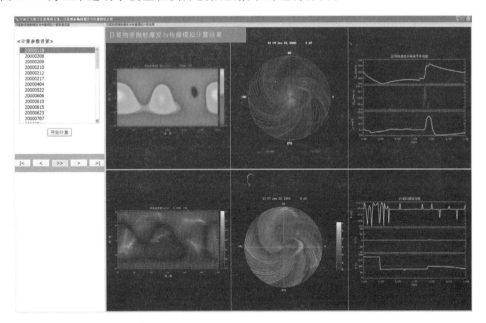

图 1.25　三维运动学模式运行界面(见彩图)

1.5.3　激波到达时间一维磁流体模式

基于一维太阳风磁流体方程组,采用时空守恒元和解元(CE/SE)方法,建立起一个激波扰动的传播模型[1D-MHD(CE/SE)模型],来预测激波从太阳传播至地球轨道附近(1 AU 处)所需的时间。这种简化的一维数值模型能较好地反映扰动在行星际空间传播的最基本的物理图像。利用 1997 年 2 月到 2002 年 8 月间的 137 个激波事件,对激波到达地球轨道附近的传播时间进行了预测,并将结果与 STOA,ISPM,SPM 及 HAFv.2 模型所得结果进行了比较。对于相同的样本事件来说,1D-MHD(CE/SE)模型给出的误差都不大于其他模型,从而显示了该模型在空间天气实时预报中所具有的潜力。

1.5.3.1　一维 MHD 方程组

一维太阳风无量纲化守恒形式的 MHD 方程组可表示为:

$$\frac{\partial U}{\partial t} + \frac{\partial F}{\partial r} = \mu \tag{1.26}$$

其中 U,F,μ 分别为:

$$U = (u_m) = \begin{bmatrix} r^2\rho \\ r^2\rho v_r \\ r^2\rho v_\varphi \\ r^2\left[\dfrac{p}{\gamma-1} + \dfrac{1}{2}\rho(v_r^2 + v_\varphi^2) + \dfrac{1}{2\mu}B_\varphi^2\right] \\ rB_\varphi \end{bmatrix} \tag{1.27}$$

$$F = (f_m) = \begin{bmatrix} r^2\rho v_r \\ r^2(\rho v_r^2) + p + \dfrac{B_\varphi^2}{2\mu} \\ r^2\left(\rho v_r v_\varphi - \dfrac{B_r B_\varphi}{\mu}\right) \\ r^2 v_r\left[\dfrac{\gamma p}{\gamma-1} + \dfrac{1}{2}\rho(v_r^2 + v_\varphi^2)\right] + \dfrac{r^2}{\mu}(v_r B_\varphi^2 - v_\varphi B_r B_\varphi) \\ r(v_r B_\varphi - v_\varphi B_r) \end{bmatrix} \tag{1.28}$$

$$\mu = (\mu_m) = \begin{bmatrix} 0 \\ 2rp + r\rho v_\varphi^2 - \rho\, GM_s \\ r\left(\dfrac{B_r B_\varphi}{\mu} - \rho v_r v_\varphi\right) \\ -\rho v_r GM_s \\ 0 \end{bmatrix} \tag{1.29}$$

其中,ρ 为密度,v_r 为径向速度,v_φ 为环向速度,p 为热压强,B_r 为径向磁场,B_φ 为环向磁场,γ 为多方指数,G 为万有引力常数,M_s 为太阳质量。所有物理量(B_r 除外)都是 r,t 的函数。在此坐标系中,取 v_φ,B_φ 为 0。由于磁场无散度,一维情况下,B_r 必须随 $1/r^2$ 变化,且不随时间改变。这里,物理量 ρ,v_r,B_r,p,t 分别以临界点的值 $\rho_c,v_c,B_c,p_c,\tau_c$ 归一化,r 以 R_s(太阳半径)归一化。其中,$\tau_c = R_s/v_c$,$B_{rc} = \sqrt{4\pi\rho_c} \cdot v_c$,$p_c = \rho_c v_c^2$。

1.5.3.2　太阳风初态

无量纲的一维太阳风平衡态方程为

$$\begin{cases} v\dfrac{\mathrm{d}v}{\mathrm{d}r} + \dfrac{1}{\rho}\dfrac{\mathrm{d}p}{\mathrm{d}r} + \dfrac{\alpha}{r^2} = 0 \\[2mm] \rho v r^2 = \text{const} = C_1 \\[2mm] p\rho^{-\gamma} = \text{const} = C_2 \end{cases} \tag{1.30}$$

其中,$\alpha = g \cdot R_s$,α 为归一化参数,g 为太阳表面引力常数。由方程组(1.30),可以得到:

$$v\frac{\mathrm{d}v}{\mathrm{d}r}\left(1 - \frac{a^2}{v^2}\right) = \frac{2a^2}{r} - \frac{\alpha}{r^2} \tag{1.31}$$

其中,$a^2 = \gamma p/\rho$. 由(1.31)式可知,临界点速度满足 $1 - \dfrac{a^2}{v^2} = 0$,即 $a_c^2 = \gamma\dfrac{p_c}{\rho_c}$;临界点的位置满足

$\dfrac{2a^2}{r} - \dfrac{\alpha}{r^2} = 0$,即 $r_c = \dfrac{\alpha}{2a_c^2}$. 积分(1.30)式可得太阳风速度满足

$$\frac{v^2}{a_c^2} + 3 - \frac{4r_c}{r} + \frac{2}{\gamma - 1}\left[\left(\frac{a_c^2}{v^2}\frac{r_c^4}{r^4}\right)^{\frac{\gamma-1}{2}} - 1\right] = 0 \tag{1.32}$$

由以上可知:通过临界点的温度,可以确定临界点位置和临界点速度;进而通过牛顿迭代法求解方程(1.32)的不同位置处的速度;再由方程(1.30)求解相应的密度和压强,从而得到一维太阳风的分布。

这里,我们取多方指数 γ 为 1.2,取 1 AU 处典型的太阳风速度为 $v_0 = 410.22$ km/s,可以得到临界点的速度 $a_{c0} = 171$ km/s 和位置 $r_{c0} = 3.25\ R_s$. 在计算当中,利用这个典型的慢速太阳风速度分布,可以得到不同的太阳风背景条件。具体方法如下:由方程(1.32)可知,同一位置处的 $\dfrac{r}{r_c}$,$\dfrac{v}{a_c}$ 是由方程决定的,不随临界点速度变化而变化。如果给定 1 AU 附近的太阳风速度观测值 V_{sw},就可以得到此太阳风速度下临界点的速度 a_c,进而求得一维太阳风速度的分布。由 $\dfrac{v_0}{a_{c0}} = \dfrac{V_{sw}}{a_c}$ 可知 1 AU 的太阳风速度 V_{sw} 下的临界点的速度为 $a_c = \dfrac{a_{c0}V_{sw}}{v_0}$,进而求得临界点的位置 $r_c = gR_s/2a_c^2$. 得到此时的临界点的位置 r_c 和速度 a_c,就可以求解方程(1.32),从而求得不同位置下的速度。

得到径向速度的空间分布后,还可以利用方程(1.30)的后两个方程求出密度和压强分布。一方面,1 AU 处的质子数密度可利用 1 AU 附近的飞船观测得到。另一方面,对 Vela 3,Helios 1,Mariner 2 和 Ulysses 等飞船观测数据所作做的统计分析表明太阳风动量流密度 $F_\mu = m_p n_p v^2$(其中,m_p 为质子质量,n_p 为质子数密度,v 为太阳风速度)除在太阳赤道 $10°$ 略低外,基本不随纬度变化,在整个太阳活动周变化不大,约为 1.30×10^{16} amu • cm^{-1} • s^{-2}。这样就可以利用这一统计结果计算出 1 AU 处的密度分布 $\rho_{1AU} = F_\mu/(10^5 \times V_{sw})^2$,利用上述统计分析得到的 1 AU 处的质子数密度通常为 3.3~7.0 cm^{-3} 量级,这与卫星观测结果一致。

这样有了 1 AU 处太阳风密度 ρ_{1AU},结合太阳风速度,可利用质量流量($\rho v r^2$)守恒得到临界点的密度 $\rho_c = \rho_{1AU}(215R_s)^2 V_{sw}/(r_c^2 v_c)$,由临界点的速度 a_c 和密度 ρ_c,即可得到临界点的压强 $p_c = \rho_c a_c^2/\gamma$,进而求得压强分布 $p\rho^{-\gamma} = p_c\rho_c^{-\gamma}$,并对其中的密度和速度分别以这时的临界点 ρ_c,a_c 归一,得到无量纲化后的太阳风初始条件。

1.5.3.3　CE/SE 方法

在众多的数值格式中,Chang 提出一种全新的守恒方程的计算方法——CE/SE 方法。这

种方法从根本上区别于传统的方法：它将时间和空间统一起来同等对待。同传统的差分格式相比，在相同的基点下可以提高格式精度；可以满意地求解间断流场，具有较高的分辨率；构造比较简单，除了简单的 Taylor 展开之外，没有采用其他的数值方法，尤其是不需要采用其他的特征分析数值方法来捕捉激波、抑制振荡等。本节将简要介绍一维守恒律方程组的 CE/SE 格式。一维太阳风 MHD 方程组(1.26)式可以重新写成：

$$\frac{\partial u_m}{\partial t} + \frac{\partial f_m}{\partial r} = \mu_m \qquad (1.33)$$

这里 $m=1,2,3,4,5$。假设(r,t)是二维 Eu-clidean 空间 E_2 的坐标。设 V 是 E_2 空间中某个连通区域，利用 Gauss 散度定理，在区域 V 上对方程(1.33)积分，得到：

$$\oint_{S(V)} \boldsymbol{h}_m \cdot \mathrm{d}\boldsymbol{s} = \int_V \mu_m \mathrm{d}V \qquad (1.34)$$

式中，$S(V)$ 是求解区域 V 的边界，$\mathrm{d}\boldsymbol{s}$ 是 $S(V)$ 外法线单位矢量，向量 $\boldsymbol{h}_m = (u_m, f_m)$ 是空间流矢量。将要求解的区域划分成网格点集合(j,n)（如图 1.26 所示），这里，$n=0,\pm\frac{1}{2},\pm1,\pm\frac{3}{2},\cdots$。解元 $SE(j,n)$ 是图 1.26

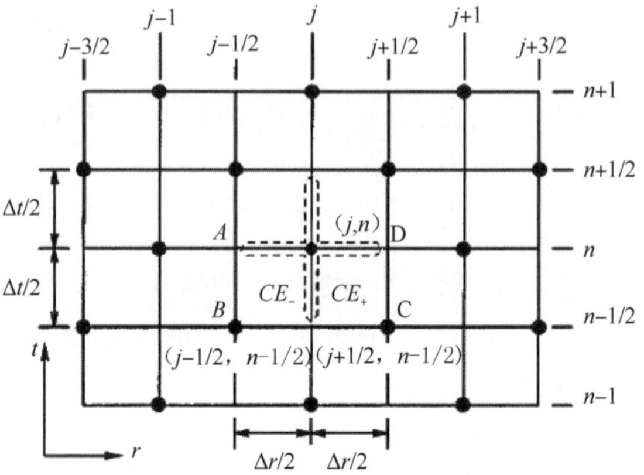

图 1.26　CE/SE 格式的一维时空交错网格

中所示的虚线的内部，而与它相应的守恒元 $CE(j,n)$ 是图 1.26 中矩形区域 $ABCD$，其中(j,n) 左侧的为 $CE_-(j,n)$，右侧的为 $CE_+(j,n)$。这样就利用解元把 E_2 空间划分为一些不重叠的矩形区域。

在每个解元 SE 内，假设流体变量是连续的，可以用一阶 Taylor 公式展开：

$$u_m^* = u_{mj}^n + (u_{mr})_j^n (r-r_j) + (u_{mt})_j^n (t-t^n) \qquad (1.35)$$

$$f_m^* = f_{mj}^n + (f_{mr})_j^n (r-r_j) + (f_{mt})_j^n (t-t^n) \qquad (1.36)$$

因此，有：

$$\boldsymbol{h}_m^* = (u_m^*, f_m^*) \qquad (1.37)$$

根据时空通量守恒方程(1.34)，可以由守恒元上的离散值近似得到：

$$\oint_{S(CE)} \boldsymbol{h}_m^* \cdot \mathrm{d}\boldsymbol{s} = \int_{CE} \mu_m \mathrm{d}V \qquad (1.38)$$

那么把方程(1.35—1.37)式代入方程(1.38)，可以得到：

$$(u_m)_j^n - \frac{\Delta t}{2}(\mu_m)_j^n = \left[(u_m)_{j-\frac{1}{2}}^{n-\frac{1}{2}} + (u_m)_{j+\frac{1}{2}}^{n-\frac{1}{2}} + (s_m)_{j-\frac{1}{2}}^{n-\frac{1}{2}} - (s_m)_{j+\frac{1}{2}}^{n-\frac{1}{2}} \right] \qquad (1.39)$$

其中，

$$(s_m)_j^n = \frac{\Delta r}{4}(u_{mr})_j^n + \frac{\Delta t}{\Delta r}(f_m)_j^n + \frac{\Delta t^2}{4\Delta r}(f_{mt})_j^n$$

这样，求解太阳风的控制方程(1.33)式就等于求得方程(1.39)式的解。由于存在源项，因而关于 u_m 的方程(1.39)式为非线性方程。对于源项的处理，基于 CE/SE 格式有两种方法：一种是隐式处理，采用牛顿迭代法求解；另一种是显式处理，采用龙格—库塔方法求解。这里采用了第二种处理方法，即：先不考虑源项，用 CE/SE 方法求得 u_m，将 u_m 作为初值求解常微分

方程 $\dfrac{\mathrm{d}u_m}{\mathrm{d}t} = \mu_m$。我们采用了五阶的龙格-库塔方法求解此微分方程,时间步长为 $\sum\limits_{v=0}^{k-1} \mathrm{d}t^{(v)} = \mathrm{d}t$,

其中,$\mathrm{d}t$ 为 CE/SE 方法的时间步长。求导的方法,根据 $(u_m)_j^n$,可得:

$$(u_{mr}^{\pm})_j^n = \pm \frac{(u_m)_{j\pm\frac{1}{2}}^n - (u_m)_j^n}{\dfrac{\Delta r}{2}}$$

其中,

$$(u_m)_{j\pm\frac{1}{2}}^n = (u_m)_{j\pm\frac{1}{2}}^{n-\frac{1}{2}} + \left(\frac{\Delta t}{2}\right)(u_{mt})_{j\pm\frac{1}{2}}^{n-\frac{1}{2}}$$

对于有效的处理间断,一般有两种方法进行导数的求解。一种是加权平均方法:

$$(u_{mr})_{i,j}^n = W\left[(u_{mr}^{-})_{i,j}^n, (u_{mr}^{+})_{i,j}^n, \alpha\right]$$

式中加权函数 W 定义为:

$$W(x_-, x_+, \alpha) = \frac{|x_+|^a x_- + |x_-|^a x_+}{|x_+|^a + |x_-|^a}$$

其中,α 是一个可调整的常数。

另一种方法是采用 min mod 函数求解,即

$$(u_{mr})_j^n = \min \mathrm{mod}\left[(u_{mr}^{+})_j^n, (u_{mr}^{-})_j^n\right]$$

其中,$\min \mathrm{mod}(a, b)$ 定义为:

①$\min \mathrm{mod}(a, b) = \mathrm{sgn}(a) \cdot \min \mathrm{mod}(a, b)$,当 $a \cdot b > 0$ 时。

②$\min \mathrm{mod}(a, b) = 0$,其他情况。

这里,采用的是第二种方法,更有效地处理了强间断。

1.5.3.4　数值网格的生成

由上节可知,由于 CE/SE 方法时间方向推进的特殊性(半层时间推进),因此必须在计算范围内采用时空方向的交错网格:$r\left(i-\dfrac{1}{2}\right) = \dfrac{1}{2}[r(i-1) + r(i)]$。当 $\dfrac{1}{2}\Delta r = r(i) - r(i-1/2)$ < 0.1 时,采用非均匀网格:$r(i) = (1+0.02)^{i-1}$;而当 $\dfrac{1}{2}\Delta r = r(i) - r(i-1/2) \geqslant 0.1$ 时,采用均匀网格 $r(i) = r(i-1) + 0.1$。这样就完成了太阳风求解区域空间区域 $[1\ R_s, 215\ R_s]$ 的网格划分。

当空间网格确定下来之后,为了保证计算的稳定性,时间步长受到了 Courant 条件的约束,有一个上限:$\Delta t = 1.6(\Delta r/2)/C_f$。其中,$C_f$ 是局地声速和特征阿尔文速度之中较大的一个。

1.5.3.5　扰动传播模型

当太阳瞬时事件,如耀斑、CME 等爆发时,将在源表面的背景太阳风速度叠加上扰动产生的高速流,这一高速流向行星际空间传播,可以形成观测到的行星际瞬变激波。参照 HAF 模型,太阳瞬时事件活动源中心处速度 V 随时间 t 按以下规律变化:

$$V(t) = V_s\left(\frac{t}{\tau}\right)\mathrm{e}^{\left(1-\frac{t}{\tau}\right)} \tag{1.40}$$

其中，V_s 为爆发活动的最大速度，即初始激波速度，由 Ⅱ 型射电暴估计得到；τ 为激波持续时间，可由软 X 射线流量观测得到。

用数值方法求解常微分方程(1.31)以后，便获得了稳态的 Parker 解。把这个稳态背景太阳风作为方程组(1.26)的初态，选取适当的数值格式，这里采用的是 CE/SE 方法，即可以求解偏微分方程组(1.26)。在没有扰动的情况下，方程组(1.26)的演化应该是稳态的，在太阳表面加入太阳瞬时事件的扰动(1.40)式后[即 $V_r = V_{r0} + V(t)$]，便可以得到扰动在行星际传播的一维演化，其中，V_{r0} 为太阳表面的背景太阳风的径向速度。

1.5.3.6　激波到达的判据

借鉴 HAF 模型的方法，通过引入 L1 点的激波强度指数 $SSI = \log\{[P_d(t+1) - P_d(t)]/P_d(t)\}$，来判断激波是否到达地球以及确定其到达时间，其中 P_d 为动压。经过程序测试，当 SSI 值大于 -1.6，可以认为激波能到达地球。

1.5.3.7　预报效果

1D-MHD(CE/SE)模型的输入参数有：初始激波速度(Ⅱ型射电暴估计)、持续时间(软 X 射线流量观测)、背景太阳风速度以及相应行星际激波到达 L1 点的时间等。图 1.27 考察了在模型中初始激波速度(V_s)、持续时间(τ)和背景太阳风速度(V_{sw})三者对行星际激波传播到 1 AU 处所需要的时间的影响。图 1.27a 给出了在不同背景太阳风速度的条件下，激波到达地球轨道的渡越时间随激波初始速度的变化。可以看出，渡越时间(T)随激波初始速度的增高而下降，并且背景太阳风速度越小，这种变化趋势越明显。背景太阳风速度的增加会削弱渡越时间对激波初始速度的依赖关系。图 1.27b 则给出相应于不同的持续时间，激波传播到地球的渡越时间随初始激波速度的变化。图中渡越时间随太阳风速度的增加而下降，且在初始激波速度相同的情况下，激波的持续时间越长，其渡越时间就越短。

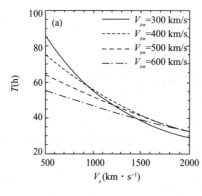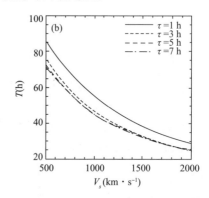

图 1.27　(a)不同的扰动持续时间(τ)下，激波到达地球轨道的渡越时间(T)随激波初始速度(V_s)的变化；(b)不同背景太阳风速度(V_{sw})下，激波到达地球轨道的渡越时间(T)随激波初始速度(V_s)的变化

在本节中，将通过样本事件来考察误差的分布规律，分析 1D-MHD(CE/SE)模型在描述实际激波传播问题时的优点与不足之处，并进行修正。为此，搜集了 1997 年 2 月—2002 年 8 月期间 137 个到达地球的太阳耀斑-行星际激波事件。由于只关注激波到达时间的预报，因此在同一时期内，那些只有太阳爆发活动而相应激波未到达地球的事件不作为这里的样本事件；

还有一些事件中耀斑与激波并非一一对应关系，这些事件也被排除在样本之外。

对于 137 个样本事件，利用 1D-MHD(CE/SE) 模型计算出每一事件的激波渡越时间的原始预报值，并计算出原始预报值与实际观测值之间的误差 $\Delta T = T - T_o$，这里 T_o 为到达时间的实际观测值，T 为 1D-MHD(CE/SE) 模型原始预报值，ΔT 为其误差。我们考察实际观测的激波渡越时间 T_o 相应于模型的原始预报值 T 的分布（图 1.28）。图中实线表示实际观测的激波渡越时间 T_o 关于模型的原始预报值 T 的线性拟合 $T_o = 27.452 + 0.613 \times T$，其拟合结果与理想拟合结果（虚线）并不是十分接近，造成 1D-MHD(CE/SE) 模型在描述实际激波传播中存在不足的原因可能有很多方面。首先，该模型是没有考虑瞬时事件爆发的所在位置对激波渡越时间的影响；其次，背景太阳风的速度对激波到达时间也有较大影响，而该模型是球对称模型，未能体现实际太阳风的非均匀性，利用

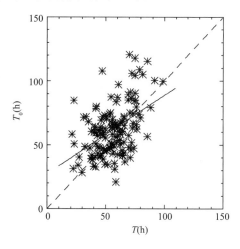

图 1.28　实际观测的激波渡越时间 T_o 相应于模型的试验预报值 T 的分布（实线表示两者之间的线性拟合）

现有模型很难对每个事件都能给出一个较为真实的背景场。Heinemann 的研究表明，如果不考虑背景太阳风中小尺度的不均匀性（≪1 AU），则相应到达时间预报的误差一般会在 9～15 h。鉴于前面所述的原因，将如下修正后的结果作为 1D-MHD(CE/SE) 模型预报的激波渡越时间：$T' = 27.452 + 0.613 \times T$，其中，$T'$ 为 1D-MHD(CE/SE) 模型修正后的预报值。

结果表明，对 137 个样本事件 1D-MHD(CE/SE) 模型给出的平均绝对值误差 $\overline{|\Delta T|}$ 修正前的结果为 15.19 h，修正后则为 14.16 h。可以看出，其预报结果经过修正得到了一定的改善。表 1.10 给出对于同样的事件，1D-MHD(CE/SE) 模型分别与 STOA，ISPM，HAFv.2 及 SPM 模型预报时间的平均绝对值误差对比。对于 STOA，ISPM，HAFv.2 及 SPM 模型，它们的相应平均绝对值误差分别为 14.57 h，14.69 h，14.79 h 和 14.13 h。可以看出，这些模型的激波到达时间的预报精度基本上是相当的。

表 1.10　STOA，ISPM，HAFv.2，SPM 与 1D MHD (CE/SE) 模型预报时间的平均绝对值误差的比较

预报模型	平均绝对值误差（h）
STOA	14.57
ISPM	14.69
HAFv.2	14.79
SPM	14.13
1D-MHD(CE/SE)(original)	15.19
1D-MHD(CE/SE)(modified)	14.16

如图 1.29 所示,修正后,1D-MHD(CE/SE)模型频次分布的峰值位于预报时间误差为 0 的附近,随着误差的增大,相应事件数目逐渐减小,基本呈高斯分布。

这种预报时间误差的正态分布表明,该模型的 MHD 数值模拟较好地体现了扰动在行星际空间中传播和演化过程的主要方面。然而,模型也未考虑其他因素对到达时间的影响,如日冕密度分布、大尺度日球电流片结构、太阳风速度的湍动、与冕洞相关的高速流等,从而使得到达时间的预报精度很难进一步提高。

预报的相对误差定义如下:

$$\sigma = \frac{|T_{pred} - T_o|}{T_o}$$

统计结果表明,在全部 137 个事件中,修正前 1D-MHD(CE/SE)模型预报相对误差 $\sigma \leqslant 10\%$ 的事件占 24.82%,$\sigma \leqslant 30\%$ 的事件占 70.07%,$\sigma \leqslant 50\%$ 的事件占 87.59%;而修正后 1D-MHD(CE/SE)模型预报相对误差 $\sigma \leqslant 10\%$ 的事件则占 25.55%,$\sigma \leqslant 30\%$ 的事件占 69.34%,$\sigma \leqslant 50\%$ 的事件占 87.59%。可以看出,经过修正,对于预报相对误差小于 10% 的事件,结果得到了一定的改善。对于 STOA 模

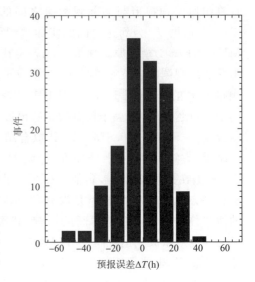

图 1.29 1D-MHD(CE/SE)模型的预报误差频次分布

型,$\sigma \leqslant 10\%$,30%,50% 的事件分别占 23.36%,64.23%,78.83%。类似地,对于 ISPM 模型,$\sigma \leqslant 10\%$,30%,50% 的事件分别占 21.17%,51.09%,61.31%。对于 HAFv.2 模型,$\sigma \leqslant 10\%$,30%,50% 的事件分别占 27.0%,62.78%,81.75%。对于 SPM 模型,$\sigma \leqslant 10\%$,30%,50% 的事件分别占 25.54%,73.72%,85.40%。如表 1.11 所示。由表 1.11 中数据可见,对于预报的相对误差而言,五个模型的精度是基本相当的。

表 1.11 STOA,ISPM,HAFv.2,SPM 与 1D MHD(CE/SE)模型预报误差的比较

预报模型	事件所占百分比		
	$\sigma \leqslant 10\%$	$\sigma \leqslant 30\%$	$\sigma \leqslant 50\%$
STOA	23.36%	64.23%	78.83%
ISPM	21.17%	51.09%	61.31%
HAFv.2	27.00%	62.78%	81.75%
SPM	25.54%	73.72%	85.40%
1D-MHD(CE/SE)(original)	24.82%	70.07%	87.59%
1D-MHD(CE/SE)(modified)	25.55%	69.34%	87.59%

1.5.3.8 模式界面

如图 1.30 所示。

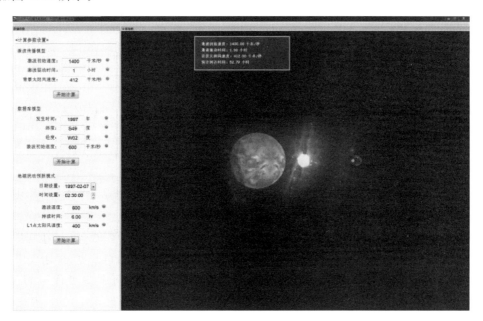

图 1.30 模式界面图

1.5.4 专家数据库模式

以太阳活动观测(太阳磁场、太阳扰动的开始时间、扰动源区位置、耀斑持续时间、初始激波速度、角宽度和背景太阳风速度)为输入,以到达时间和强度为输出的、跨平台的整个太阳 11 年活动周期的太阳风暴到达地球轨道时间的专家数据库(以 HAF 模型为基础的激波渡越时间数据库),在 ±12 h 误差范围内,预报准确率可达 44%。

1.5.4.1 激波渡越时间数据库 Database-I 的建立

首先定义了虚拟太阳瞬时事件,然后利用 HAF 模式得到每个虚拟太阳瞬时事件的激波到达时间,进而建立所有虚拟太阳瞬时事件的激波到达时间数据库 Database-I。

为了构建这个数据库,太阳源表面被分为 5°×5° 的网格。图 1.31 为太阳源表面的网格的一部分。太阳爆发事件主要分布在赤道两侧 ±40° 的纬度带内,对于一个给定的太阳爆发事件,它的源位置必定位于所构造的网格元内。

通过观测,一个太阳瞬时事件的日冕激波初始速度通常为 200～2000 km/s。因此,对于固定源位置的虚拟太阳瞬时事件,其可能初始激波速度在 200～2000 km/s 范围内,将网格设为 100 km/s。也就是说,一个虚拟太阳瞬时事件的初始激波速度 V_{sk} 定为 100 km/s 的整数倍,即 $V_{sk}=200+100 \times k$,其中 $k=0,1,\cdots,18$。

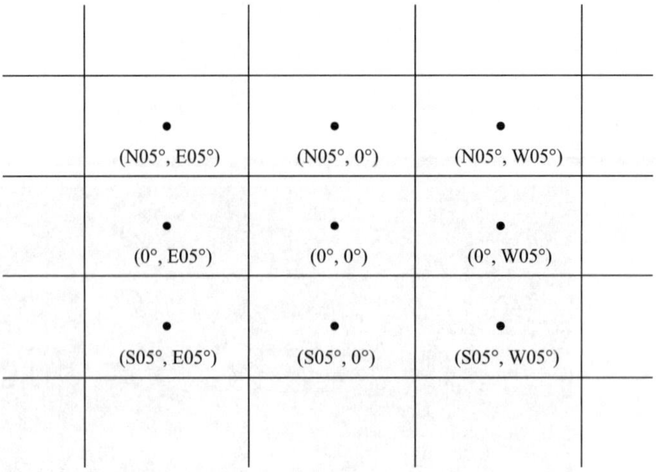

图 1.31　太阳源表面网格的一部分。太阳源表面上每个网格的中心点即为一个虚拟太阳事件爆发的源位置

数据库的时间范围覆盖整个第 23 太阳周(11 年)。对于 HAFv.2 模型,太阳源表面的磁场和速度分布应采用每日更新的数据。但是在构建数据库时,为了简单起见,采用太阳源表面的磁场和速度分布的年平均数据。将太阳源表面的年平均磁场和年平均速度作为 HAF 模式背景太阳风部分的输入。也就是说,对于发生在 Y_n(第 23 太阳周的第 n 年)的所有虚拟太阳瞬时事件的背景太阳风条件是相同的。

为了确定一个虚拟太阳瞬时事件的激波渡越时间,还需要确定另外两个参数:激波驱动时间和激波搜索指数。HAF 模式的一个重要输入参数是激波持续时间。在 HAF 模式的所有输入参数中,该参数对 HAF 模式的预报影响最小。HAF 模型可以给出全日球空间任一点上的太阳风速度、密度、动压以及行星际磁场随时间的变化;通过引入 $L1$ 点的激波搜索指数(SSI)来判断激波是否到达地球以及确定其到达时间。经程序测试,我们认为当 SSI 大于 -1.4 时,激波能够到达地球。这样,利用 HAF 模式就可以得到前面提到的所有虚拟事件的激波到达时间。数据库 Database-I 包括虚拟太阳瞬时事件和它们相应的激波渡越时间。

1.5.4.2　激波到达时间数据库 Database-II 的建立

本节将通过数据库 Database-I,利用一些样本事件进行试验性预报,并根据试验结果提供一种修正方法,来建立数据库 Database-II。

搜集了 1997 年 2 月—2002 年 8 月期间的 130 个有相应的行星际激波到达近地空间而被 $L1$ 点卫星探测到的事件作为试验样本,其观测参数包括:事件的发生时间(年月日),事件开始时间,事件源位置的日面纬度和经度,初始激波速度 V_s(Ⅱ 型射电暴估计),持续时间(软 X 射线流量观测),耀斑级别,以及 $L1$ 点的太阳风速度 V_{sw}。

对于 130 个样本事件,利用数据库方法得到每一事件的激波渡越时间的预报值,并算出预报值与观测值之间的误差。从图 1.32 可看出,预报误差主要分布在 -40 h 到 100 h 之间,可见其预报结果并不理想。考虑到初始激波速度和事件源位置的日面经度对 HAF 模式的影响,数据库还需要进一步地修正来提高预报效果,并建立 Database-II。

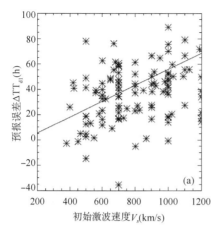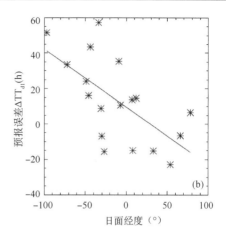

图 1.32　(a)当 V_s≤1200 km/s 时,激波到达时间预报误差与 V_s 的关系;(b)当 V_s >1200 km/s 时,激波到达时间预报误差与日面经度的关系

图 1.32a 给出了对于初始激波速度 V_s≤1200 km/s 的事件,其预报误差随激波速度的分布。图 1.32b 给出了初始激波速度 V_s >1200 km/s 的事件,其预报误差随日面经度的分布。造成数据库方法在描述实际激波传播中存在不足的原因可能有很多方面。一方面,由米波 II 型射电暴计算出的初始激波速度对于激波渡越时间有很大的影响,而这可能是造成对于 V_s≤ 1200 km/s 的事件,误差与 V_s 相关性较好的原因之一。而对于初始激波速度大的事件,其源位置的日面经度又对渡越时间有较大影响,这可能是造成对于 V_s >1200 km/s 的事件,相关性好的原因之一。鉴于前面所述的原因,将数据库 Database-I 预报的渡越时间加以修正。在修正后的数据库 Database-II 里查找,就可得到一个实际观测的太阳瞬时事件对应的激波到达时间。

如果要成功地预报激波到达地球的情况,不仅要对激波可以到达地球的事件做出正确的预报,而且还要对激波不能到达地球的事件做出正确的预报。这里只关注激波到达事件的预报。因此,我们只选取了 130 个有激波到达地球的样本事件,利用数据库方法得到每一事件的激波渡越时间预报值。

表 1.12 给出了 STOA,ISPM,HAFv.2 模型和数据库方法在不同预报误差窗口内的预报成功率。当误差窗口设为±12 h,数据库方法的预报成功率为 44%;当误差窗口设为±24 h 内时,其预报成功率为 78%;当误差窗口设为±36 h 内时,其预报成功率为 88%。由表中数据可见,对于预报成功率而言,四个模型的效果也是基本相当的。

表 1.12　当预报误差窗口设为±12 h,±24 h 及±36 h 内时,不同模型预报结果的比较

Number of Events	model	hit(±12 h)	hit(±24 h)	hit(±36 h)
130	STOA	58(45%)	100(77%)	112(86%)
130	ISPM	51(39%)	71(55%)	81(62%)
130	HAFv.2	63(48%)	96(74%)	106(82%)
130	Database	57(44%)	101(78%)	114(88%)

1.5.4.3　模式界面

如图 1.33 所示。

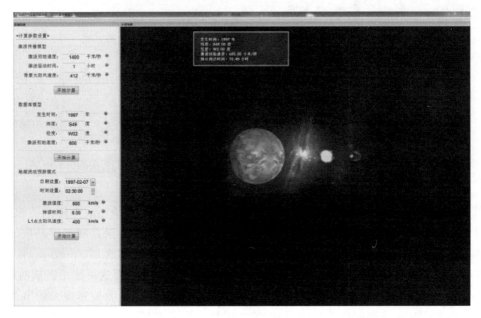

图 1.33　模式界面图

1.6　CME 激波传播过程预报模式

1.6.1　CME 激波传播过程与相应 SEP 事件预报模式综述

本节简单综述 CME 驱动的激波传播与相关的 SEP 的主要空间天气学预报模式。将激波的传播预测模式分为：模式的输入、输出，模式的背景环境设置，以及模式用以时空推演的物理内核等四个部分进行介绍；在激波导致的 SEP 事件的预报模式方面，主要介绍了当前较为流行的部分模式。最后，简单讨论了激波传播模式及相应 SEP 预报模式的发展趋势。

1.6.1.1　引言

在行星际空间中传播的大尺度激波结构有两种：一种是 CME 抛射物质驱动的激波，一种是由行星际共转相互作用区（CIR）演化而成的共转激波。CME 驱动的行星际激波是当 CME 事件的抛射速度超过太阳风中传播的快磁声波波速时激发的；行星际共转激波则是由于太阳的自转引起的，由基本沿径向传播的低、高速太阳风流的相互作用而形成。这里主要讨论第一类，即由 CME 驱动的行星际激波结构。行星际激波是一种无碰撞等离子体激波，根据不同的标准有不同的分类，根据波阵面是否被磁场穿越（即激波面法向和周围磁场方向的夹角），可以将其分为三类：垂直激波、平行激波和斜激波；根据激波速度与上下游流体速度之间的关系又可以分为快激波和慢激波；而按照传播方向与太阳风流动方向的关系还可以将激波细分为前向激波和后向激波。

人们对行星际激波关注，主要由于其产生的空间天气学效应。这种效应主要体现在两个方面：一方面是行星际激波本身携带的磁场和等离子体结构可对地球磁层环境产生影响。现有的卫星探测和地磁观测都表明行星际激波与地磁层作用后能产生强烈的磁层扰动和相关的地磁活动现象，例如产生极光、磁暴及亚暴和辐射带高能粒子增强等。实现对行星际激波的准确预报可以有效规避各种相关的灾害性事件产生的危害。

另一方面，由行星际激波的粒子加速过程产生的 SEP 也是非常具有危害性的一类主要的空间天气灾害性事件。SEP 事件中的高通量的能量粒子足以毁坏卫星及星载设备，威胁宇航员乃至飞行员的人身健康，少数情况下，甚至可入射至地面，影响地面附近航空等活动的安全。行星际激波产生的 SEP 事件主要是缓变型的事件，对这类事件的预报将同时依赖于我们对行星际激波本身的产生、传播和演化过程的理解，以及我们对激波粒子加速物理过程的把握。然而由于太阳爆发活动及粒子加速事件本身固有的高度随机性，同时针对行星际 CME、射电暴、SEP 事件等现象的探测尚不够完善，以及日地空间环境的复杂性，使得对于行星际激波和相应 SEP 事件的预报成为空间天气定量化预报技术中一个非常薄弱的环节。

这里，针对 CME 激波和相关 SEP 事件的预报模式分三部分综述。首先介绍若干当前主要的激波传播预测模式，给出模式的输入、输出，模式的背景环境设置，以及模式用以时空推演的物理内核等；再简单介绍粒子加速及 SEP 预报模式方面的调研工作，并给出现今流行的部分模式；最后，将简单讨论未来激波传播模式及相应 SEP 预报模式的发展趋势。

1.6.1.2　主要激波传播模式简介

由于激波到达地球的时间通常意味着磁暴急始、增强的高能粒子通量等事件，所以，预报与太阳活动紧密相关的行星际激波到达地球的时间具有重要意义。很多模式将预报行星际激波到达 1AU 的渡越时间和到达时激波的强度作为主要的预报参数，但也有部分模式实现了许多其他物理参数的预报，包括对行星际磁场和太阳风物理参数及其他日心距离上的各种物理参数的预报等。现今比较通用的模式大致有如下几种：STOA（The Shock Time of Arrival model），ISPM（The Interplanetary Shock Propagation Model），HAFv. 2（Hakamada-Akaso-fu-Fry/version 2 model），以及国内冯学尚、赵新华等人实现的 SPM 模式等。根据这四种模式的共性，将每种模式的介绍都分为五部分进行，依次为模式的简单介绍，包括主要参考文献等内容；模式用以进行时空推演的物理内核；背景太阳风和行星际磁场环境的设置；以及模式的输入参数和输出结果等内容。

（1）STOA 模式

在 STOA 模式中，行星际激波的传播和演化过程用点源爆炸波的理论近似来描述。（Dryer，1974；Dryer et al.，1984；Smart et al.；1984，Smart et al.，1985；Lewis et al.，1987）

模式内核：该模式将扰动速度分为两部分：背景太阳风的速度和在太阳风坐标系中激波的波前速度。计算中所涉及的四个关键点为：①在指定时间段内以某一恒定速度引入初始激波；②经过初始驱动之后，用爆炸波理论近似激波在背景太阳风中的传播和衰减过程；③通过积分爆炸波的方程来求解扰动到达某一指定位置的平均激波速度和平均渡越时间；④激波波前速度在波阵面切向分布满足方程：

$$V_\theta = V_r(\cos\theta + 1)/2 \tag{1.41}$$

其中 V_r 为激波扰动中心速度，V_θ 为距扰动中心 θ 角处的速度。图 1.34 为利用 STOA 模式分析 1976 年 3 月 20 日的激波事件，图中给出了各种速度在木星和 pioneer 10 卫星附近的值，也给出了该模式的主要计算参数。

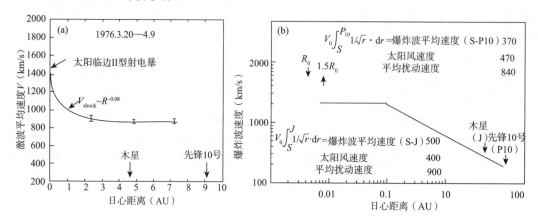

图 1.34　1976 年 3 月 20 日激波事件。(a)为 Dryer 等人推测的扰动平均速度随日心距的变化；(b)为爆炸波假设下激波波前速度变化曲线

　　背景设置：模式允许引入径向可变的背景太阳风速度，不考虑行星际结构的相互作用。

　　输入参数：CME(或耀斑、日珥爆发)的太阳表面经度；II 型射电暴频移的起始时间；激波初始驱动的时间长度(由耀斑过程的软 X 射线通量在某一阈值之上的持续时间获得)；背景太阳风的速度。

　　输出参数：在黄道面内的任意位置，获得地球的激波渡越时间；估计激波的马赫数，如果其小于 1.0，则认为该激波已经蜕变为普通的磁流体力学波。

　　(2)ISPM 模式

　　使用赤道面内激波传播的 MHD 数值模型(Wu *et al*.，1983)，Smith 和 Dryer(1990)等开展了参数研究，得到了激波事件对应的总的输入能量与激波传播速度之间的经验关系，后来 Smith 和 Dryer(1995)利用该经验关系，通过 II 型射电暴观测获得近日激波传播速度，求得实际太阳爆发事件对应的总能量输入，并利用点源爆炸波理论计算随后的激波传播过程，以求得激波的渡越时间。

　　模式内核：太阳活动的输入能量并不能通过观测直接得到。在该模式中假设总能量正比于 V_s^3(动能通量)，总能量与激波初始时刻的切向宽度、脉冲持续时间之间满足线性关系。在这些假定基础上，得到使用 MHD 模型计算的总输入能量的经验公式为：

$$E_s = CV_s^3\omega(\tau + D) \tag{1.42}$$

其中 C,D 分别固定为 $0.283\times1020\ \mathrm{erg\cdot m^{-3}\cdot deg^{-1}}$ 和 0.52 h，ω 为初始时刻激波波阵面的切向角宽度，τ 为激波脉冲的持续时间。

　　得到输入太阳风的总能量和扰动源位置以后，模式通过爆炸波理论求得激波到达 1 AU 的渡越时间及激波强度等参数。

　　背景设置：不考虑高、低速太阳风之间的相互作用，背景太阳风速固定为 340 km/s。

　　模式输入：ISPM 模式的输入观测参数与 STOA 模式基本相同，但背景太阳风速度固定。

模式输出：(a)激波到达地球的时间；(b)到达时激波的动压变化；(c)激波强度参数 SSI（扰动动压峰值与扰动前动压之比的以 10 为底的对数）。

（3）SPM 模式

SPM 模式（Feng，2006）主要基于上述 ISPM 模式修改而成。主要改动是采用了不同的爆炸波传播的计算公式（Wei，1982；Wei *et al.*，1983），并应用大量事件的预测结果对模式进行修正。

模式内核：模式采用与 ISPM 相同的输入参数，使用相同的方法获得太阳活动输出的扰动总能量。并以此为基础结合爆炸波公式进行预报。Feng 和 Zhao 针对 165 次事件进行研究，得到跟输入能量有关的修正因子，修正后的激波渡越时间计算公式为：

$$
TT = \frac{J_0}{u_0}\left\{ 4\lambda_1[R + 2E_0 - 2E_0\ln(R + 2E_0)] + 2\sqrt{X} - \frac{(16\lambda_1^2 + \frac{1}{J_0})E_0}{\sqrt{4\lambda_1^2 + \frac{1}{2J_0}}}\ln[\sqrt{X} + (R + 2E_0)\times \right.
$$

$$
\left. \sqrt{4\lambda_1^2 + \frac{1}{2J_0}} - \frac{(16\lambda_1^2 + \frac{1}{J_0})E_0}{2\sqrt{4\lambda_1^2 + \frac{1}{2J_0}}}] - 8\lambda_1 E_0\ln[\frac{\sqrt{X} + 4\lambda_1 E_0}{(R + 2E_0)} - \frac{(16\lambda_1^2 + \frac{1}{J_0})}{8\lambda_1}]\right\} + TT_0 + \Delta TT(E_0)
$$

$$(1.43)$$

其中 $\Delta TT(E_0) = 12.789 + 24.692\lg(E_0) + 10.8314[\lg(E_0)]^2$ 为根据 165 个事件得到的修正因子，E_0 为输入能量。

背景设置：与 ISPM 模式相同。

模式输入：与 ISPM 模式相同。

模式输出：行星际激波的渡越时间。

（4）HAFv.2 模式

HAFv.2 模式是在 HAFv.1 模式（Hakamada *et al.*，1982；Akasofu，2001）基础上新发展改进的模式，可以计算激波的渡越时间、激波动压的时空演化、太阳风等离子体和行星际空间磁场的多种物理参数。

模式内核：该模式利用光球磁场的势场外推模型获得源表面（$r = 2.5R_{solar}$）处的磁场数据，并结合 Wang-Sheely-Arge（Arge *et al.*，2000）模型推出太阳风等离子体的速度和数密度等参数。假定太阳风等离子沿径向传播，并满足磁场冻结条件。为近似低速流和高速流之间的相互作用，假设发生相互作用的流体之中，低速的将被加速，高速的则被减速。通过速度脉冲的方式引入激波，速度脉冲引入方程为：$V(t) = V_s(t/\tau)e^{\frac{t}{\tau}}$，其中 τ 为 X 射线通量显著增强的持续时间，通过磁通量守恒确定磁场矢量；底边界的等离子体数密度和速度由 WSA 模式给出，行星际空间粒子数密度由质量守恒方程给出（Fry *et al.*，2001）。图 1.35 为 HAFv.2 模式对 2000 年 4 月 4 日至 4 月 8 日激波传播过程的模拟结果，图中给出了行星际磁场位形在黄道面内的变化过程，时间间隔为 12 h。

背景设置：HAFv.2 模式根据磁图观测，利用势场外推得到最初的背景磁场和太阳风参数，考虑了太阳的自转效应，在模拟运算过程中，程序将首先为激波传播计算出稳态的背景太阳风和行星际磁场参数。

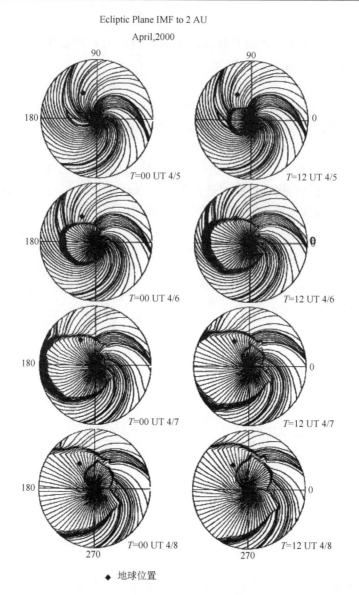

Ecliptic Plane IMF to 2 AU

April,2000

◆ 地球位置

图 1.35　应用 HAFv. 2 模式针对 2000 年 4 月 4 日至 4 月 8 日事件模拟所得到的
磁场位形演化过程(Fry *et al.*，2001)

模式输入：太阳光球表面的磁图(提供背景太阳风参数)，其余输入参数与以上三种模式相同(提供激波事件的各种参数)。

模式输出：

①行星际空间各时刻和位置的太阳风速度、粒子数密度、行星际磁场强度以及极性。

②计算激波的强度参数(SSI)分布，根据选定的 SSI 值确定波前位置，从而得到激波的渡越时间。

③确定激波是否到达地球。

相对其他三种模式和基于物理的 MHD 数值模拟方法，HAFv.2 模式具有许多优点：融合了经验与物理结果的数值化求解，运行更快捷；可以进行极端参数条件下的运算，极少出现

MHD 模拟中经常出现的数值不稳定性导致的死机等问题；可以提供太阳风和行星际磁场的三维结构演化等。

(5)四种模式预报结果的简单比较

以上即为四种较为流行的关于行星际激波预报的模式,通过大量的研究和检验发现,这些模式在激波渡越时间方面的预报效果差别不大(McKenna-Lawlor *et al.*, 2006;Fry *et al.*, 2003;Feng, 2006;Smith *et al.*, 2009)。

McKenna-Lawlor 等(2006),Smith 等(2009),Fry 等(2003)等对除 SPM 模式之外的三种模式预报结果进行了比较。图 1.36 为三种模式对第 23 太阳活动周活动极大年的 166 例事件进行预报之后的比较结果,图中给出了各种模式不同预报误差范围内的事件的数目。

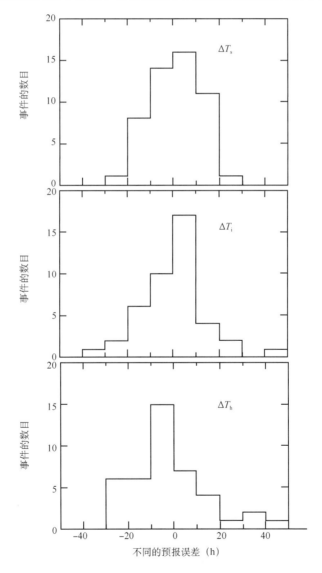

图 1.36　STOA,ISPM,HAFv.2 对第 23 太阳活动周活动极大年(2000 年 11 月到 2002 年 8 月)期间 166 例事件预报结果的误差的比较

　　另外,在 Feng 和 Zhao 的对比过程中,总共选取了 165 例事件,其中 SPM 对这些事件全部进行预报,其余三种模式只对其中的部分事件进行了预报。图 1.37 利用柱状图简单地展示了三种模式跟 SPM 模式的预报误差的对比。STOA 的选取的 154 个事件中误差平均为 14.05 h,ISPM 选取的 118 个事件中误差平均值为 14.06 h,HAFv.2 选取的 126 个事件的误差平均值为 14.85 h。同时 Feng 和 Zhao 将四种模式的预报误差进行统计,分别给出了预报误差在 10%,20%,30% 时的准确率(表 1.13)。

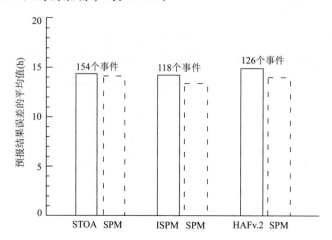

图 1.37　不同模式预报误差之间的比较

表 1.13　各种模式预报准确率(%)

预报误差	10%	20%	30%
SPM 模式(165 个事件)	27.88	71.52	85.46
STOA 模式(154 个事件)	25.97	70.78	85.07
ISPM 模式(118 个事件)	28.81	73.73	86.44
HAFv.2 模式(126 个事件)	28.57	68.25	88.89

1.6.1.3　主要 SEP 预报模式简介

　　SEP 是由太阳爆发现象所激发产生的,因而其出现率与太阳活动水平密切相关。总体上来看,在有资料可查的五个太阳活动周内,质子事件的平均特性随太阳活动呈现 11 年的变化特征,但就每次具体的事件而言,其发生时的太阳活动水平和事件的强度都趋向于随机分布。

　　我们将根据 SEP 事件预报模式预报时间的长短,分中长期预报、短期预报两类进行介绍。

　　(1)SEP 事件的中长期预报

　　长期预报的目的是给出太阳活动周时间尺度内质子事件和通量的分布规律,这对运行周期较长的航天器具有重要的参考价值。

　　Reedy(1996)对 1954—1991 年 SEP 事件和其通量关系进行分析,得到高能粒子事件发生频率 P(次)与其流量 F_t($cm^{-2} \cdot s^{-1} \cdot sr^{-1}$)成反比,其公式为:

$$P(F_t \leqslant 10^{10}) \propto F_t^{-0.4}$$
$$P(F_t \geqslant 10^{10}) \propto F_t^{-0.9}$$

Smart 等(1979)发现高能粒子事件发生频率 P(次)与粒子通量峰值 F_p($cm^{-2} \cdot s^{-1} \cdot$

sr^{-1})也有着密切关系,其公式为:

$$P(F_p \leqslant 10^3) \propto F_p^{-0.47}$$

$$P(F_p \geqslant 10^3) \propto F_p^{-1.42^*}$$

具体到各个年份的通量分布,现在有两个比较系统的模式:JPL-91 质子通量模式(Feynman et al.,1993;2002)和 Nymmik 模式(Nymmik,1998)。Feynman 等(1996)通过计算,认为太阳高能粒子事件的出现概率相对其通量对数(lgF)呈正态分布,并给出了最可几值和方差;Nymmik 等(1996)给出了一年中 SEP 事件发生的次数 N 与太阳黑子数平滑值 W 之间的关系:$N = 0.18 \cdot W^{0.75}$ 次/年。

还有学者利用频谱技术,通过分析近期 SEP 事件的时间分布特征预测未来一段时间的高能粒子事件的时间分布,在太阳活动高年还是有一定效果的。

中期预报是指对几周到几个月内的高能粒子事件的时间和通量分布进行预报。有学者就 SEP 事件的先兆进行研究,但总体而言还处于起步阶段,尚未形成较为实用模式。

(2)SEP 事件的短期预报

短期预报即对几天内要发生的高能粒子事件进行的预报,即实际上是针对即将或正在发生的爆发事件产生的 SEP 事件特性的预报。有关模式需要能够:①在 CME 爆发后,确定 CME 的各种性质,包括位置、形状、速度以及其驱动激波的能力;②确定激波加速粒子的加速过程和扩散过程;③预报 CME 驱动的激波和高能粒子在背景太阳风中的传播方式。需要强调的是目前关于粒子的加速机理和过程在物理上仍是尚待解决的问题,因此 SEP 事件的模式预报仍处于初级阶段。

有关模型中比较有代表性的是由 Aran 等人发展的 SOLPENCO(SOLar Particle ENgineering COde)模式(Aran et al.,2001;2005;2006)。

SOLPENCO 模式的物理理论框架大致可以分为两个部分,即激波传播模式以及激波粒子加速和粒子传播模式,如图 1.38 所示。模式的激波传播部分采用 2.5 维 MHD 模型对激波在行星际空间(18R 到 1.1 AU)的传播过程进行模拟(Wu et al.,1983),得到激波的各种参数(激波前后速度比 V_R,磁场强度比 B_R,上游磁场方向与激波法向夹角 θ_{Bn} 等)。在激波粒子加速过程的模式再现部分,首先通过经验关系得到激波参数与粒子发射率 Q 之间的关系(Lario et al.,1998):

$$\log Q(t) = \log Q_0 + k V_R(t) \tag{1.44}$$

其中 $k=0.5$,$Q_0(E)=CE^{-\gamma}$(当 $E<2\text{MeV}$ 时,$\gamma=2$;当 $E \geqslant 2\text{MeV}$ 时,$\gamma=3$)。

之后将粒子发射率代入粒子的传播扩散方程(Ruffolo,1995):

$$\frac{\partial F(t,\mu,r,p)}{\partial t} = -\cos\Psi \frac{\partial}{\partial r}\left\{\left[v\mu + (1-\mu^2 \frac{v^2}{c^2})v_{sw}\sec\Psi\right]F(t,\mu,r,p)\right\} -$$

$$\frac{\partial}{\partial \mu}\left\{\left[\frac{v}{2L(r)}(1+\mu\frac{v_{sw}}{v}\sec\Psi - \mu\frac{v_{sw}v}{c^2}\sec\Psi) + v_{sw}(\cos\Psi\frac{\mathrm{d}}{\mathrm{d}r}\sec\Psi)\right](1-\mu^2)F(t,\mu,r,p)\right\} +$$

$$\frac{\partial}{\partial \mu}\left\{D_{\mu\mu}\frac{\partial}{\partial \mu}\left[\left(1-\mu\frac{v_{sw}v}{c^2}\sec\Psi\right)F(t,\mu,r,p)\right]\right\} +$$

$$\frac{\partial}{\partial p}\left\{pv_{sw}\left[\frac{\sec\Psi}{2L(r)}(1-\mu^2) + \cos\Psi\frac{\mathrm{d}}{\mathrm{d}r}(\sec\Psi)\mu^2\right]F(t,\mu,r,p)\right\} + G(t,\mu,r,p) \tag{1.45}$$

其中 $F(t,\mu,r,p)=A(r)f(t,\mu,r,p)$,$G(t,\mu,r,p)=A(r)Q(t,\mu,r,p)$,$A(r)$ 为磁流管的截面积,f 为粒子在相空间的分布函数。通过求解该方程可以得到高能粒子的在行星际空间的分布情况。

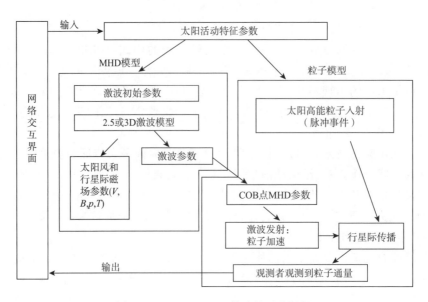

图 1.38　SOLPENCO 模式的理论框架

　　考虑到 MHD 数值模拟中容易产生不稳定造成死机,同时为了节省模式运行时间,SOL-PENCO 模式预设了不同条件下的大量数据,用户使用时只需输入所需参数(通过改变初始激波速度改变激波强度),模式即可以通过插值得到高能粒子通量等各种参数。

　　模式的输出为图形显示用户指定情况下的粒子流量和总通量,运行结果如图 1.39 所示:图形上部为两个文本框,左侧模块显示用户输入的参数,包括观测点位置、初始激波的速度、是否存在波前湍动、粒子的平均自由程、用户关注的粒子的能量范围;右侧模块给出激波的渡越时间、速度和粒子总通量等信息;下侧两个模块分别显示在用户指定能量范围内的粒子通量和按时间积分后的粒子总的通量随时间的变化情况。

输入参数:		
径向距离:	0.4 AU	激波到达卫星:
观测者位置角:	W45	渡越时间＝22.7 h
初始速度(km/s):	875.0	渡越速度＝724.7 km/s
激波前湍流:	no	总流量:7.7e＋07 cm^{-2} • sr^{-1}
质子平均自由程(AU):	0.2	
质子能量(Mev):	0.5	

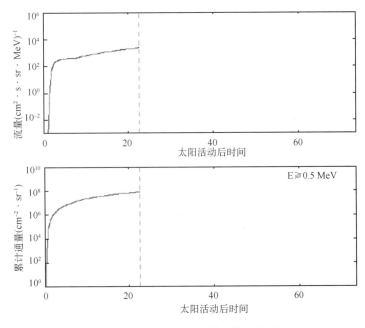

图 1.39　SOLPENCO 模式输出界面

1.6.1.4　激波传播模式和 SEP 预报模式的发展趋势

综上所述,行星际激波传播和太阳高能粒子事件正在逐步为人们所认识和研究,但是在预报的过程和预报方式上还存在着很多问题,预报效果也有待提高,未来仍需大力发展。下面,就此课题未来的发展趋势分三方面做一简单讨论。

首先,需要加强预报模式的物理基础。现阶段的激波传播模式,无论是采用爆炸波理论的模式还是运动学模式,都无法提供传播过程之中的不同速度太阳风流相互作用的信息,也无法正确考虑磁流体力学能量过程。同时现有模式还不能重现行星际空间的小尺度结构诸如阿尔芬波、湍流结构等。在今后的模式建立过程中,加强模式的物理基础,例如,利用磁流体力学模型对行星际激波进行模拟,将有望显著提高模式的预报水平。

其次,考虑更为实际的行星际物理环境。行星际空间的太阳磁场和等离子体环境相当复杂,现有的所有模式都将行星际的各种结构进行简化,这影响到模式预报的精度。所以,未来的模式应尽量还原行星际空间的环境,为模式运行提供贴近实际的背景参数。

最后,进一步加强激波的产生与演化机制和高能粒子的加速机制方面的理论和模型研究,为将来发展基于物理的预报模式奠定科学基础;同时,还应加强研究型模式向应用预报型模式的转化,使得最新研究成果得以尽快在预报模式中得到应用和体现。

1.6.2　ForSPA 模式

1.6.2.1　概述

基于磁流体(MHD)物理和数值模拟计算的行星际激波传播过程预报模式(ForSPA 模式)用于

对 CME 驱动激波在行星际传播过程进行模拟。可根据用户设定的激波初始参数调用插值程序获得激波传播过程中各种等离子体参数(粒子数密度、粒子速度、磁场强度、压强等)在行星际空间(0.1~1.0 AU)内的分布情况,并可利用图像显示数据;用户可利用观测到的地球、激波扰动中心和太阳表面电流片的相对位置确定输入参数,从而判断激波扰动是否可以到达地球及求得渡越时间。

通过预先大量的计算,获得了总大小超过 300 G 的解集数据库,并用 IDL 语言编写了用户交互与图像演示程序,从而完成了该预报模式。

1.6.2.2 ForSPA 模式使用说明

运行环境:IDL,推荐使用 6.0 以上版本。

ForSPA 模式用于对 CME 驱动激波在行星际传播过程进行模拟。模式将得到在激波作用下各种等离子体参数(粒子数密度、粒子速度、磁场强度、压强等)在行星际空间(0.1~1.0 AU)内的分布情况,并且实现可视化;同时利用观测到的地球、激波扰动中心和太阳表面电流片的相对位置确定输入参数,从而得到激波扰动是否可以到达地球及其渡越时间。

模式使用说明如下:

①输入

模式参数利用 SOIP_SPA.input 文件统一输入。文件可用写字板程序打开编辑,文件内容显示如图 1.40 所示。

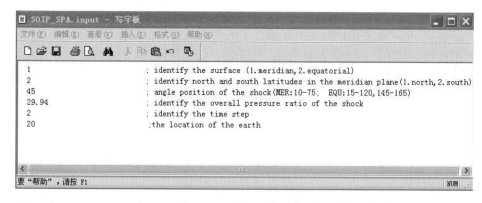

图 1.40 模式输入文件

第一行:确定模式的运行平面,选择 1 为子午面,选择 2 为赤道面。数据库的组建过程分别在赤道面和子午面两个平面内进行,最终的模式插值及演示需要选择模式运行的平面。

第二行:只对第一行选择 1 时生效,即该参数为子午面参数。选择 1 为日纬北纬,2 为日纬南纬。

第三行:确定激波或扰动在 0.1 AU 处的初发位置。用户需根据观测到的日球表面电流片与扰动中心的相对位置确定此参数。在模式中电流片的初始位置确定为日经 135°,当扰动位于电流片东侧时,用 135 减去相对角度即为此处参数,当扰动位于电流片西侧时,用 135 加上相对角度数值。由于模式在半平面内运行,电流片位置偏西,所以当用户所得到的参数大于 180°时,可以用得到的参数减 180°确定在模式平面内的等效位置。

第四行:确定初始激波或扰动的强度,该强度采用总压比的形式给出。模式输入通过观测到的射电暴的频移确定初始激波传播速度,然后通过 R-H 关系确定激波的总压比,在软件使用说明中我们给出了背景太阳风速度 500 km/s 情况下的激波速度和总压比的对应关系("激波速度与总压比对应关系.xls"),用户可在使用过程中进行查阅(由于在 0.1 AU 处的背景太阳风缺乏实地探测,大部分情况下可忽略观测所提供的背景太阳风速而直接查表获得激波总压比。)。

第五行:确定模式可视化过程中两幅图之间的时间间隔,最小值为 1 h。在图形中显示为简单修正之后的时间。

第六行:确定地球的位置,该位置由电流片、扰动、地球在黄道面位置三者的相对位置共同确定,过程与第三行相同。

②输出

模式输出为两个文件,SOIP_SPA_1.output,SOIP_SPA_2.output。

SOIP_SPA_1.output 文件存储激波或者扰动在行星际空间传播过程中的各种参数,用于实现可视化,并随时提供调用各种参数。由于该文件比较大(赤道面 175 M,子午面 228 M),建议用户不要打开该文件,否则容易造成死机。

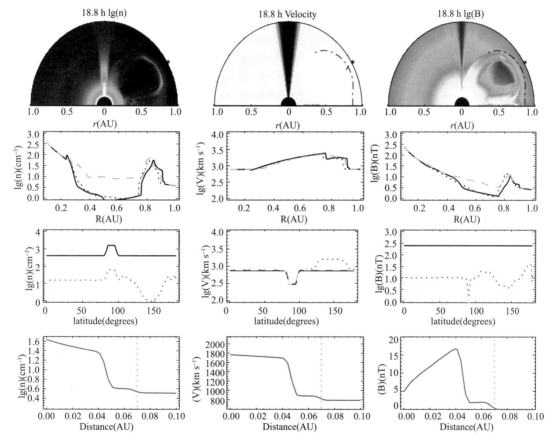

图 1.41　模式可视化。三列分别为粒子数密度、径向速度、磁场强度的分布情况。第一行为行星际空间参数的变化,颜色越亮参数越大,颜色越暗参数越小;第二行为径向的参数变化,参数分布范围为 0.1~1.0 AU,黑、黄、红三条线分别为扰动中心、扰动中心偏东 10°、扰动中心偏西 10° 的径向参数变化;第三行为切向参数变化,黑、红、黄三条线分别为 0.1,0.5,1.0 AU 处的切向参数变化;第四行为激波波阵面中心 0.1 AU内的参数变化,即为将第二行显示中的黑线部分放大的效果(见彩图)

　　SOIP_SPA_2. output 文件存储激波或者扰动的渡越时间。在模式运行末尾需要用户在 IDL 命令行中手动输入渡越时间,该渡越时间将保存在 SOIP_SPA_2. output 中。

　　③输出形式

　　模式实现可视化,在 IDL 运行窗口内实现绘图显示,并形成 gif 图像输出。

　　模式可视化如图 1.41 所示。(图 1.41 的彩图见书后)

　　模式可视化过程中可得到各个时刻的参数分布图(图 1.41)。

1.6.2.3　模式界面

　　如图 1.42 所示。

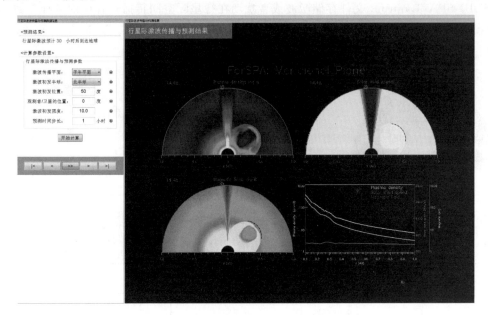

图 1.42　模式界面图(见彩图)

1.6.2.4　小结

　　ForSPA 模式用于对 CME 驱动激波在行星际传播过程进行模拟。根据用户设定的参数,演示激波作用下各种等离子体参数在行星际空间(0.1~1.0 AU)内的分布情况,可以得到激波到达地球的渡越时间。

　　以同时有太阳附近 II 型射电暴给出的激波速度数据和近地卫星激波观测数据的事件为例,在 1998 年到 2000 年期间选取 27 次初始激波速度在 900 km/s 以上的事件,分别计算出激波的渡越时间,并跟观测数据及其他若干当前比较流行的模式预测结果进行对比。本节所发展的激波传播模型所得到的激波渡越时间与观测值之差(ΔT)数据的标准方差为 15.0 h,相对于其他国际流行的激波预报模式:HAFv.2 模型为 17.8 h,ISPM 模型为 16.5 h,STOA 模型为 14.7 h,气象平均模式为 13.8 h。选取 2002 年 8 月 14 日—2006 年 12 月 14 日 68 次 CME 激波事件进行试预报测试,并与 HAFv.2 模式的预报结果对比。HAFv.2 模式的预报结果中,差值在 20 h 以上的事件有 15 次,差值在 10~20 h 事件为 18 次;而对于 ForSPA 模式,两组事件分别为 19 次和 18 次;两种模式的标准方差分别为 15 h 和 16 h。上述比较说明本模式在预报效果方面与国际流行模式基本处于同一水平。

1.7　总　结

太阳/行星际预报模式建立了一套可测算日冕物质抛射(CME)真实抛射速度、爆发位置及张角,并预报太阳耀斑产率、F107 指数、太阳风暴到达地球的时间和强度及 CME 驱动的行星际激波特性参数的智能化业务预报模式。具体如下:

1. CME 是地球空间环境扰动的重要源,特别是正对地球抛射的晕状 CME(Halo CME)。对 CME 抛射速度、张角及位置等运动学参数的准确确定,对研究 CME 在行星际空间的传播特征,进而对地球磁层空间环境的影响,具有重要意义。但是,现在对 CME 的观测都只是对它在天空平面的投影的观测,如果要知道它的真实的运动学特征参数,则只有在一定的模型假设下,由其天空平面投影观测资料反演得到。假设 CME 的几何形状为一冰激凌-锥形,设计了一套半自动化的 CME 图像分析处理和反演计算程序系统。利用该系统,可以根据观测到的 CME 在天空平面的投影观测图像,测量得到 CME 在天空平面不同方位角的前沿位置和投影速度,进而反演计算得到 CME 的真实运动参数,即 CME 的真实抛射速度、张角及日面爆发位置。相关结果可以用于与 CME 有关的空间天气预报模式中,提高模式的预报准确性。

2. 对 HAF 三维运动学太阳风模型进行了业务化,并尝试将 CME 的冰激凌-锥模型反演得到的 CME 爆发参数代入 HAF 模型,模拟预报 CME 爆发产生的扰动在行星际空间的传播过程,以及扰动传播到达地球轨道的时间,取得了较好的预报效果。

3. 给出了一种预测行星际激波到达时间的快捷方法。模型输入参数为太阳扰动的开始时间、扰动源区位置、耀斑持续时间、初始激波速度、角宽度和背景太阳风速度,可以输出相应激波传播到行星际空间任意径向距离处所需要的时间。

4. 建立了不同背景太阳风、磁场和初始扰动条件下的太阳风暴到达地球轨道时间的太阳周数据库,其功能为以太阳活动观测为输入,以到达时间和强度为输出的整个太阳 11 年活动周期的专家数据库。

5. 发展了行星际激波传播的磁流体(MHD)预报模式(ForSPA)。模式由赤道面和子午面两种运行模块构成。该模式主要特点是事先通过 MHD 计算不同激波参数(如激波强度、张角宽、位置等)下激波在行星际空间的传播数据,并构建数据库;应用时,在交互系统中选择激波的各种参数,模式通过插值给出合适的激波传播解,并通过图像进行演示,同时还可以展示在 1 AU 处激波的各种参数(如激波的渡越时间和激波强度等)。模式基于 MHD 模型,在观测基础之上给定初始和边界条件,通过数值模拟计算给出激波的传播、演化与太阳风结构的相互作用等过程。这一方法克服了传统预测(如采用爆炸波理论近似处理激波的演化过程)方法过于简单,忽略行星际空间其他大尺度结构的缺点,同时也避免了 MHD 计算耗时的缺点。模式的预报水平与国际流行模式相当。

6. 建立了业务化的可视化演示系统,将 CME 图像分析处理和反演、太阳耀斑产率、F107 指数,以及太阳风暴到达地球时间和强度的天气图的预报结果集成为一个系统,方便于预报员的操作与使用。

发表相关论文

1. Feng X. S., Y. Zhang, W. Sun, M. Dryer, C. D. Fry, and C. S. Deehr (2009). A practical database method for predicting arrivals of "average" interplanetary shocks at Earth. *J. Geophys. Res.*, 114, A01101, doi:10.1029/2008JA013499.

2. Zhang Y, Chen J Y, Feng X S(2010). Predicting the shock arrival time using 1D-HD solar wind model. *Chinese Sci Bull*, 2010, **55**: 1053-1058, doi: 10.1007/s11434-009-0610-8.

3. Feng X. S., Y. Zhang, L. P. Yang, S. T. Wu, and M. Dryer (2009). An operational method for shock arrival time prediction by one-dimensional CESE-HD solar wind model. *J. Geophys. Res.*, 114, A10103, doi:10.1029/2009JA014385.

4. Y. Chen, S. W. Feng, B. Li, H. Q. Song, L. D. Xia, X. L. Kong, and X. Li(2011). A coronal seismological study with streamer waves. *APJ*, **728**:147 (6pp), doi:10.1088/0004-637X/728/2/147.

5. D. Du, P. B. Zuo, and X. X. Zhang(2010). Interplanetary coronal mass ejections observed by Ulysses through its three solar orbits. *Solar Physics*, **262**: 171-190, doi: 10.1007/s11207-009-9505-8.

6. Xueshang Feng, Liping Yang, Changqing Xiang, S. T. Wu, Yufen Zhou and Ding Kun Zhong. Three-dimensional solar wind modeling from the Sun to Earth by a SIP-CESE MHD model with a six-component grid. 2010 *APJ* 723 300, doi:10.1088/0004-637X/723/1/300.

7. Zhao Wu, Yao Chen, Gang Li, Y. Liu, R. W. Ebert, M. I. Desai, G. M. Mason, L. Zhao, F. Guo, C. L. Tang(2010). Observation and modeling of a CIR pair event. *APJ*, **781**:17, doi:10.1088/0004-637X/781/1/17.

参考文献

潘宗浩. 2012. 日冕物质抛射的冰激凌-锥模型在空间天气现象中的应用. 合肥:中国科学技术大学博士学位论文.

王传兵,赵寄昆,陈合宏,等. 2002. 运用三位运动学模型对行星际磁场南向分量的预测. 地球物理学报,**45**(6):749.

张莹. 2009. 行星际扰动与对地效应的统计分析和模式研究. 北京:中国科学院研究生院博士学位论文.

Akasofu S I, Fry C D. 1986. A first-generation geomagnetic storm prediction scheme. *Planetary Space Sci.*, **34**:77.

Akasofu S I. 2001. Predicting geomagnetic storms as a space weather project, in *Geophysical Monograph Series*, Washington, D. C:AGU.

Aran A, Sanahuja B, Lario D. 2001. Solar encounter: *Proceedings of the first solar orbiter workshop*. 157.

Aran A, Sanahuja B, Lario D. 2005. A first step towards proton flux forecasting. *Adv. Space Res.*, **36**:2333-2338. doi:10.1016/j. asr. 2004. 06. 023.

Aran A, Sanahuja B, Lario D. 2006. SOLPENCO: A solar particle engineering code. *Adv. Space Res.*, **37**:1240.

Arge C N, Pizzo V J. 2000. Improvement in the prediction of solar wind conditions using near-real time solar magnetic field updates. *J. Geophys. Res.* **105**:10465-10480.

Dryer M，Smart D F. 1984. Dynamical models of coronal transients and interplanetary disturbances. *Adv. Space Res.*，**4**：291.

Dryer M. 1974. Interplanetary shock waves generated by solar flares. *Space Sci. Rev.*，**15**：403.

Feng Zhao. 2006. A new prediction method for the arrival time of interplanetary shocks. *Solar Physics*，**238**：167.

Feynman J，Gabriel S B. 2000. On space weather consequences and predictions. *Journal of Geophysical Research*，**105**：10543.

Feynman J，Ruzmaikin A，Berdichesky V. 2002. The JPL proton fluence model：an update. *J. Atmospheric and Solar-Terrestrial Physics*，**64**：1679.

Feynman J，Spitale G，Wang J，*et al*. 1993. Interplanetary proton fluence model-JPL 1991. *Journal of Geophysical Research*，**98**(A8)：13281.

Feynman J，Spitale G，Wang J，*et al*. 1996. Interplanetary proton fluence model JPL1991. *Journal of Geophysical Research*，**98**：13281.

Fry C D，Dryer M，Smith Z K，*et al*. 2003. Forecasting solar wind structures and shock arrival times using anensemble of models. *Journal of Geophysical Research*，**108**：1070.

Fry C D，Sun W，Deehr C S，*et al*. 2001. Improvements to the HAF solar wind model for space weather predictions. *Journal of Geophysical Research*，**106**：20985-21001.

Hakamada K，Akasofu S I. 1982. Simulation of three-dimensional solar wind disturbances and resulting geomagnetic storms. *Space Sci. Rev.*，**32**：3-70.

Lario D，Sanahuja B，Heras A. 1998. Energetic particle events：efficiency of interplanetary shocks as 50 keV< E<100 MeV proton accelerators. *Astrophysical J.*，**509**：415-434.

Lewis D，Dryer M. 1987. NOAA/SEL contract report. U. S. Air Weather Service.

McKenna-Lawlor S M P，Dryer M，Kartalev M D，*et al*. 2006. Near real-time predictions of the arrival at Earth of flare-related shocks during Solar Cycle. *Journal of Geophysical Research*；23.

Moon Y J，Dryer M，Smith Z K，*et al*. 2002. A revised shock time of arrival (STOA) model for interplanetary shock propagation：STOA-2. *Geophys. Res. Lett.*，**29**：10.

Nymmik R A. 1998. Radiation environment induced by cosmic ray particle fluxes in the international space station orbit according to recent galactic and solar cosmic ray models. *Adv. Space Research*，**21**(12)：1689-1698.

Nymmik R A，Panasyuk M I，Suslov A A. 1996. Radiation environment induced by cosmic ray particle fluxes in Alpha Atation Orbit according to recent solar and galactic cosmic ray models. *Adv. Space Res.*，**17**(2)：19-30.

Reedy R C. 1996. Constraints on solar particle events from comparisons of recent events and million-years averages. *Solar drivers of interplanetary and terrestrial disturbances ASP conference series*，95.

Ruffolo D. 1995. Effect of adiabatic deceleration on the focused transport of solar cosmic rays. *Astrophysical J.*，**442**：861.

Smart D F，Shea M A. 1985. A simplified model for timing the arrival of solar-flare-initiated shocks. *Journal of Geophysical Research*，**90**：183-190.

Smart D F，Shea M A，Barron W R，*et al*. 1984. A simplified technique for estimating the arrival time of solar flare-initiated shocks. in *Proceedings of STIP Workshop on Solar/Interplanetary Intervals*，August 4-6，1982，Maynooth，Ireland：139-156，Bookcrafters，Inc.，Chelsea，Mich.

Smart D F，Shea M A，Dryer M，*et al*. 1986. Estimating the arrival time of solar flare-initiated shocks by considering them to be blast waves riding over the solar wind. In *Proceedings of the Symposium on Solar-*

Terrestrial Predictions, 471-481, Washington, D. C. ; U. S. Govt. Print. Off.

Smart D F, Shea M A. 1979. PPS73-A computerized 'Event Mode' solar proton forecasting technique. *Solar-Terrestrial Predictions Proceeding of a Workshop*, Boulder, USA.

Smith Z K, Dryer M, McKenna-Lawlor S M P, *et al*. 2009. Operational validation of HAFv2's predictions of interplanetary shock arrivals at Earth: Declining phase of Solar Cycle 23. *Journal of Geophysical Research*, **114**, A05106, doi:10. 1029/2008JA013836.

Smith Z K, Dryer M, Ort E, *et al*. 2000. Performance of interplanetary shock prediction models: STOA and ISPM. *Journal of Atmospheric and Solar-Terrestrial Physics*, **62**:1265.

Smith Z K, Dryer M. 1990. MHD study of temporal and spatial evolution of simulated interplanetary shocks in the ecliptic plane within 1 AU. *Sol. Phys.*, **129**:387-405.

Smith Z K, Dryer M. 1995. The interplanetary shock propagation model: A model for predicting solar-flare-caused geomagnetic sudden impulses based on the 2-1/2D, MHD numerical simulation results from the Interplanetary Global Model (2D IGM). *NOAA Tech. Memo.* ERL/SEL-89.

Wei F S, Yang G, Zhang G. 1983. *Proceedings of Kunming Workshop on Solar Physics and Interplanetary Travelling Phenomena*. Beijing: Science Press.

Wei F S. 1982. The blast wave propagating in a moving medium with variable density. *Chinese J. Space Sci.*, **2**:63.

Wu S T, Dryer M, Han S M. 1983. Non-planar MHD model for solar flare-generated disturbances in the heliospheric equatorial plane. *Solar Phys.*, **84**:395.

Xue X H, Wang C B, Dou X K. 2005. An ice-cream cone model for coronal mass ejections. *Journal of Geophysical Research*, **110**: A08103.

Zank G P, Li G, Rice W K M. 2003. *AIP Conference Proceedings* 679, 636.

第 2 章　太阳风/磁层模式

2.1　概况

2.1.1　目的意义

太阳风与地球磁层相互作用是空间天气变化的一个重要方面。太阳爆发时,高速太阳风等离子体流与磁层相互作用,使环电流和极光电集流强度大增,引起地磁场的强烈扰动——磁暴和亚暴。磁暴可造成一系列空间天气灾害:卫星失灵、航天器工作状态异常,以及输电系统、通信和地下管线损坏。例如,引人注目的 1989 年 3 月的磁暴损坏输电系统事件。一个强磁暴使加拿大魁北克的电力系统受到损坏,造成 600 万居民停电达 9 h。因此,了解太阳风-磁层相互作用后的磁层状态对灾害性空间天气的预报、预警和防御,建立完整的空间天气预报体系是非常必要的。

根据不同的物理特性,一般可把地球空间环境分为近地太阳风、磁鞘区、磁层、电离层和中高层大气,而弓激波和磁层顶是其中两个最重要的分界面,准确地确定它们的位置和形状是了解地球空间环境的重要基础。作为太阳风－磁层－电离层耦合的重要途径,高纬地区的场向电流是磁层主要的电流体系之一,极光卵的变化可间接反映出高纬场向电流的变化,因此,预测极光卵有着重要的意义。

2.1.2　研究目标

利用拉格朗日点($L1$ 点)卫星观测到的太阳风数据,驱动相应的理论和统计模式,获得地球磁层顶和弓激波位置及形态,磁鞘和磁层等离子体及磁场分布,以及极光卵分布,为业务预报提供方便。

2.1.3　模式组成

太阳风/磁层模式由以下四个模式组成(图 2.1):

(1)预报地球磁层顶位形的磁层顶统计模式。

(2)预报磁鞘和磁层等离子体和磁场分布的磁层状态理论模式。

(3)预报磁层顶和弓激波位形、磁鞘等离子体和磁场分布的太阳风传输数值模式。

（4）预报地磁活动期间极光卵分布的极光卵分布统计模式。

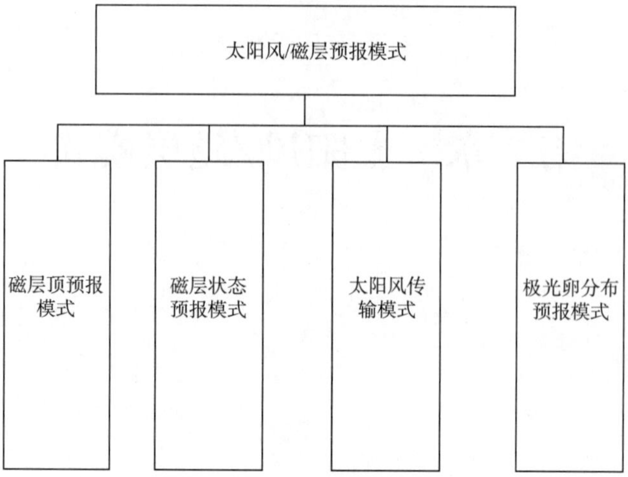

图 2.1　　太阳风/磁层模式结构图

2.1.4　技术路线

（1）利用 $L1$ 点太阳风数据，驱动 Lin 等（2010）三维磁层顶统计模式，获得三维磁层顶位形预报。

（2）依据太阳风-磁层-电离层系统的全球三维磁流体力学模式计算所得典型太阳风和电离层参数值条件下的磁鞘和磁层数据库，利用 $L1$ 点太阳风数据及相应的电离层参数，通过数据库查找插值的方法，获得磁鞘和磁层等离子体和磁场分布预报。

（3）依据太阳风传输模式数值模拟所建立的数据库，利用 $L1$ 点太阳风数据，获得磁层顶和弓激波位形以及磁鞘等离子体和磁场分布预报。

（4）利用地磁 AE 指数，驱动极光卵分布预报模式，获得极光卵位置、大小、形态和强度的预报。

2.2　磁层顶统计模式

太阳风是太阳等离子体流以及随着等离子流一起流动的太阳磁场构成的。当超声速太阳风扫过地球时，地球磁场将阻挡掉大部分太阳风带电粒子并形成地球弓激波、磁鞘和磁层顶，如图 2.2 所示。太阳风经过弓激波之后将变成亚声速，并绕磁层顶流动，形成磁鞘。磁层顶是由一层薄电流片组成，即 Chapman-Ferraro 电流片，该电流片将地球磁场包裹起来，形成很长近似圆柱体的磁尾，长度可达几百 R_e（地球半径）以上。磁层顶是磁重联及等离子体不稳定性发生的重要位置，伴随着太阳风能量、动量及质量向地球输运过程。磁层顶位形变化反映了太阳风变化，影响着磁层内部磁场，也影响着磁层内部各电流体系及各区域空间分布状况，如环电流和辐射带。目前所了解的磁暴急始也就是由磁层顶剧烈压缩造成的。可见，地球磁层顶位形研究至关重要，这对于了解太阳风如何与地球磁场相互作用，以及太阳风如何影响地球空间环境具有重要的意义。目前,磁层顶位形预报已成为空间环境预报一个重要的组成部分。

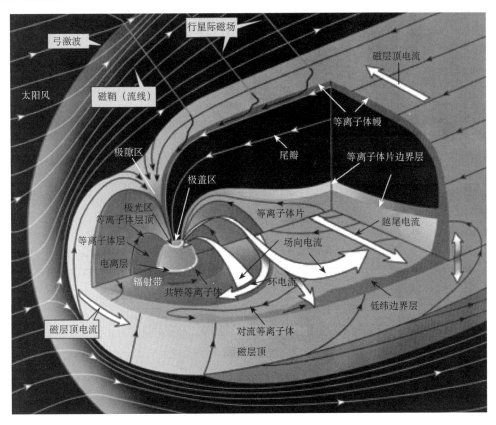

图 2.2　太阳风和地球磁场相互作用结果

2.2.1　磁层顶基本特征

早在 1931 年,Chapman 和 Ferraro 在研究地磁暴时就预言地球磁层顶存在,并指出磁层顶大小受太阳风动压控制。当时,他们认为来自太阳的微粒流是间歇性的,仅发生在太阳活动期间,因而产生的地球磁层顶也具有间歇性。到了 1951 年,Biermann 通过对彗尾分析表明,太阳风是任何时候都存在的。这也就说明了地球磁层顶具有永久性特点。在随后 60 年代期间,地球磁层顶存在被大量观测卫星所证实(Fairfield,1971;曹晋滨 等,2001)。

图 2.3 画出了 Explorer 12 卫星在 1961 年 9 月 13 日所观测到磁场强度 $|F|$。当天,Explorer 12 卫星磁层顶穿越发生在日下点附近,地方时为 12 点。根据图 2.3 所显示的磁场大小及方向突变可知,磁层顶穿越点到地心距离大约为 8.2 R_e(R_e 为地球半径)。图 2.3 也给出了磁层顶内侧磁场大致为地球偶极场理论模型预报值的两倍,说明了磁层顶电流片对地球磁场屏蔽作用(Chapman *et al.*,1931)。

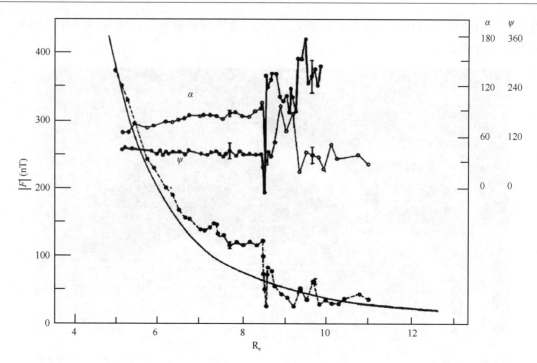

图 2.3　Explorer 12 卫星在 1961 年 9 月 13 日所观测到磁场强度 |F|。黑点为磁场强度观测值；黑线为偶极场理论计算所得磁场强度。α 为磁场矢量与卫星自转轴方向夹角；ψ 为磁场矢量和卫星自转轴所在平面与卫星自转轴和卫星太阳连线所在平面之间夹角。α 和 ψ 所采用的单位为度（Cahill *et al.*，1963）

　　磁层顶电流片概念最早起源于 Chapman 和 Ferraro（Chapman *et al.*，1931）。图 2.4 显示了北半球 Chapman-Ferraro 电流片分布示意图，同时也给出了磁层顶电流产生原因。根据早期封闭模型，假设太阳风没有磁场情况下，在太阳风质子和电子开始穿入地球磁场过程中，它们将各自受洛伦兹力作用而发生相反方向偏转反射，形成了磁层顶电流。在磁层顶白天一侧，磁层顶电流由两个涡旋电流组成，南北半球各一个，其涡旋中心在极隙区处。从太阳方向往地球看去，北半球磁层顶电流逆时针旋转，南半球磁层顶电流顺时针旋转。根据简单平面磁层顶模型可知，磁层顶电流片厚度大致为 1 个离子回旋半径。不过，最初的模型过于简单，并非自洽的，而且忽略了太阳风磁场和磁层内等离子体存在。根据实际观测，磁层顶厚度大致为几个到几十个离子回旋半径，从几百千米到上千千米。（Berchem *et al.*，1982；刘振兴 等，2005）

　　在近地空间磁赤道面上，磁层顶形态大致可用椭圆方程来描述。然而，近地空间磁层顶位形并非呈旋转轴对称形状。根据磁层顶穿越数据统计分析，高纬磁层顶尺度要比低纬磁层顶尺度小（Sibeck *et al.*，1991；Zhou *et al.*，1997；Boardsen *et al.*，2000；Šafránková *et al.*，2002；2005）。然而，高纬磁层顶是否存在内凹结构，他们的结论并没有达成一致。根据 Šafránková 等人分析结果，表明高纬磁层顶在极隙区附近存在内凹结构，在通常太阳风条件下，其内凹深度大约为 2.5～4 R_e。根据 Zhou 和 Russell（1997）分析，得到并无迹象表明高纬磁层顶位形存在内凹结构。根据以往磁层顶数值计算结果，均表明高纬磁层顶存在内凹结构（Beard，1964），其三维内凹结构如图 2.5 所示。不过需要指出的是，在六七十年代磁层顶数值计算并没有考虑磁层内部电流对地球磁场影响。对于远磁尾磁层顶位形，大致可看成旋转圆柱面形状,在各种太阳风条件下,其圆面半径大致在 20～40 R_e(Tsurutani *et al*.,1984;Slavin *et al*.,1985;Sibeck *et al*.,1986;Fairfield,1992;Nakamura *et al*.,1997)。通过对 Pionner 7 远磁尾磁场观测结果分析,Villante 得到磁尾磁层顶位形可延伸到 1000 R_e 左右(Villante,1974)。

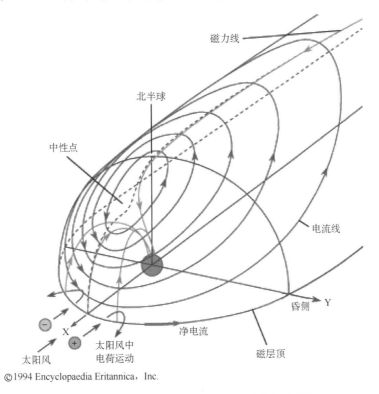

© 1994 Encyclopaedia Eritannica, Inc.

图 2.4 北半球 Chapman-Ferraro 电流片分布示意图

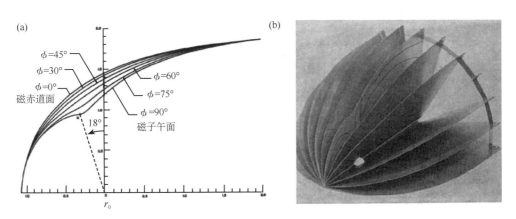

图 2.5 近地空间磁层顶三维位形图。(a)图中 ϕ 为各剖切平面与磁赤道面夹角,(b)图中实物图外轮廓为磁层顶(Beard,1964)

根据以往大量磁层顶穿越数据统计分析,在通常太阳风条件下,磁层顶日下点距离大约在 10～11 R_e;在极弱的太阳风条件下,可达 14 R_e;在极端太阳风条件下,磁层顶可被压缩到 6.6 R_e 以内(Kuznetsov *et al*.,1998)。低纬磁层顶位形主要受太阳风动压和行星际磁场南北分量影响。根据以往大多数低纬磁层顶经验模型,当太阳风动压增加时,整个磁层受到压力增强,使磁层顶尺度减小,但磁层顶形状基本保持不变(Shue et al.,1998)。南向行星际磁场可通过磁重联方式剥蚀白天一侧磁通量并传输到背阳面,从而造成白天一侧日下点距离减小磁尾磁层顶张角增加(Aubry et al.,1970)。南向行星际磁场对日下点侵蚀过程具有饱和性,即当南向行星际磁场强到一定程度之后,日下点距离基本不再随着南向行星际磁场增强而减小(Yang et al.,2003)。大多数低纬磁层顶经验模型得到北向行星际磁场基本不影响磁层顶日下点距离,但对于北向行星际磁场是否影响磁尾磁层顶张角,目前结论不一。对高纬磁层顶位形来讲,由于地磁偶极倾角摆动会造成整个地球磁场摆动,对极隙区位置及南北方向磁尾磁场不对称性改变特别明显,从而影响高纬磁层顶位形,如图2.6所示。

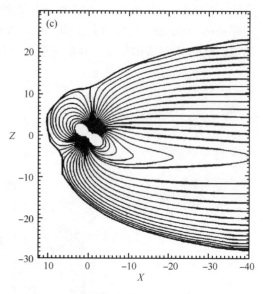

图2.6　地磁偶极倾角对地球磁场和磁层顶位形影响。最外层轮廓线为磁层顶,内侧曲线为调整后的地球磁力线(Sotirelis et al.,1999)

2.2.2　磁层顶位形研究发展状况

对于磁层顶位形研究,理论模型要比经验模型发展得早,主要集中在20世纪60年代及70年代初期(Ferraro,1952;Beard,1960;Ferraro,1960;Dungey,1961;Spreiter et al.,1962;Midgley et al.,1963;Mead et al.,1964;Beard,1964;Olson 1969;Choe et al.,1973;Cap et al.,1974;Sotirelis 1996;Sotirelis et al.,1999)。这些理论模型主要基于磁层顶两边太阳风动压(或磁鞘压强)和磁层顶内侧磁层磁压相互平衡理论。这些理论模型大多可给出较好的全球磁层顶基本形态,为磁层顶位形经验模型发展和完善提供了方向,但定量结果大多与实际观测差别比较大。理论模型之间结果差别,主要源于所采用地球磁场模型不同、计算近似方法不同或其他的相关假设不同。值得提出的是,在1999年,Sotrielis和Meng采用了Tsyganenko 1996磁场模型来计算磁层顶位形,该模型能够反映太阳风及地磁指数对磁层顶位形影响,在计算过程中不仅考虑了磁层顶表面电流影响,同时还考虑了越尾电流、环电流和场向电流影响。对于磁层顶位形理论计算,还有90年代之后更加复杂的MHD数值模拟。

定量化的磁层顶经验建模是从70年代开始的。按照模型是否能够反映上游太阳风变化划分,其整个发展过程可分为三个阶段:①静态磁层顶经验模型:Fairfield(1971),Howe和Binsack(1972),Holzer和Slavin(1978)、Formisano等(1979);②准动态磁层顶经验模型:Sibeck等(1991),Kuznetsov和Suvorova(1996);③动态磁层顶经验模型:Roelof和Sibeck(1993),Petrinec和Russell(1996),Shue等(1997),Shue等(1998),Kuznetsov和Suvorova(1998),Kawano等(1999),Boardsen等(2000),Kalegaev和Lyutov(2000),Chao等(2002),Lin等(2010)。静态磁层顶经验模型仅能给出平均磁层顶位形。准动态磁层顶经验模型采用太阳风数据分组方法,分别拟合出各组磁层顶平均位形,因此,可以实现太阳风变化对磁层顶位形影响。动态磁层顶经验模型能够描述连续太阳风变化对磁层顶位形影响。

在2010年以前的动态磁层顶经验模型中,大部分模型是低纬模型,并采用旋转对称假设,仅 Boardsen 等(2000)模型是动态高纬磁层顶经验模型。这些动态磁层顶经验模型基本上都参数化为太阳风动压(D_P)和行星际磁场(IMF)B_Z 函数,其中 Kawano 等(1999)模型只考虑 B_Z $\geqslant$0 nT 情况,Boardsen 等(2000)模型还考虑了地磁偶极倾角对磁层顶位形影响。

　　Petrinec 和 Russell(1996)模型、Kawano 等(1999)模型、Shue 等(1997)模型、Shue 等(1998)模型和 Chao 等(2002)模型均具备较好的远磁尾拓展能力;Shue 等(1998)模型和 Kuznetsov 和 Suvorova(1998)模型考虑了 IMF B_Z 对日下点影响饱和效应,具有较广的适用范围;Petrinec 和 Russell(1996)模型、Shue 等(1998)模型和 Chao 等(2002)模型在用于同步卫星穿越磁层顶预报时,具备较高的准确率,不过虚报率和误报率也比较高。虽然这些动态低纬磁层顶经验模型都是从观测数据中发展起来的,都参数化为 D_P 和/或 IMF B_Z 函数,但是各自所得 D_P 和/或 IMF B_Z 对磁层顶位形定性或定量影响结果有些差异还比较大,各模型也都具有各自的局限性。

　　对于动态高纬磁层顶经验模型来讲,Boardsen 等(2000)模型还很不完善。该模型采用两套二次曲面方程共同描述高纬磁层顶位形,以实现对极隙区附近磁层顶内凹结构描述。然而,该模型无法给出真实的三维内凹结构,同时该模型适用空间范围比较小,磁尾拓展能力比较差。

　　直到 2010 年,Lin 等人开发出了三维非对称磁层顶模式。该模式继承了以往磁层顶统计模式的优点,同时弥补了这些模式大部分的不足。该模式采用了新的模型方程,能够较好地描述极隙区附近磁层顶三维内凹结构,以及磁层顶东西不对称和南北不对称等复杂结构,并且具备了较好的远磁尾拓展能力。该模式不仅考虑了地磁偶极倾角对磁层顶位形摆动的影响,还考虑了极端太阳风条件下南向行星际磁场对磁层顶位形影响的饱和效应,该模式具备了较广的适用范围和较高的预报准确率。2.2.3 小节将详细介绍该模式的开发过程,模式特点、模式预报效果及模式集成过程和效果。

2.2.3　Lin 等(2010)三维磁层顶统计模式

　　Lin 等(2010)三维磁层顶统计模式是目前为止最完善的磁层顶经验模式。该模式采用了 20 多颗卫星磁层顶穿越数据,引入了新的磁层顶模型方程,利用了 Levenberg-Marquardt 非线性多参量的拟合方法,并依据模型方程系数各自的物理意义通过分区域逐步拟合的方法构建起来的。与以往磁层顶统计模式相比,Lin 等(2010)模式不仅提高了磁层顶统计模式对三维磁层顶位形的描述能力,也提高了对磁层顶位形预报结果的准确率。在以下小节中,将详细介绍 Lin 等(2010)模式建模过程。

2.2.3.1　建模数据

　　Lin 等(2010)磁层顶模式所采用的卫星包括 Wind,Interball,IMP8,Geotail,Polar,TC1,Cluster,THEMIS,LANL,GOES,其中 Cluster 包含了 4 颗卫星,THEMIS 包含了 5 颗卫星,LANL 包含了 7 颗卫星,GOSE 包含了 4 颗卫星。从这些卫星中最终共收集了 1226 个高质量磁层顶(非 Hawkeye 卫星)穿越点。在非 Hawkeye 卫星磁层顶穿越点数据中,采用了吻合行星际磁场 Clock Angle 方法,计算出太阳风从 ACE 或 Wind 到磁层顶穿越点之间的传输时间,并为该穿越点配对上 5 min 精度相对比较稳定的太阳风数据,包括了实测的 He^+ 和 H^+ 数密度比值。同时,也采用了网上公布的 1482 个 Hawkeye 卫星穿越磁层顶数据。Hawkeye 卫星主要是高纬磁层顶穿越,其运行时间比较早,其磁层顶穿越点只配对上 1 h 精度的太阳风数据。

表 2.1 列出了所采用各卫星数据时间段,以及各卫星等离子体观测数据、磁场观测数据、位置坐标观测数据来源和精度。这些数据可从 http://www.cddc-dsp.ac.cn/和 ftp://cdaweb.gsfc.nasa.gov/pub/istp/网站下载。对于高纬磁层顶穿越,为了避免误判,尽可能地采用等离子体波观测数据。

表 2.2 为 1226 磁层顶穿越点分布。

表 2.1 所采用卫星数据概况

卫星＼参数	时间段		等离子体（精度）	磁场（精度）	位置（精度）
ACE	1998－02	2008－01	swe_h0 (64 s)	mfi_h0 (16 s)	mfi_h0 (16 s)
Wind	1994－12	2008－01	3dp_pm (3 s)	mfi_h0 (1 min)	mfi_h0 (1 min)
Interball	1995－08	2000－11	cor (119 s)	mfi_h0 (6 s)	Orb (2 min)
IMP8	1994－12	2000－07	mitplasma_h0 (59 s)	mag_15sec (15.36 s)	mag_15sec (15.36 s)
Geotail	1994－12	2008－01	cpi_h0 (～50 s) cpi_hpamom (～1 min)	Mgf (64 s)	Mgf (64 s)
Polar	1996－03	2006－06	tide_h1 (6 s)	Mfe (0.92 min)	Mfe (0.92 min)
TC1	2004－01	2007－09	t1_pp_hia (4 s)	t1_pp_fgm (4 s)	t1_sp_aux (1 min)
Cluster	2001－01	2007－06	c1/pp/cis c2/pp/cis c3/pp/cis c4/pp/cis (4 s)	c1/cp c2/cp c3/cp c4/cp (4 s)	c1/cp c2/cp c3/cp c4/cp (4 s)
THEMIS	2007－02	2008－01	tha/l2/esa thb/l2/esa thc/l2/esa thd/l2/esa the/l2/esa (～1.5 min)	tha/l2/fgm thb/l2/fgm thc/l2/fgm thd/l2/fgm the/l2/fgm (3 s)	tha/or thb/or thc/or thd/or the/or (1 min)
LANL	1998－02	2008－01	01a_mpa 02a_mpa 89_mpa 90_mpa 91_mpa 94_mpa 97_mpa (86 s)		01a_mpa 02a_mpa 89_mpa 90_mpa 91_mpa 94_mpa 97_mpa (86 s)

续表

卫星 \ 参数	时间段		等离子体（精度）	磁场（精度）	位置（精度）
GOES	1998—02	2008—01	8_ep8	8_mag	8_mag
			0_ep8	0_mag	0_mag
			11_ep8	11_mag	11_mag
			12_ep8	12_mag	12_mag
			(5 min)	(1 min)	(1 min)

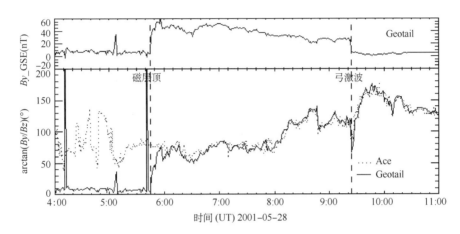

图 2.7　利用 ACE 和 Geotail 卫星观测所得的磁场 clock angle [arctan(By/Bz)] 相吻合的方法计算太阳风传输时间

表 2.2　1226 磁层顶穿越点分布

太阳风来源	磁层顶穿越卫星										总计
	Cluster	Geotail	GOES	IMP8	Interball	LANL	Polar	TC1	THEMIS	Wind	
ACE	292	119	8	1	31	11	135	246	199	3	1045
Wind	0	125	0	5	51	0	0	0	0	0	181
合计	292	244	8	6	82	11	135	246	199	3	1226

　　在观测数据处理方面，Lin 等（2010）三维磁层顶模式还考虑了地球公转效应及太阳风速度偏离日地连线所带来的偏差（Boardsen *et al.*，2000）。即需要将观测数据转化到 cGSM 坐标系中：X_{cGSM} 轴沿着 $\boldsymbol{V}_{SW}-\boldsymbol{V}_E$（$\boldsymbol{V}_{SW}$ 为太阳风速度，$\boldsymbol{V}_E$ 为地球公转速度）反方向，Z_{cGSM} 轴在 X_{cGSM} 轴与磁轴构成的平面内，朝北为正，Y_{cGSM} 轴由右手定则确定。

　　基于这些数据（1226 个数据点中实际只随机抽样 80% 数据用于建模，另外 20% 数据用于模式比较）及三维磁层顶模式提出的新磁层顶模式方程，通过 Levenberg-Marquardt 多参量非线性最小二乘法拟合方法，获得了三维非对称磁层顶模式。

2.2.3.2　拟合方法

　　Levenberg-Marquardt 法（简称 LM 方法）：Levenberg-Marquardt 洞察到梯度查找法和高斯-牛顿法之间的关联性，引入了一个无量纲参数 λ，使矩阵 α 变为：

$$\alpha'_{jj} = \alpha_{jj} \cdot (1 + \lambda) \tag{2.1}$$

$$\alpha'_{jk} = \alpha_{jk} \quad (j \neq k) \tag{2.2}$$

即 $\alpha' \delta a = \beta$，此时：

$$\delta a = (\alpha')^{-1} \beta \tag{2.3}$$

当 $\lambda \gg 1$ 时，矩阵 α' 可视为仅剩对角元素，于是：

$$\delta \alpha_j = \frac{1}{\lambda \cdot \alpha_{jj}} \cdot \beta_j \tag{2.4}$$

此时 LM 方法向梯度查找法靠拢；当 $\lambda \ll 1$ 时，即 LM 方法向高斯-牛顿法靠拢。需要指出的是，当过渡到梯度查找法时，需要保证 α_{jj} 大于零，以确保梯度查找往 χ^2 下降方向进行。LM 方法整个流程如下：

①给定 a_{cur} 初值及无量纲参数 λ 初值，可取 $\lambda = 0.001$。

②计算出 $\chi^2(a_{cur})$ 值。

③计算出 δa，同时计算出 $\chi^2(a_{cur} + \delta a)$。

④如果 $\dfrac{|\chi^2(a_{cur} + \delta a) - \chi^2(a_{cur})|}{\| \delta a \|} < \varepsilon$，则可取 a_{cur} 或 $a_{cur} + \delta a$ 作为 LM 方法所得拟合系数值，跳出循环。

⑤如果 $\chi^2(a_{cur} + \delta a) \geqslant \chi^2(a_{cur})$，则取 λ 为 10λ（向梯度查找法过渡），并跳到第③步计算。

⑥如果 $\chi^2(a_{cur} + \delta a) < \chi^2(a_{cur})$，则取 λ 为 $\dfrac{\lambda}{10}$（向高斯-牛顿法过渡），取 $a_{cur} = a_{cur} + \delta a$，跳到第②步计算。

在几种非线性最小二乘法拟合系数求解方法中 LM 方法具备绝对的优势。梯度查找法对初始值给定要求不高，初期计算收敛速度较快，随着与极值点距离拉近，其收敛速度越来越慢，计算结果精度相对低一些，而且与给定的步长关系比较大。高斯-牛顿法无须给出步长，在极值点附近收敛速度快，在远离极值点处可能不收敛，即对初始值要求比较高。LM 方法兼备这两种方法优点，同时也克服了它们的缺点。LM 方法对初始值给定要求不高，而且可在这两种方法之间自动择优切换使用。因此，将采用 LM 多参量非线性拟合方法进行构建磁层顶模型。

2.2.3.3　模式方程

对低纬磁层顶位形来讲，已经具备了较好的磁层顶模型方程，即 Shue 模型方程。对于高纬磁层顶位形来讲，以往一般采用两个二次曲面方程来实现高纬磁层顶内凹特征。以往这些低纬或高纬磁层顶模型方程也只能各自描述某些区域磁层顶位形。

Lin 等人从 Shue 模型方程入手，逐步构建出一个三维非对称磁层顶模型方程。从 Shue 模型方程可知，只要给定日下点距离 r_0 和侧向点距离 r_f（$\theta = 90°$ 时所对应的磁层顶径向距离），那么，整个磁层顶位形就被确定下来。为了让该模型方程可以更好地描述低纬磁层顶位形，Lin 等人将 Shue 模型方程改造为：

$$r = r_0 \cdot \left\{ \cos \frac{\theta}{2} + m \cdot \sin(2\theta) \cdot \left[1 - e^{(-\theta)} \right] \right\}^\beta \tag{2.5}$$

当 $m = 0$ 时，该方程即为 Shue 模型方程，此时 $\beta = -2\alpha$。当 m 改变时，可以调节磁层顶位形，并且保持 r_0 和 r_f 不变，如图 2.8 所示。当 $m > 0$ 时，向阳面磁层顶向内移动，背阳面磁层顶向外移动。当 $m < 0$ 时，结果相反。

为了使模型方程能够描述非对称磁层顶位形,包括极隙区处磁层顶内凹结构、东西方向不对称、南北方向不对称,以及东西方向与南北方向磁层顶尺度不对称,Lin 等人引入了方位角参量 φ。φ 为径向矢量 r 在 $Y-Z$ 平面上投影与正 Y 轴夹角,如图 2.9 所示,该角度取值在 $0°$ 到 $360°$ 之间。通过该方位角引入,最终所得三维非对称磁层顶模型方程为:

$$r = r_0 \cdot \left\{ \cos\frac{\theta}{2} + m \cdot \sin(2\theta) \cdot \left[1 - \mathrm{e}^{(-\theta)}\right] \right\}^{\beta} + Q \tag{2.6}$$

其中

$$\beta = \beta_0 + \beta_1 \cdot \cos\varphi + \beta_2 \cdot \sin\varphi + \beta_3 \cdot (\sin\varphi)^2 \tag{2.7}$$

$$Q = c_n \cdot \mathrm{e}^{(d_n \cdot \psi_n^{e_n})} + c_s \cdot \mathrm{e}^{(d_s \cdot \psi_s^{e_s})} \tag{2.8}$$

$$\psi_n = \arccos[\cos\theta \cdot \cos\theta_n + \sin\theta \cdot \sin\theta_n \cdot \cos(\varphi - \varphi_n)] \tag{2.9}$$

$$\psi_s = \arccos[\cos\theta \cdot \cos\theta_s + \sin\theta \cdot \sin\theta_s \cdot \cos(\varphi - \varphi_s)] \tag{2.10}$$

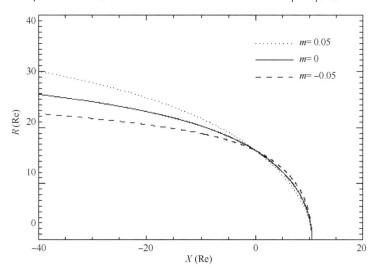

图 2.8　式(2.5)中 m 值对磁层顶位形影响,其中 $r_0 = 10.5$,$\beta = -1.2$,$R = \sqrt{Y^2 + Z^2}$,横坐标表示 GSE 坐标系下的 X 轴,纵坐标表示与 X 轴垂直的横向距离

β_0 控制旋转对称磁层顶位形磁尾张角水平;β_1 控制磁层顶东西方向不对称水平;β_2 控制磁层顶南北方向不对称水平;β_3 控制东西方向与南北方向磁层顶尺度不对称水平,即控制磁尾横截面形状;Q 控制磁层顶内凹结构;$c_n(c_s)$,$d_n(d_s)$ 和 $e_n(e_s)$ 分别控制北半球(南半球)磁层顶内凹深度、内凹范围及内凹形状;$\theta_n(\theta_s)$ 和 $\varphi_n(\varphi_s)$ 为北半球(南半球)磁层顶最内凹点所对应天顶角和方位角;$\psi_n(\psi_s)$ 为磁层顶位置矢量 r 与北半球(南半球)磁层顶最内凹点位置矢量之间夹角,取值在 $0°\sim180°$。在以上公式计算过程中,所有角度参量都采用弧度单位。

图 2.10 画出了式(2.6)某些参数对磁层顶位形影响。从图 2.10a 可知,当 β_1 为正时,东向磁层顶尺度(正 Y 轴方向)要比西向磁层顶尺度小;当 β_1 为负时,结果相反;东西不对称尺度随绝对值 β_1 增加而增加。从图 2.10b 可知,β_1 虽然可以

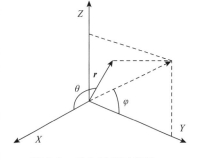

图 2.9　球坐标系示意图

改变东西不对称性,但基本不改变磁尾磁层顶横截面形状,依然呈圆形。同理,β_2 对南北方向不对称性影响也有相似结果。从图 2.10c 可知,β_3 可以改变磁尾磁层顶横截面形状,使圆形截面变成近似椭圆横截面。当 β_3 为正时,长轴在 Y 轴上;当 β_3 为负时,长轴在 Z 轴上;绝对值 β_3 越大,横截面越扁。从图 2.10d 可知,可通过调节(c_n,d_n,e_n)改变北半球磁层顶内凹结构。同理,(c_s,d_s,e_s)控制南半球磁层顶内凹结构。南北半球磁层顶最内凹点位置可通过调节(θ_s,φ_s)和(θ_n,φ_n)而改变。这些不对称参数及内凹控制参数将通过数据拟合来确定。

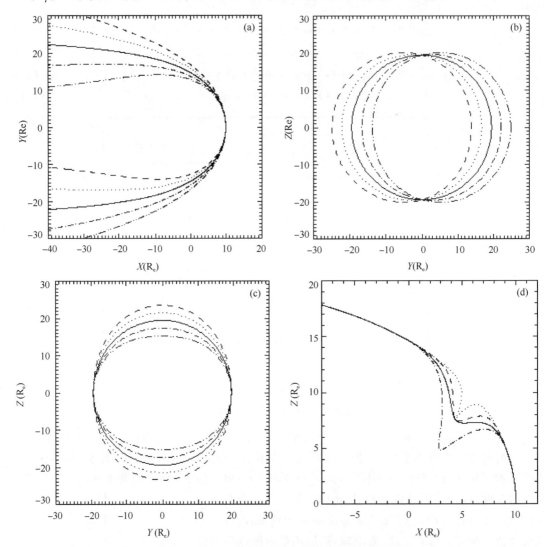

图 2.10　式(2.6)中某些参数对磁层顶位形影响

(a)$r_0=10$ R_e,$\beta_0=-1.1$,$\beta_2=0$,$\beta_3=0$,$Q=0$,$\beta_1=-0.4$(虚线),$\beta_1=-0.2$(点线),$\beta_1=0$(实线),$\beta_1=0.2$(点画线),$\beta_1=0.4$(双点画线);(b)$X=-15$ R_e 处磁层顶横截面图,各曲线所对应条件同(a);(c)$X=-15$ R_e 处磁层顶横截面图,$r_0=10$ R_e,$\beta_0=-1.1$,$\beta_1=0$,$\beta_2=0$,$Q=0$,$\beta_3=-0.3$(虚线),$\beta_1=-0.15$(点线),$\beta_1=0$(实线),$\beta_1=0.15$(点画线),$\beta_1=0.3$(双点画线);(d)$r_0=10$ R_e,$\beta_0=-1.1$,$\beta_1=0$,$\beta_2=0$,$\beta_3=0$,$\theta_n=\pi/3$,$\theta_n=\pi/2$,(c_s,d_s,e_s)=(0,0,0),(c_n,d_n,e_n)=$(-3,-20,1)$(点线),(c_n,d_n,e_n)=$(-6,-20,2)$(点画线),(c_n,d_n,e_n)=$(-3,-20,2)$(实线),(c_n,d_n,e_n)=$(-3,-40,2)$(虚线)

　　图 2.11 画出了式(2.6)所绘三维非对称磁层顶位形,其中 $r_0 = 10.8$, $m = 0.1$, $\beta_0 = -1.3$,
$\beta_1 = -0.07$, $\beta_2 = -0.02$, $\beta_3 = 0.09$, $c_n = 0.09$, $d_n = -10$, $e_n = 1$, $c_s = -7$, $d_s = -6$, $e_s = 1$, $\theta_n = 0.64$, $\varphi_n = \pi/2$, $\theta_s = 1.25$ 及 $\varphi_n = 3\pi/2$。图 2.11a 中灰线为 Tsyganenko(1996)模型所绘磁力
线,所对应条件为: $D_P = 2$ nPa, $D_{ST} = 0$ nT, $B_Y = 0$ nT, $B_Z = 0$ nT 及 $\varphi = 20°$。从图 2.11a 可
知,式(2.6)所绘非对称磁层顶位形与 Tsyganenko(1996)模型所绘最外层磁力线吻合很好,包
括磁尾非对称部分和极隙区处磁层顶内凹部分。从图 2.11b 可知,式(2.6)适合于描述三维非
对称磁层顶位形。

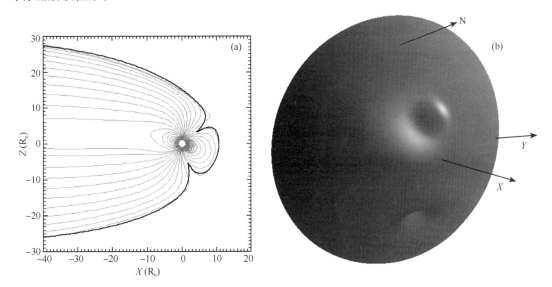

图 2.11　式(2.6)所绘三维非对称磁层顶位形

(a)黑线为磁层顶位形,灰线为 Tsyganenko(1996)所绘磁力线;(b)三维磁层顶表面

2.2.3.4　模型拟合

　　Lin 等(2010)三维非对称动态磁层顶经验模型采用式(2.6)作为磁层顶模型方程,考察了
模型方程系数主要受哪些参量控制、如何控制,以及与主要控制变量之间定量关系如何。各模
型系数基本上都有各自的物理意义,不同系数基本控制着不同区域磁层顶位形。因此,可通过
分区域方法进行逐步拟合。整个拟合过程可分为以下四个部分: r_0 拟合, β_0 和 β_1 拟合, β_2 和 β_3
拟合及 Q 拟合。以下拟合采用 LM 多参量非线性拟合方法。以上这些方法可较好地分离同
一参数对不同区域磁层顶位形影响,以及不同参数对同一区域磁层顶位形影响。在主要控制
参量筛选过程中,将以拟合标准偏差 $\sigma(r)$ 下降量作为标准。

　　该模型所采用磁层顶穿越点总共为 2708 个,其中 1226 磁层顶穿越点源自多颗卫星,配有
5 min 平均值太阳风数据,来自 ACE 或 Wind 卫星,另外 1482 磁层顶穿越点源自 Hawkeye 卫
星,配有 1 h 平均值太阳风数据,来自 OMNI。由于源自 Hawkeye 卫星穿越点所配对上的太
阳风数据精度不高,而且基本都在高纬区域,所以,该数据只在拟合 Q 时用到。另外,1226 个
非 Hawkeye 卫星数据中,只随机抽样 80% 数据用于建模,另外 20% 数据用于模式比较。经过
处理后,这些数据所使用的坐标系均为 cGSM 坐标系。在以下叙述中,如没有特殊指明,均默
认为 cGSM 坐标系。

(1)日下点拟合(r_0)

为了避开极隙区附近磁层顶内凹结构带来的影响及数据归一化过程所带来误差影响,只采用 $\theta \leqslant 30°$ 数据,总共 247 个磁层顶穿越点。在把这些数据归一化到日下点时所用到的 α 值不是来自 S98 模型,而是先取 $\alpha = 0.6$。只要 $\theta \leqslant 30°$ 数据所对应的真实 α 值落在 0.35 到 0.85 区间内,那么,归一化数据所带来 r_0 相对误差绝对值就在 2% 以内,对 r_0 拟合影响不大。

根据理论可知,太阳风压强对磁层顶位形影响至关重要。太阳风压强包括太阳风动压(D_P)、太阳风热压(T_P)和行星际磁场磁压(B_P)。以往,在构建磁层顶位形时,基本上只考虑 D_P 对磁层顶位形影响,主要是因为 D_P 通常要比 T_P 和 B_P 大得多。图 2.12 画出了 1226 个磁层顶穿越点数据所得的 T_P 与 D_P 比值,以及 B_P 与 D_P 比值,各自的平均值分别为 0.0090 和 0.0098。从图 2.12a 可知,所有磁层顶穿越点所得 T_P 与 D_P 比值都小于 0.025。从图 2.12b 可知,虽然 B_P 与 D_P 比值平均值仅为 0.0098,但有 13 个事例所得 B_P 与 D_P 比值超过 0.1。为了更好地反映太阳风压强对磁层顶位形影响,在以下拟合过程中将同时考虑磁压影响。

r_0 初始拟合方程定义为:

$$r_0 = a_0 \cdot (D_P + B_P)^{a_1} \cdot \left[1 + a_2 \cdot \frac{e^{(a_3 \cdot B_Z)} - 1}{e^{(a_4 \cdot B_Z)} + 1}\right] \tag{2.11}$$

该方程拟合所得系数值如表 2.3 所列,其中 $\sigma(r_0)$ 为拟合所得 r_0 标准偏差。

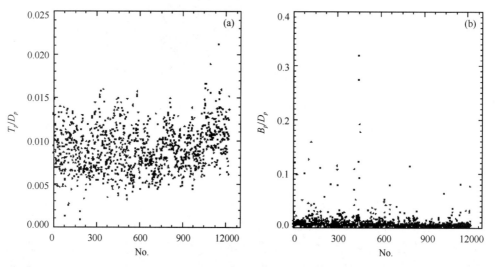

图 2.12　1226 个磁层顶穿越点所对应太阳风热压和太阳风动压比值(T_P/D_P),以及太阳风磁压与太阳风动压比值(B_P/D_P)分布

表 2.3　式(2.11)所得拟合系数值

a_0	a_1	a_2	a_3	a_4	$\sigma(r_0)$
12.122	−0.190	0.282	0.068	2.241	0.611

为了考察其他参数对 r_0 影响,式(2.11)扩展为:

$$r_0 = a_0 \cdot (D_P + B_P)^{a_1} \cdot \left[1 + a_2 \cdot \frac{e^{(a_3 \cdot B_Z)} - 1}{e^{(a_4 \cdot B_Z)} + 1}\right] \cdot f(x) \tag{2.12}$$

其中

$$f(x) = (1 + a_5 \cdot x + a_6 \cdot x^2 + a_7 \cdot x^3 + a_8 \cdot x^4) \tag{2.13}$$

x 为可能对 r_0 影响比较大的参数。从表 2.4 可知，B_X，B_Y，ϕ，T_P，B_P，M_{MS}（磁声波马赫数）对 $\sigma$$(r_0)$ 减小贡献不大。所以，我们将只考虑 $D_P + B_P$ 和 IMF B_Z 对 r_0 影响。

表 2.4　式(2.12)考虑不同参数影响所得拟合标准偏差 $\sigma(r_0)$

x	0	B_X	B_Y	ϕ	T_P	B_P	M_{MS}
$\sigma(r_0)$	0.611	0.603	0.597	0.593	0.608	0.595	0.591

（2）低纬磁层顶磁尾张角拟合（β_0 和 β_1 拟合）

根据式(2.6)可知，$\beta_2 \cdot \sin\varphi$，$\beta_3 \cdot (\sin\varphi)^2$ 和 Q 主要是对高纬磁层顶位形影响，因此，可以先选出低纬磁层顶穿越数据进行 β_0 和 β_1 拟合。在本节中所用磁层顶穿越数据满足 $|Z| \leqslant 3 R_e$，总共有 422 个穿越点。

首先考虑旋转对称情况，所以拟合方程先定为：

$$r = r_0 \cdot \left\{ \cos\frac{\theta}{2} + a_5 \cdot \sin(2\theta) \cdot [1 - \mathrm{e}^{(-\theta)}] \right\}^{\beta_0(x)} \tag{2.14}$$

其中

$$\beta_0(x) = a_6 + a_7 \cdot x + a_8 \cdot x^2 + a_9 \cdot x^3 + a_{10} \cdot x^4 \tag{2.15}$$

x 为可能对 β_0 影响比较大的参数。在拟合式(2.14)过程中，r_0 由式(2.11)及表 2.3 所提供系数求出。根据表 2.5 所得结果，IMF B_Z 被确认为对磁层顶张角影响主要因素，同时忽略其他因素影响。

表 2.5　式(2.14)考虑不同参数影响所得拟合标准偏差 $\sigma(r_0)$

x	0	B_X	B_Y	B_Z	ϕ	D_P	B_P	T_P	M_{MS}
$\sigma(r_0)$	0.871	0.829	0.816	0.783	0.861	0.867	0.861	0.861	0.848

接下来再考虑东西方向不对称性，于是拟合方程变为：

$$r = r_0 \cdot \left\{ \cos\frac{\theta}{2} + a_5 \cdot \sin(2\theta) \cdot [1 - \mathrm{e}^{(-\theta)}] \right\}^{\beta_0(B_Z) + \beta_1(x) \cdot \cos\varphi} \tag{2.16}$$

其中

$$\beta_1(x) = a_{11} + a_{12} \cdot x + a_{13} \cdot x^2 + a_{14} \cdot x^3 + a_{15} \cdot x^4 \tag{2.17}$$

x 为可能对 β_1 影响比较大的参数。从表 2.6 可知，当考虑磁层顶位形固有东西不对称之后，$\sigma(r)$ 可从 0.783 R_e 下降到 0.724 R_e；当考虑磁层顶位形固有东西不对称之后，如果再考虑其他变量对东西不对称影响，则 $\sigma(r)$ 下降很小。因此，将忽略其他变量对磁层顶东西不对称影响，只取 $\beta_1 = a_{11}$。

表 2.6　式(2.16)、式(2.15)和式(2.17)考虑不同参数影响所得拟合标准偏差 $\sigma(r)$

	$\beta_1(x) = 0$	$\beta_1(x) \neq 0$								
x	0	0	B_X	B_Y	B_Z	ϕ	D_P	B_P	T_P	M_{MS}
$\sigma(r)$	0.783	0.724	0.714	0.712	0.708	0.723	0.722	0.713	0.720	0.703

图 2.13 画出式(2.16)、式(2.15)和式(2.17)在 $\beta_1 = a_{11}$ 情况下拟合所得 IMF B_Z 与 β_0 关系，如点线所示。由于在 422 个低纬磁层顶穿越点中，多数分布于 -15 nT $\leqslant B_Z \leqslant 5$ nT 区域中，仅 9 个穿越点落在 $B_Z < -15$ nT 区域中，仅 11 个穿越点落在 $B_Z > 5$ nT 区域中。所以，

在 $-15\ \text{nT} \leqslant B_Z \leqslant 5\ \text{nT}$ 区域中所得拟合结果相对比较可靠些。为了使所得模型具有较广的适用范围,采用可拓展函数替代多项式来描述 IMF B_Z 对磁层顶张角影响。所以,β_0 和 β_1 拟合方程变为:

$$\beta_0 = a_6 + a_7 \cdot \frac{\text{e}^{(a_8 \cdot B_Z)} - 1}{\text{e}^{(a_9 \cdot B_Z)} + 1} \qquad (2.18)$$

$$\beta_1 = a_{10} \qquad (2.19)$$

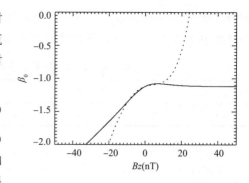

图 2.13　式(2.16)、式(2.15)和式(2.17)在 $\beta_1 = a_{11}$ 情况下拟合所得 IMF B_Z 与 β_0 关系(点线)与式(2.16)、式(2.18)和式(2.19)拟合所得 IMF B_Z 与 β_0 关系(实线)比较

式(2.16)、式(2.18)和式(2.19)拟合所得系数值如表 2.7 所列。图 2.13 画出这几个式子拟合所得 IMF B_Z 与 β_0 关系,如实线所示。从图 2.13 可知,在 $-15\ \text{nT} \leqslant B_Z \leqslant 5\ \text{nT}$ 区域中,式(2.18)可较好地替代式(2.15)拟合结果,同时弥补了式(2.15)拓展能力比较差的缺陷。

表 2.7　式(2.11)所得拟合系数值

a_5	a_6	a_7	a_8	a_9	a_{10}	$\sigma(r)$
0.0168	-1.119	25.406	0.00108	0.190	0.0574	0.727

(3)磁层顶位形南北不对称以及东西尺度与南北尺度不一致拟合(β_2 和 β_3 拟合)

高纬磁层顶尺度要比低纬磁层顶尺度小。该结果主要原因是由极隙区附近磁层顶内凹结构(Q)引起的,当然还有一部分源于 β_2 和 β_3 所描述磁层顶不对称引起的。

在本节中,先考虑 β_2 和 β_3 所控制的不对称情况。为此,选出满足 $X \leqslant -5\ R_e$ 或 $|\sin\varphi| \leqslant \sin 40°$ 条件的磁层顶穿越点,总共 594 个穿越点。选择该区域穿越点主要是为了避开 Q 影响。和上一节一样,同样考虑表 2.6 所列的太阳风参数对 β_2 和 β_3 影响,最终仅保留固有不对称项,以及 ϕ 对南北不对称线性影响。因此,拟合方程定义为:

$$r = r_0 \cdot \left\{ \cos\frac{\theta}{2} + a_5 \cdot \sin(2\theta) \cdot \left[1 - \text{e}^{(-\theta)} \right] \right\}^{\beta} \qquad (2.20)$$

其中 β 如式(2.7)所定义,β_0 和 β_1 如式(2.18)和式(2.19)所定义,$\beta_2 = a_{11} + a_{12} \cdot \phi$,$\beta_3 = a_{13}$。拟合所得系数值如表 2.8 所示。在拟合过程中,r_0 依然由式(2.11)及表 2.3 所提供系数求出,表 2.7 所得系数值只作为拟合初值使用。这是由于 β_0 是对全球影响。

表 2.8　式(2.20)拟合所得系数值

a_5	a_6	a_7	a_8	a_9
0.0248	-1.110	2.481	0.0118	0.366

a_{10}	a_{11}	a_{12}	a_{13}	$\sigma(r)$
0.0456	-0.00808	-0.208	0.0402	1.057

(4)高纬磁层顶内凹结构拟合(Q 拟合)

为了更好地复原出高纬磁层顶内凹结构,Lin 等人不仅使用了 980 个配有 5 min 平均值太阳风数据的磁层顶穿越点,同时也使用了网上公布的 1482 个 Hawkeye 卫星磁层顶穿越点,这些穿越点配有 1 h 精度太阳风数据。

鉴于 Hawkeye 卫星高纬磁层顶穿越数据精度不高,目前仅考虑 $D_P + B_P$ 和 ϕ 对极隙区附近磁层顶内凹结构影响,同时假设:①南北极隙区附近磁层顶内凹中心在 cGSM Y-Z 平面内;②ϕ 对南北极隙区附近磁层顶内凹结构影响呈反对称。当然还有一些相关的限定是由模型方程本身所决定的。

基于以上数据和假设,利用以上相同的分析方法,最终确立的三维非对称磁层顶拟合方程为:

$$r = r_0 \cdot f(\theta,\varphi,\phi) + c_n \cdot e^{(d_n \cdot \psi_n{}^{e_n})} + c_s \cdot e^{(d_s \cdot \psi_s{}^{e_s})} \tag{2.21}$$

其中

$$r_0 = a_0 \cdot (D_P + B_P)^{a_1} \cdot \left[1 + a_2 \cdot \frac{e^{(a_3 \cdot B_Z)} - 1}{e^{(a_4 \cdot B_Z)} + 1}\right]$$

$$f(\theta,\varphi,\phi) = \left\{\cos\frac{\theta}{2} + a_5 \cdot \sin(2\theta) \cdot \left[1 - e^{(-\theta)}\right]\right\}^{\beta_0 + \beta_1 \cdot \cos\varphi + \beta_2 \cdot \sin\varphi + \beta_3 \cdot (\sin\varphi)^2}$$

$$\beta_0 = a_6 + a_7 \cdot \frac{e^{(a_8 \cdot B_Z)} - 1}{e^{(a_9 \cdot B_Z)} + 1}$$

$$\beta_1 = a_{10}$$

$$\beta_2 = a_{11} + a_{12} \cdot \phi$$

$$\beta_3 = a_{13}$$

$$c_n = c_s = a_{14} \cdot (D_P + B_P)^{a_{15}}$$

$$d_n = a_{16} + a_{17} \cdot \phi + a_{18} \cdot \phi^2$$

$$d_s = a_{16} - a_{17} \cdot \phi + a_{18} \cdot \phi^2$$

$$\psi_n = \arccos\left[\cos\theta \cdot \cos\theta_n + \sin\theta \cdot \sin\theta_n \cdot \cos\left(\varphi - \frac{\pi}{2}\right)\right]$$

$$\psi_s = \arccos\left[\cos\theta \cdot \cos\theta_s + \sin\theta \cdot \sin\theta_s \cdot \cos\left(\varphi - \frac{3\pi}{2}\right)\right] \tag{2.22}$$

$$\theta_n = a_{19} + a_{20} \cdot \phi$$

$$\theta_s = a_{19} - a_{20} \cdot \phi$$

$$e_n = e_s = a_{21}$$

在拟合式(2.21)时,表 2.3 和表 2.8 所得的系数值固定不变,其他系数拟合结果如表 2.9 所列。

表 2.9　式(2.21)拟合所得初始值

a_{14}	a_{15}	a_{16}	a_{17}	a_{18}
−4.189	−0.553	−2.607	0.390	−5.392
a_{19}	a_{20}	a_{21}	$\sigma(r)$	
1.142	−0.882	1.463	1.043	

(5)三维非对称磁层顶模型最终拟合

在归一化日下点附近数据时采用固定的 α。未考虑太阳风对 α 影响,同时也未考虑极隙区附近磁层顶内凹结构对 r_0 影响。接下来将考虑这两因素影响,将利用式(2.21)拟合结果来归一化 $\theta \leqslant 30°$ 数据,即归一化所得 r_0 由式(2.21)间接计算而来,所用的系数值见表 2.3、表 2.8 和表 2.9。根据新归一化后所得数据,将陆续拟合式(2.11)及最终确立的拟合方程,最后拟合式(2.21)。拟合过程所采用的方法保持不变。最后所得三维非对称磁层顶模型各系数值如表 2.10 所示。

表 2.10　式(2.21)拟合所得最终系数值

a_0	a_1	a_2	a_3	a_4	a_5
12.544	−0.194	0.305	0.0573	2.178	0.0571
a_6	a_7	a_8	a_9	a_{10}	a_{11}
−0.999	16.473	0.00152	0.382	0.0431	−0.00763
a_{12}	a_{13}	a_{14}	a_{15}	a_{16}	a_{17}
−0.210	0.0405	−4.430	−0.636	−2.600	0.832
a_{18}	a_{19}	a_{20}	a_{21}	$\sigma(r)$	
−5.328	1.103	−0.907	1.450	1.033	

2.2.4　Lin 等(2010)三维磁层顶统计模式特点

图 2.14 画出了在不同地磁偶极倾角条件下,Lin 等(2010)三维磁层顶统计模式和 Tsyganenko 1996 磁场模式(T96)分别预报所得在 GSM X-Z 平面上磁层顶位形及地球磁场磁力线变化情况。图中对应的条件为:$D_P = 2$ nPa,$|\boldsymbol{B}| = 5$ nT,$B_Z = 0$ nT,$D_{ST} = −10$ nT 和 $B_Y = 0$ nT。同时,也假设 $V_{Y\_GSE} = −30$ km/s 及 $V_{Z\_GSE} = 0$ km/s,也就是说,此时 cGSM 坐标系与 GSM 坐标系重合。

从图 2.14a 可知,内凹深度大约为 3 R_e;内凹中心不变纬度大约为 80°(利用 T96 模型计算),基本上和极隙区中心不变纬度一致;内凹范围不变纬度宽度大致在 6°。

图 2.14 也显示了内凹位置明显受地磁偶极倾角控制。当 ϕ 从 0°增加到 35°,北半球最内凹点所对应天顶角 θ_n 从 63°降低到 31°,南半球 θ_s 从 63°增加到 95°,然而它们所对应的中心不变纬度基本上保持在 80°左右,变化范围在 1°以内。从图中也可以看出,内凹深度及内凹不变纬度宽度基本上不随 ϕ 而变化。

根据 Lin 等(2010)模式表达式,还可得到内凹深度主要受 $D_P + B_P$ 控制。当 $D_P + B_P$ 增加时,整个磁层顶受到压缩增强,使得整个磁层顶尺度较小,内凹深度也减小。

Šafránková 等(2002)和 Šafránková 等(2005)曾对高纬磁层顶穿越点进行统计分析,得到:①白天一侧磁层顶在极隙区处存在内凹结构;②与 PR96 模型预报结果相比,平均内凹深度大约为 2.5 R_e,但是通常也观测到内凹深度可达 4.0 R_e;③内凹尺度不依赖于地磁偶极倾角变化,但内凹位置明显受地磁偶极倾角控制;④在 $−2$ $R_e \leqslant X_{GSE} \leqslant 8$ R_e 范围内可观测到内凹特征。这些结论基本上和 Lin 等(2010)模式所得结论一致。同时,Šafránková 等(2002)也指出内凹位置或范围可能受 IMF B_Z 控制,不过 Lin 等(2010)模式暂时还无法体现这一点。

图 2.15 画出在不同地磁偶极倾角条件下 Lin 等(2010)模式预报所得磁层顶横截面图。该图较好地展现了近地空间三维磁层顶位形沿 Y 轴及 Z 轴方向不对称性。从图 2.15a 可知,当 $\phi = 0$°时,磁层顶沿 Y 轴方向或沿 Z 轴的方向不对称性不明显;在内凹区域,磁层顶沿 Y 轴方向尺度明显比沿 Z 轴方向尺度大,但在其他区域,它们的尺度差别不明显。从图 2.15b 可知,当 $\phi = 35$°时,由于磁层顶摆动,使得磁层顶沿 Z 轴方向不对称性变得明显,然而磁层顶沿 Y 轴方向不对称性基本不受影响。从图 2.15 可知,当 ϕ 增加时,北半球磁层顶向远离 X 轴方向摆动,同时北半球内凹位置向日下点靠近,南半球磁层顶变化情况刚好相反,此时,日下点附近磁层顶横截面中心向负 Z 轴方向移动,磁尾磁层顶横截面向正 Z 轴方向移动。

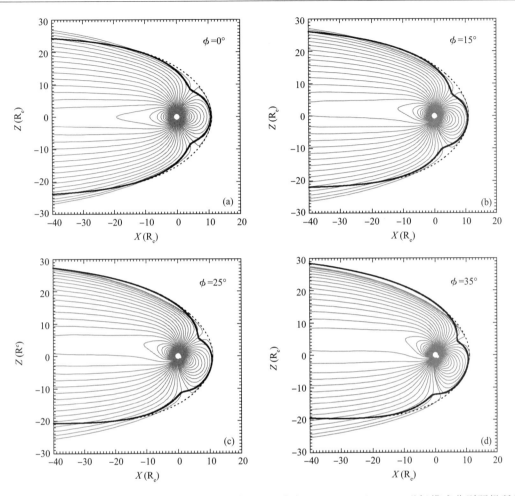

图 2.14　在不同地磁偶极倾角条件下,Lin 等(2010)模式和 Tsyganenko 1996 磁场模式分别预报所得在 GSM X-Z 平面上磁层顶位形及地球磁场磁力线变化情况,其中磁力线不变纬度间隔为 2°

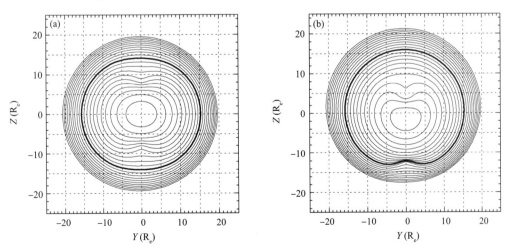

图 2.15　Lin 等(2010)模式预报所得磁层顶横截面图,其中截面所对应的 X_{cGSM} 坐标从 $-10\,R_e$ 变到 $10\,R_e$,间隔为 $1\,R_e$,粗黑线对应 $X_{cGSM}=0\,R_e$。图中所对应的太阳风条件为: $D_P=2\,nPa$, $|\boldsymbol{B}|=5\,nT$ 和 $B_Z=0\,nT$。(a)图对应 $\phi=0°$,(b)图对应 $\phi=35°$

图 2.16 画出了 Lin 等(2010)模式对远磁尾磁层顶位形预报拓展能力。从图 2.16a 可知,当 D_P 增加时,日下点距离和磁尾磁层顶横向半径都将减小,磁层顶形状基本保持不变。从图 2.16b 可知,北向 IMF B_Z 基本上不影响磁层顶位形,南向 IMF B_Z 会剥蚀向阳面磁通量传输到背阳面,从而造成日下点距离减小,磁尾磁层顶横向半径增加。从图 2.16 可知,在通常太阳风条件下,远磁尾磁层顶横向半径大致在 20~40 R_e。根据以往其他学者们对远磁尾磁层顶尺度统计研究,虽然各自结果有所差别,但结果基本上落在这个范围之内(Slavin et al.,1985;Fairfield,1992;Tsurutani et al.,1984;Sibeck et al.,1986;Nakamura et al.,1997)。当然,实际动态的远磁尾磁层顶将更加复杂,Lin 等(2010)模式对远磁尾磁层顶预报结果误差多大,还需要进一步研究。

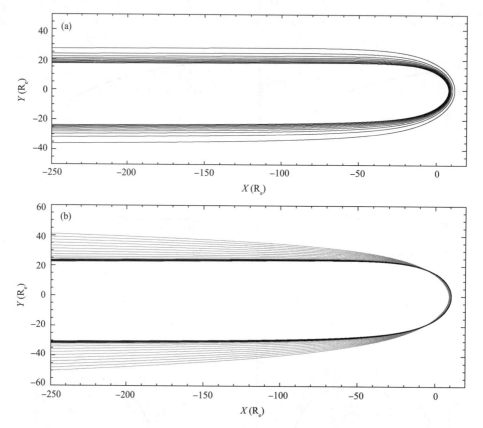

图 2.16 Lin 等(2010)模式对远磁尾磁层顶位形预报拓展能力

(a)图对应 $|\boldsymbol{B}| = 5$ nT, $B_Z = 0$ nT, $\phi = 0°$ 及 D_P 从 1 nPa 增加到 10 nPa,其中 D_P 的间隔为 1 nPa。(b)图对应 $D_P = 2$ nPa,$|\boldsymbol{B}| = 5$ nT,$\phi = 0°$ 及 B_Z 从 -10 nT 增加到 10 nT,其中 B_Z 的间隔为 1 nT。在(b)图中,黑线对应北向 IMF B_Z,灰线对应南向 IMF B_Z

2.2.5 Lin 等(2010)三维磁层顶统计模式预报效果

为了客观全面地评估 Lin 等(2010)三维磁层顶模式,只采用剩下 246 个未参与建模的随机穿越点数据进行模式评估。

为了更好地反映各模型预报效果,同样将采用标准偏差 $\sigma(d)$,d 为磁层顶穿越观测点到

模型所预报磁层顶位形最小距离。表 2.11 列出了各动态磁层顶经验模型对不同区域磁层顶穿越点预报所得标准偏差 $\sigma(d)$，其中数据已经转化到各模型所需的坐标系，不过假设这些模型在本文数据所对应太阳风条件内都有效，同时不考虑 Kuznetsov 和 Suvorova(1998) 模型非对称情况。从表 2.11 所列结果可知，Lin 等(2010) 模式对各区域预报偏差都得到较明显下降，特别是对高纬磁层顶穿越点预报。通过与各区域预报效果最好的以往低纬磁层顶模型预报结果比较可知，Lin 等(2010) 模式所得在 $\theta \leqslant 30°$ 区域、$30° < \theta < 90°$ 区域、$\theta \geqslant 90°$ 区域、$|Z| \leqslant 3\ R_e$ 区域、$|Z| > 3\ R_e$ 区域，以及所有区域中的预报标准偏差 $\sigma(d)$ 都有所降低，分别下降了 17.2%，33.6%，30.6%，15.1%，38.5% 及 33.9%。为了与 Boardsen 等(2000) 高纬磁层顶模式预报效果作比较，在 246 个穿越点中，选出了 $X \geqslant -5\ R_e$ 并且磁地方时在 9 点到 15 点之间的数据，共 124 个穿越点。利用这些数据测试可知，Boardsen 等(2000) 模式所得 $\sigma(d)$ 为 0.867 R_e，而 Lin 等(2010) 模式所得 $\sigma(d)$ 仅为 0.626 R_e。可见，Lin 等(2010) 模式较大提高了对各区域磁层顶预报能力。从表 2.11 所列结果还可知，各动态磁层顶经验模型对磁层顶位形预报偏差随着 θ 增加而增加。可见，对磁尾磁层顶预报效果要比对向日面磁层顶预报效果差。

表 2.11 各动态磁层顶经验模型对不同区域预报所得标准偏差 $\sigma(d)$ 分布

区域 模式	θ			Z		全部
	$\theta \leqslant 30°$	$30° < \theta < 90°$	$\theta \geqslant 90°$	$\|Z\| \leqslant 3\ R_e$	$\|Z\| > 3\ R_e$	
	62	128	56	108	138	246
Roelof 和 Sibeck(1993)	0.958	1.297	1.957	1.123	1.594	1.407
Petrinec 和 Russell(1996)	0.703	1.148	1.446	0.739	1.366	1.134
Shue 等(1997)	0.791	1.179	1.457	0.783	1.397	1.168
Shue 等(1998)	0.791	1.194	1.479	0.780	1.420	1.182
Kuznetsov 和 Suvorova(1998)	0.651	1.079	2.297	1.023	1.610	1.383
Kawano 等(1999)	1.000	1.253	1.583	1.075	1.420	1.280
Kalegaev 和 Lyutov(2000)	0.924	1.208	3.600	1.133	2.448	1.981
Chao 等(2002)	0.709	1.178	1.423	0.724	1.387	1.144
Lin 等(2010)	0.539	0.716	0.988	0.615	0.840	0.750
$\delta\sigma(d)/\sigma(d)$	17.2%	33.6%	30.6%	15.1%	38.5%	33.9%

以上所比较的主要是在通常的太阳风条件下，给出的是各个磁层顶模式对不同区域磁层顶的预报效果。那么，在极端条件下，Lin 等(2010) 模式预报的结果又是如何的呢？在极端太阳风条件下，当同步卫星穿越磁层顶时，将经历磁场明显突变过程，特别是南北分量磁场。如果该同步卫星利用转矩线圈进行卫星姿态和角动量控制，那么卫星将面临异常操作危险。因此，评估磁层顶模式预测同步卫星穿越磁层顶事件的准确性显得非常重要。以下，主要给出了不同文章对几个主要磁层顶模式的评估结果。

为了给出一个定量的评估标准，先要对预报效果进行分类，分类结果如表 2.12 所列。A 类事件为观测和模型预报都得到同步卫星穿越磁层顶；B 类事件为观测到同步卫星穿越磁层顶但模型未预报到；C 类事件为模型预报到同步卫星穿越磁层顶但未观测到；D 类事件为观测和模型预报都得到同步卫星没有穿越磁层顶。根据同步卫星发生一次磁层顶穿越事件定义，可得某一时段内 A、B、C 和 D 类事件所发生的次数，分别为：HT，MT，FAT 和 CRT。根据所记录各事件个数，即可得模型预报同步卫星穿越事件几个评价参数：

$$\text{准确率}(POD) = \frac{HT}{HT + MT} \times 100\% \tag{2.23}$$

$$\text{虚报率}(FAR) = \frac{FAT}{HT + FAT} \times 100\% \tag{2.24}$$

$$\text{漏报率}(POND) = \frac{MT}{HT + MT} \times 100\% \tag{2.25}$$

其中 $POD + POND = 1$。在 Shue 等(2000)和 Yang 等(2003)文章中,还用到另一个参量,即模型对所有事件预报准确率(POP):

$$POP = \frac{HT + CRT}{HT + MT + FAT + CRT} \times 100\% \tag{2.1.26}$$

由于 POP 利用到 D 类事件,POP 大未必意味着模型对同步卫星预报更准确,比如,在通常太阳风条件下,各模型所得 $POP = 1$,此时只有 D 类事件,无法反映各模型对同步卫星穿越磁层顶事件预报效果。所以,我们主要考虑 POD 和 FAR 两参量。

表 2.12　模型预报结果分类

模型　＼　观测	穿越	未穿越
穿越	$A(HT)$	$C(FAT)$
未穿越	$B(MT)$	$D(CRT)$

　　Shue 等(2000)曾利用 1986—1992 年 GOES 5,GOES 6 和 GOES 7 同步卫星穿越磁层顶事件评估 Petrinec 和 Russell(1996)和 Shue 等(1998)模型预报能力。Shue 等(2000)分别得到以 20 min 间隔和 60 min 间隔为 1 次事例统计结果,如表 2.13 和表 2.14 所示。从两表中可知,按该方法定义 1 次事件,Shue 等(1998)和 Petrinec 和 Russell(1996)模型所得 POD 很高,几乎达 100%,同时 FAR 也很高,达 50% 以上,不过统计事例个数不多。Shue 等(2000)采用同步卫星所观测到磁场 H_p 分量突变作为实际同步卫星穿越磁层顶判断标准,H_p 为垂直于同步卫星轨道面上的磁场分量,向北为正。Shue 等(2000)同时采用模型计算所得 r_0 小于 6.6 R_e 作为模型预报同步卫星穿越磁层顶判断标准,不过同步卫星需满足在地方时 9 点到 15 点之间。

表 2.13　**Shue 等(1998)和 Petrinec 等(1996)模型对同步卫星穿越磁层顶事件预报能力(20 min 间隔)**
(Shue et al., 2000)

模型	A	B	C	POD	FAR
Shue 等(1998)	10	1	17	90%	62%
Petrinec 等(1996)	9	0	37	100%	80%

表 2.14　**Shue 等(1998)和 Petrinec 等(1996)模型对同步卫星穿越磁层顶事件预报能力(60 min 间隔)**
(Shue et al., 2000)

模型	A	B	C	POD	FAR
Shue 等(1998)	7	0	13	100%	65%
Petrinec 等[1996]	7	0	25	100%	78%

Yang 等(2003)改进了 Shue 等(2000)方法,采用 1 min 数据作为 1 次事例,以 H_p 改变磁场方向作为同步卫星实际穿越磁层顶判断标准,以模型计算所得 r 小于 6.6 R_e 作为模型预报同步卫星穿越磁层顶判断标准。按照改进的方法,Yang 等(2003)采用了 1986—1992 年及 1999—2000 年 GOES 系列卫星穿越磁层顶事件来评估 Petrinec 和 Russell(1996),Shue 等(1998)和 Chao 等(2002)模型预报能力,统计结果如表 2.15 和表 2.16 所示。从两表中可知,按照 1 min1 次事件标准,3 个模型所得 POD 依然高于 70%,不过 FAR 也较高。对于不同时间段,统计所得 POD 和 FAR 差别比较大,不过都得到 PR96 模型所得 POD 最高,不过 FAR 也最高。从 POD 和 FAR 综合评价来看,Chao 等(2002)模型相对比较好。

表 2.15　Chao 等(2002),Shue 等(1998)和 Petrinec 等(1996)模型对同步卫星穿越磁层顶事件预报能力
(1986—1992 年)
(Yang et al., 2003)

模型	A	B	C	POD	FAR
Chao 等(2002)	109	5	238	96%	69%
Shue 等(1998)	106	8	367	93%	78%
Petrinec 等(1996)	111	3	615	97%	85%

表 2.16　Chao 等(2002),Shue 等(1998)和 Petrinec 等(1996)模型对同步卫星穿越磁层顶事件预报能力
(1999—2000 年)
(Yang et al., 2003)

模型	A	B	C	POD	FAR
Chao 等(2002)	1027	193	347	84%	25%
Shue 等(1998)	898	322	324	74%	27%
Petrinec 等(1996)	1145	75	774	94%	40%

Dmitriev 等(2011)利用了 1994—2001 年 GOES 和 LANL 系列卫星有 5855 个时刻在磁鞘内和 9605 个时刻在磁层内数据,对 Shue 等(1998),Kuznetsov 和 Suvorova(1998),Chao 等(2002)和 Lin 等(2010)模式预报同步卫星穿越磁层顶事件进行评估。结果如表 2.17 所示。从结果可知,相对于 Shue 等(1998),Chao 等(2002)模式而言,Lin 等(2010)模式预报同步卫星穿越磁层顶事件的准确率有较大幅度提高,如 POD 从 52% 提高到 68%,而虚报率仅从 20% 左右上涨到 24%;相对于 Kuznetsov 等(1998)模式而言,预报准确率有些提升,同时虚报率有些下降。从结果可知,在预报同步卫星穿越磁层顶事件中,Lin 等(2010)模式综合预报效果还是最好的。

不同时间段统计结果之所以不同,这关系到该时段太阳风强度和极端太阳风持续时间。如果太阳风强度很强而且持续时间比较长,那么所得同步卫星穿越磁层顶时间就可能比较长,从而增加 HT 次数,这就提高了 POD,并降低了 FAR。

表 2.17　Shue 等(1998),Kuznetsov 等(1998),Chao 等(2002)和 Lin 等(2010)
模式对同步卫星穿越磁层顶事件预报能力
(1994—2001 年)
(Dmitriev *et al*.,2011)

模型	POP	POD	FAR
Shue 等(1998)	77%	52%	20%
Kuznetsov 等(1998)	78%	66%	27%
Chao 等(2002)	77%	52%	19%
Lin 等(2010)	80%	68%	24%

2.2.6　软件实现过程介绍

本软件利用 ACE 卫星 1 min 精度的实时太阳风观测数据,驱动 Lin 等(2010)三维磁层顶统计模式,从而给出三维磁层顶位形预报。其具体流程如图 2.17 所示。

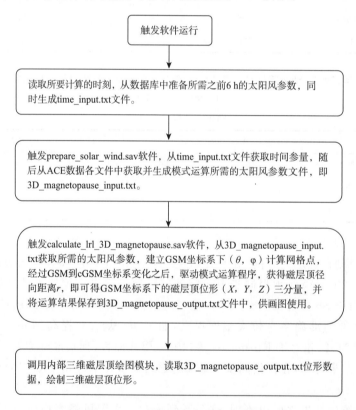

图 2.17　三维磁层顶位形预报流程图

在以上流程图中,time_input. txt 文件只包含了"年 月 日 小时 分钟"时间数据,例如"2011 11 03 07 30"。该文件为 prepare_solar_wind. sav 提取太阳风提供所需的时间参量。prepare_solar_wind. sav 软件根据 time_input. txt 所提供的时刻,从 ACE 相关数据文件 ace_swepam_1m. txt、ace_mag_1m. txt 和 ace_loc_1h. txt 中,获取该时刻前 6 h 太阳风等离子体参数、行星际磁场参数和 ACE 卫星位置参量。之后经过坏数据修复、匀速传输、追赶处理方法计算出该时刻地球处的太阳风参数。这一时刻的太阳风参量保存到 3D_magnetopause_input. txt 中,以供 calculate_lrl_3D_magnetopause. sav 调用。3D_magnetopause_input. txt 文件中,总共有 14 行数据,分别为:年、月、日、小时、分钟、秒、太阳风数密度、太阳风氦和氢数密度比(虚拟值)、GSM 坐标系下太阳风速度三分量、GSM 坐标系下行星际磁场三分量。

Lin 等(2010)三维磁层顶统计模式是建立在 cGSM 坐标系下,所需的行星际磁场 Bz 及地磁偶极倾角也是 cGSM 坐标系下。所以,calculate_lrl_3D_magnetopause. sav 在读取 3D_magnetopause_input. txt 之后,需要根据速度三分量、地球公转速度将行星际磁场 Bz 及地磁偶极倾角转化到 cGSM 坐标系下。

随后按 (θ, φ) 建立起 581×721 的数据网格点。θ 在 $0° \sim 90°$ 之间网格间隔为 $0.5°$,在 $90° \sim 150°$ 之间网格间隔为 $0.25°$,在 $150° \sim 170°$ 之间网格间隔为 $0.125°$,共 581 个网格点。φ 每 $0.5°$ 一个网格点,共 721 个网格。将这些网格点转化到 cGSM 坐标系下,即 $(\theta, \varphi)_{cGSM}$,结合 cGSM 坐标系下的太阳风参量,驱动 Lin 等(2010)三维磁层顶统计模式,即可求出 r。根据 $x = r \cdot \cos\theta, y = r \cdot \sin\theta \cdot \cos\varphi, z = r \cdot \sin\theta \cdot \sin\varphi$,即可得 GSM 坐标系下的磁层顶位形。

以上所用到的太阳风数据,从数据库中获取。这些数据来源于美国空间天气预报中心(SWPC)。数据包括行星际磁场三分量(GSM)、等离子体数密度、等离子体温度、等离子体速率以及 ACE 位置坐标(GSE),其中除了位置坐标时间精度为 1 h 外,其他参数时间精度都为 1 min。

由于 ACE 卫星处于日地连线拉格朗日点处,距地球大约为 238 R_e,太阳风从该处传输到地球所需时间可从 25 min 变到 100 min,具体时间由上游太阳风速度而定。为了使本系统更合理、更精确地预报地球每时每刻所处的太阳风情况,采用了三种处理过程来推演行星际太阳风传输过程,它们分别为:①匀速处理;②追赶问题;③数据缺失修复。从观测上讲,太阳风从日地连线拉格朗日点到地球传输过程基本保持匀速传输,太阳风速度方向也基本在日地连线上,鉴于这点我们采用公式 $t = \left| \dfrac{l \cdot v}{v^2} \right|$ 计算拖延时间。然而对于连续预报,处理过程并非就这么简单,一般来讲,只要后一时刻太阳风速度大于前一时刻,那么太阳风就有可能存在着追赶问题,发生追赶的条件为:$\left| \dfrac{l \cdot v_2}{v_2^2} \right| - \left| \dfrac{l \cdot v_1}{v_1^2} \right| < \delta t$,其中 v_1、v_2 分别为前后时刻太阳风速度,δt 为它们观测的时间间隔。对于 ACE 观测数据来说,速度观测的实际时间间隔为 64 s,如果假设太阳风速度保持在日地连线上并且前一时刻速率为 300 km/s,那么只要后一时刻的速率大于 304 km/s 它就会比前一时刻早到达地球,可见行星际太阳风传输处理中还是比较容易发生追赶。对于一般前后太阳风参数变化不大的情况下,是否考虑追赶其实并不重要,但对于行星际激波传输来讲,由于前后物理量发生很大的变化,存在着严重的追赶,所以该问题就比较突出。鉴于实际观测,采用追赶上的数据覆盖被追赶上数据处理方法。在实际处理中当然免不了存在数据缺失情况,该项处理以往大多用线性插值法,考虑到实际太阳风数据经常在行星际激波间断面处发生缺失,所以采用后面的太阳风参数修复前面缺失数据,对于最后面也缺失的情况,就采用邻近原则处理。如图 2.18 所示。

最后,详细介绍一下 GSM 到 cGSM 坐标系变换过程。建模过程之所以要用 cGSM 坐标系,是为了去除地球公转效应及太阳风速度偏离日地连线所带来的偏差(Boardsen et al.,2000)。在 cGSM 坐标系中:X_{cGSM} 轴沿着 $\boldsymbol{V}_{SW} - \boldsymbol{V}_E$ 反方向,Z_{cGSM} 轴在 X_{cGSM} 轴与磁轴构成的平面内,朝北为正,Y_{cGSM} 轴由右手定则确定,其中 $\boldsymbol{V}_{SW}$ 为太阳风速度矢量,$\boldsymbol{V}_E$ 为地球公转速度矢量。因此,cGSM 坐标系三个正交的单位矢量为:

$$
\begin{cases}
\boldsymbol{e}_x = \dfrac{\boldsymbol{V}_E - \boldsymbol{V}_{SW}}{|\boldsymbol{V}_E - \boldsymbol{V}_{SW}|} \\[3mm]
\boldsymbol{e}_y = \boldsymbol{e}_z \times \boldsymbol{e}_x \\[3mm]
\boldsymbol{e}_z = \dfrac{-\boldsymbol{M} + (\boldsymbol{M} \cdot \boldsymbol{e}_x) \cdot \boldsymbol{e}_x}{|-\boldsymbol{M} + (\boldsymbol{M} \cdot \boldsymbol{e}_x) \cdot \boldsymbol{e}_x|}
\end{cases}
\tag{2.27}
$$

其中 $\boldsymbol{M}$ 为地磁偶极矩单位矢量。各参量从 GSM 坐标系到 cGSM 坐标系转化公式如下：

$$
\begin{cases}
\boldsymbol{P}_{cGSM} = (\boldsymbol{e}_x \cdot \boldsymbol{P}_{GSM}, \boldsymbol{e}_y \cdot \boldsymbol{P}_{GSM}, \boldsymbol{e}_z \cdot \boldsymbol{P}_{GSM}) \\[2mm]
\boldsymbol{B}_{cGSM} = (\boldsymbol{e}_x \cdot \boldsymbol{B}_{GSM}, \boldsymbol{e}_y \cdot \boldsymbol{B}_{GSM}, \boldsymbol{e}_z \cdot \boldsymbol{B}_{GSM}) \\[2mm]
\varphi_{cGSM} = \sin^{-1}(-\boldsymbol{M} \cdot \boldsymbol{e}_x)
\end{cases}
\tag{2.28}
$$

其中 $\boldsymbol{P}_{cGSM}$ 和 $\boldsymbol{P}_{GSM}$ 为磁层顶穿越位置矢量，$\boldsymbol{B}_{cGSM}$ 和 $\boldsymbol{B}_{GSM}$ 为行星际磁场矢量，φ_{cGSM} 为 cGSM 坐标系下地磁偶极倾角。该方程组右边所有矢量都是采用 GSM 坐标系。在实际计算中，通常取 $\boldsymbol{V}_E = (0\ \mathrm{km/s}, -30\ \mathrm{km/s}, 0\ \mathrm{km/s})_{GSE}$。在将 GSM 坐标系下 (θ, φ) 的 581×721 的数据网格点转化到 cGSM 坐标系下时，可以令 $r = 1$，最后根据以上坐标系变换公式，即可得到 cGSM 坐标系下的 (θ, φ)。因为，这两坐标系变化与径向距离 r 无关。

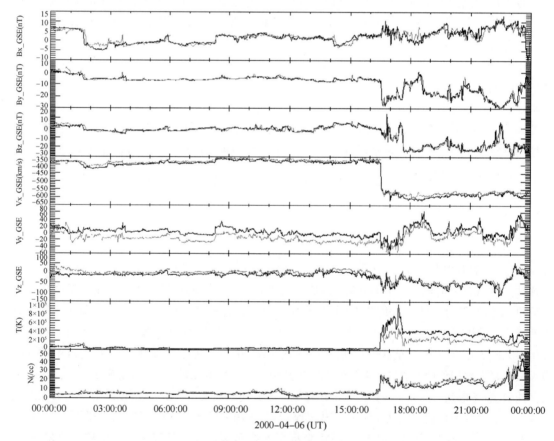

图 2.18　Wind 观测数据与 ACE 观测数据经过传输处理之后的预报数据吻合图，其中灰线为 Wind 观测结果数据，灰线为预报数据。在 GSE 坐标系下，Wind 大约在 $(60, 40, -6)$ 位置

2.2.7 软件功能及界面介绍

本软件主要功能包括 Lin 等(2010)三维磁层顶模式运算及其三维可视化。该软件可用于预报地球磁层顶位形。

软件界面分为两个部分,左侧为输入及显示参量设置,右侧为三维可视化显示窗口,如图 2.19 所示。

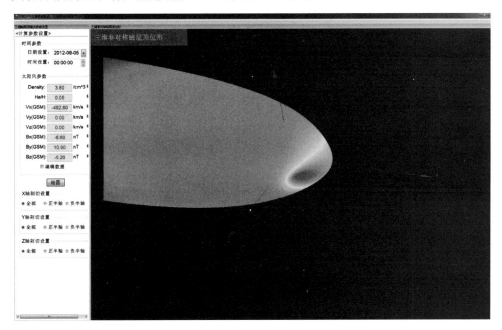

图 2.19 三维磁层顶可视化软件界面(见彩图)

在左侧中,包括了时间参量设置、太阳风参量设置及绘图参量设置。

- 时间参量设置:

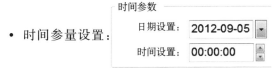

其中所用的时间为世界时,它是提取太阳风参量、获取地磁偶极倾角、运算磁层顶位形所需的时间输入参量。

- 太阳风参量:

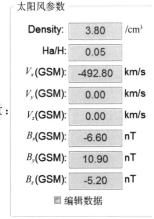

其中太阳风数据可根据设置的时间从数据库中自动获取,也可选中编辑数据,人为设置虚拟的太阳风数据。

用于设置显示剖切图。如只显示向阳一侧磁层顶,那么在 X 轴剖切设置中点选◉正半轴即可,其他类推。

右侧是三维磁层顶位形可视化界面,可通过鼠标旋转或缩放三维磁层顶。

2.3 磁层状态模式

对于不同太阳风条件下的三维磁层空间模拟数据模式化预报问题,由于三维磁层空间模拟数据是由离散的空间点构成,数据之间本身不存在空间关系,而理想的数学插值方法需要有空间点位与其物理参数的解析式,因此,运用数值的方法即由二维的双线性插值推广到三维空间的三线性插值法和逆距离插值算法来解决。磁层数据预测系统的主要输入为空间点坐标与太阳风条件,输出为该空间点的等离子体参量。

2.3.1 基本假设、原理

地磁场不是伸展到无穷远,而是被太阳风压缩在一个有限的区域里,这个区域叫作磁层,地磁场与太阳风的交界面叫作磁层顶。太阳风可以看作是导电率无穷大的等离子体,因而不能横越地磁场直接进入磁层。地球磁层与太阳风的相互作用是时变的,地球磁层的位型与相关物理参数在不同的太阳风条件下都各不相同。在现今有限的技术条件下,获得不同太阳风条件下的磁层等离子体参量数据需要大量的卫星网络进行同步地、不间断地观测。

三维磁层空间 MHD 模拟数据是由离散的空间点描述磁层空间内的相关物理参量。采用十五组磁层空间模拟数据作为预报系统基础数据,每个离散点记录了该空间位置的坐标、等离子体密度、太阳风流速、磁场强度、太阳风热压。这些离散的空间点构成了基本的立方网格,但是每组数据的网格密度及大小都互不相同。在目前尚不清楚空间点的坐标与该点的物理参量之间物理联系的情况下,内插和外推都只能选择统计学近似的插值法来完成。从而建立了三维磁层空间模拟数据模式化预测系统,该系统解决了实际观测中卫星网络覆盖面小的难题,并能保证一定的预测精度。

空间插值是一种通过已知点或分区数据,推求任意点或分区数据的方法。空间数据内插可以作如下简单的描述:设已知一组空间数据,它们可以是离散点的形式,也可以是分区数据的形式,现在要从这些数据中找到一个函数关系,使该关系式最好地逼近这些已知的空间数据,并能根据该函数关系式推求出区域范围内其他任意点或任意分区的值。常用于将离散点的测量数据转换成为连续的数据曲面,以便与其他空间现象的分布模式进行比较,它包括空间内插和外推两种算法。空间内插算法是一种通过已知点的数据推求同一区域其他未知点数据的计算方法;空间外推算法则是通过已知区域的数据,推求其他区域数据的方法。我们所建立的三维磁层空间数据模式化预报系统就包括数据的空间内插算法和空间外推算法。

对于同一太阳风条件下的点,采用由二维的双线性插值推广到三维空间的三线性插值法,这种插值法相对精度较高;对于不同太阳风条件下数据的外推,采用逆距离插值算法。

(1)原始数据的预处理

本文基础数据均置于 GSM 坐标系中分别代表十五个不同的太阳风条件下磁层空间的物理参量,一共有十五组用于外推时相互验证误差。每套数据有 6398341 个节点,X 轴范围为 $20\sim-70\,R_e$,Y 轴范围为 $60\sim-60\,R_e$,Z 轴范围为 $60\sim-60\,R_e$。以 DATA1 为例,如图 2.20 所示。

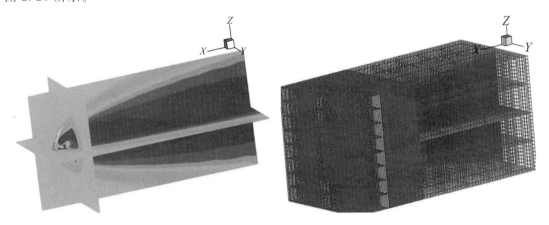

图 2.20　磁层三维切片预览

数据内网格不是均匀分布,网格大小在不同区域也不相同,因此,传统的以数学解析式为基础的插值方法在此并不适用,选择数值方法来求解这样的问题。首先给定系统输入即太阳风条件和数据点坐标,然后要解决两个问题:第一是通过插值计算得到该点在十五组基础数据中的相关物理参量,第二是通过获得的基础数据结合输入的太阳风条件外推该太阳风条件下插值点的物理参量。由于每组数据所包含的信息特别巨大,为了方便计算机处理,将每组数据按坐标象限进行划分并将其转化为二进制数据存储,这样有效地提高了插值的效率。

(2)插值点的空间分析

从数据的特点来看,数据点在小范围内是连续变化的,可以利用已有的数据网格进行数据内的插值。内插的精度比较依赖插值点的空间位置及原始数据本身的空间分布,理想的情况是在研究区内均匀布点。但是完全随机的采样同样存在缺陷,首先随机的采样点的分布位置是不相关的,而规则采样点的分布则只需要一个起点位置,方向和固定大小的间隔。其次完全随机采样,会导致采样点的分布不均,一些点的数据密集,另一些点的数据稀少。因此,采样点的空间分析(算法实现)需要精确的包括空间数据的基本关系,如:距离、邻接、交互、近邻等。这里的空间分析就是要知道插值点与已知点的这些关系。

空间分析的具体步骤为：①判断插值点所在的坐标象限，并取出象限内的已知点为空间分析做准备；②逐点计算插值点与已知点的距离；③判断插值点与已知点的空间关系，找到符合条件的 8 个已知点，并以这 8 个已知点构成最小的立方网格，插值点就位于这个立方网格内。

（3）数据内的三线性插值算法

通过空间分析后得到的 8 个已知点构成包含插值点的最小立方网格。在小范围内已知点的物理参量均匀变化的条件下，利用三线性插值算法可以得到插值点的相关物理参量。

如图 2.21 所示，设已知立方网格顶点 P_i，坐标为 (x_J,y_K,z_L)，其属性值为 $f(x_J,y_K,z_L)$，$i=1,2,3,4,5,6,7,8$，$J,K,L=1$ 或 2。插值点 P^*，坐标为 (x^*,y^*,z^*)，满足下列公式：

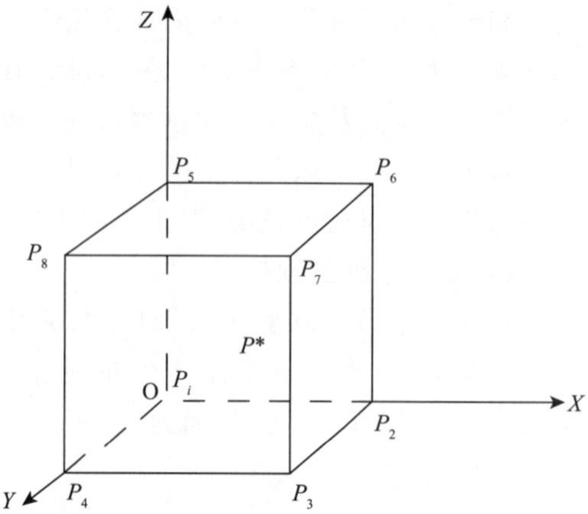

图 2.21　三线性插值示意图

$$t \equiv (x^* - x_1)/(x_2 - x_1)$$
$$u \equiv (y^* - y_1)/(y_2 - y_1)$$

则有
$$f(x^*,y^*,z_1) = (1-t)(1-u)f(x_1,y_1,z_1) + t(1-u)f(x_2,y_1,z_1)$$
$$+ tuf(x_2,y_2,z_1) + (1-t)uf(x_1,y_2,z_1)$$
$$f(x^*,y^*,z_2) = (1-t)(1-u)f(x_1,y_1,z_2) + t(1-u)f(x_2,y_1,z_2)$$
$$+ tuf(x_2,y_2,z_2) + (1-t)uf(x_1,y_2,z_2)$$

代入 Z 轴方向上线性插值公式，得

$$f(x^*,y^*,z^*) = f(x^*,y^*,z_2)(z^* - z_1) + f(x^*,y^*,z_2)(z_2 - z^*) \tag{2.29}$$

利用式（2.29）分别计算插值点处的等离子体密度、太阳风流速、磁场强度、太阳风热压这些物理参量。

（4）不同太阳风条件下的插值算法

已知的十五组数据代表十五个不同的太阳风条件下的地球磁层，插值算法的目的就是给定其他的太阳风条件，从而外推出相关的物理参数。由于不同太阳风条件下磁层参量值不存在线性关系，因此，只能寻求统计的方法近似的求出输入点的等离子体参量。选择逆距离插值算法，利用输入的太阳风条件与已知数据间的相似程度作为"距离"。算法的基本假设是插值点受较近控制点的影响比较远控制点的影响更大。其基本公式为：

$$z_j = \sum_{i=1}^{m} w_{ij} z_i \tag{2.30}$$

式中，z 为属性值；j 为插值点；m 是 j 周围的样点数。w_{ij} 是权重，与 j 点到其周围样点的距离 d_{ij} 成反比，

$$w_{ij} \propto \frac{1}{d_{ij}}, \tag{2.31}$$

如果将权重归一化，则有

$$w_{ij} = \frac{1/d_{ij}}{\sum\limits_{i=1}^{m} 1/d_{ij}} \tag{2.32}$$

$$d_{ij} = |\,\mathrm{solarwind}(i) - \mathrm{solarwind}(j)\,|$$

利用得到的权重值计算插值,得出给定太阳风条件下的磁层物理参数。

(5)结语与讨论

综上所述,三维磁层空间 MHD 模拟数据模式化预报系统总流程如图 2.22 所示,系统标准输入为太阳风条件与空间点坐标,标准输出为该太阳风条件下该空间点的等离子体参量。

①空间插值的精度与数据的特点相关,而空间数据通常是复杂空间变化有限的采样点的测量数据。系统所用的三维磁层空间数据的空间分辨率能够保证内插的精度,高密度、网格化数据非常适合运用三线性插值算法。但是,在实现插值算法之前需要完成复杂的空间分析,寻找离插值点最近的测量点,这样无疑增加了计算量。

②不同太阳风条件下,数据的外推算法的优缺点也是显而易见的。逆距离插值算法可以进行确切的或者圆滑的方式插值,图形平滑美观且算法简单,易于实现。其缺点在于为了实现逆距离插值需要一定的数据量作为保证,试验过程中只有十五组不同太阳风条件下的磁层数据,外推数据与已知磁层数据"距离"越近插值精度越高。

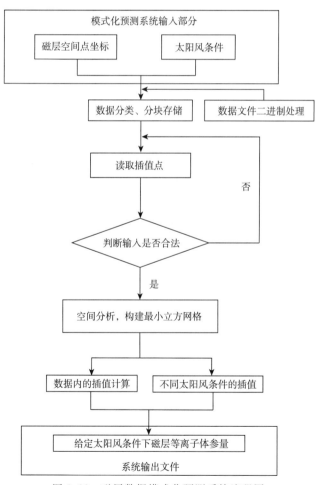

图 2.22 磁层数据模式化预测系统流程图

2.3.2 程序使用说明

三维磁层空间 MHD 模拟数据模式化预报系统总流程如图 2.22 所示。程序的开发环境为 FORTRAN 95,开发编译工具为 Compaq Visual Fortran 6。

系统分为三个阶段：

①太阳风条件输入阶段,主要的输入参量为太阳风等离子体密度(aum/cm^3)、太阳风流速三分量(km/s)、行星际磁场三分量(nT)、太阳风热压(nPa)。这些参量的输入范围为任意值。然后输入需要探测的空间点坐标信息,单位为地球半径,输入范围为 $-70\ R_e \leqslant X \leqslant 20\ R_e$, $-60\ R_e \leqslant Y \leqslant 60\ R_e$,$-60\ R_e \leqslant Z \leqslant 60\ R_e$。

②程序运行阶段,计算模块通过相关的插值算法计算探测点的等离子体参量值。

③程序输出阶段,计算结果在 dataout.dat 文件中输出,标准输出为：$X[R_e]$,$Y[R_e]$,$Z[R_e]$,$r\ [amu/cm^3]$,$U_x\ [km/s]$,$U_y\ [km/s]$,$U_z\ [km/s]$,$B_x\ [nT]$,$B_y\ [nT]$,$B_z\ [nT]$,$p[nPa]$。

2.3.3 软件界面

如图 2.23 所示。

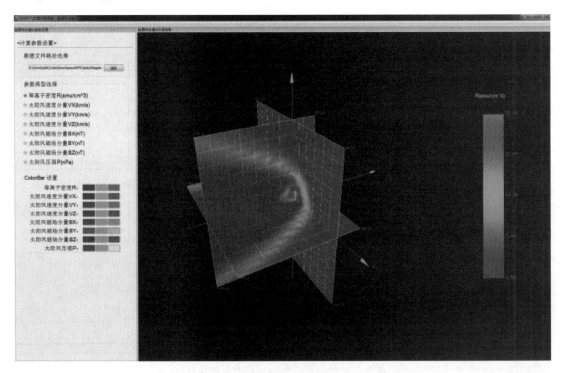

图 2.23　软件界面图(见彩图)

2.4　太阳风传输模式

本系统从理论模型方程组出发,采用数值模拟方法模拟弓激波位形、磁鞘各参数及磁层顶位形如何随太阳风参数变化(Song *et al*.,1999a)。为了使模拟结果更有效地用于预报,预先建立了不同太阳风参数数值模拟稳定结果数据库。根据拉格朗日点处 ACE 卫星观测数据,采用匀速推演及追赶处理等方法获取地球所处实时太阳风参数,根据这些太阳风参数通过查数据库及线性插值法快速得出弓激波和磁层顶位形及磁鞘磁场和等离子体各参量值,具体流程如图 2.24 所示,其示意图如图 2.25 所示。该系统预报时间精度可达 1 min,克服了直接数值模拟稳定时间长难以用于实时预报缺点。

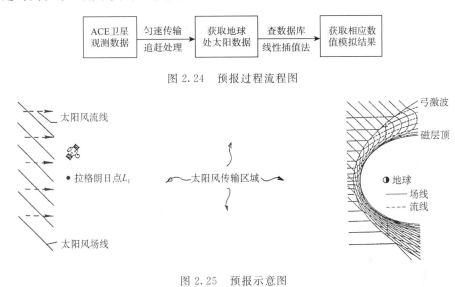

图 2.24　预报过程流程图

图 2.25　预报示意图

2.4.1　下载数据说明

本系统采用美国空间天气预报中心(SWPC)提供的 ACE 卫星观测数据进行实时预报,这些数据包括行星际磁场三分量(GSM)、等离子体数密度、等离子体温度、等离子体速率及 ACE 位置坐标(GSE),其中除了位置坐标时间精度为 1 h 外,其他参数时间精度都为 1 min。

2.4.2　太阳风传输处理

本系统数据来自 ACE 卫星,它处于日地连线拉格朗日点处,距地球大约为 238 R_e。太阳风从该处传输到地球所需时间可从 25 min 变到 100 min,具体时间由上游太阳风速度而定。为了使本系统更合理、更精确地预报地球每时每刻所处的太阳风情况,我们采用了三种处理过程来推演行星际太阳风传输过程,它们分别为:①匀速处理;②追赶问题;③数据缺失修复。其传输处理过程与 2.2.6 节所述一致。

2.4.3　SWT 预报模型说明

太阳风传输模型(SWT)预报属于数值模拟预报范畴,它是采用查找数值模拟结果数据库及线性插值的方法来实现预报。该数据库根据太阳风马赫数及绝热指数来分类的(本系统绝热指数取 5/3),保存的是归一化结果,按照行星际输入参数及磁层顶日下点距离来归一化的。

SWT 模型输入参数采用 GSE 坐标系,包括等离子体数密度、等离子体温度、GSE 坐标系下等离子体速度和 GSE 坐标系下行星际磁场,其输出结果包括四部分:输入参数及归一化参数输出,磁层顶和弓激波位形输出,磁鞘等离子体参数输出,磁鞘磁场参数输出。该模型流程图如图 2.26 所示。

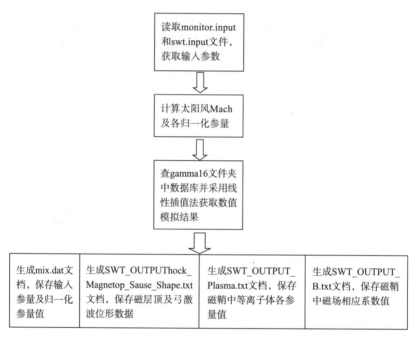

图 2.26　SWT 模型流程图

在介绍 SWT 输出结果之前先介绍一下该模型所用到的坐标系,该系统用到的坐标系有:$GSE, xyz, XYZ, X'Y'Z'$,如图 2.27 所示。GSE即为常见的地心太阳黄道坐标系;xyz 坐标系 x 轴为逆着太阳风速度方向,y 轴在 GSE 坐标系 xy 平面内垂直于 x 轴并指向昏侧,z 轴按右手定则确定;XYZ 坐标系 X 轴和 Y 轴与 xyz 坐标系 x 轴和 y 轴方向刚好相反,Z 轴方向相同;$X'Y'Z'$坐标系其 X'轴为太阳风速度方向,Y'轴在观测点 P 与 X'轴所构成的平面内,垂直于 X'轴并指向 P 点所在的一侧,Z'轴按右手定则确定。这几个坐标系之

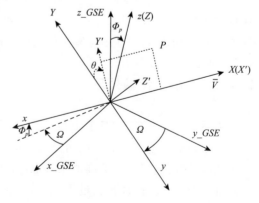

图 2.27　SWT 模型用到的各坐标系

间的正转换公式为：

$$\begin{bmatrix} x \\ y \\ z \end{bmatrix} = \begin{bmatrix} \cos\Omega\cos\Phi_p & -\sin\Omega\cos\Phi_p & \sin\Phi_p \\ \sin\Omega & \cos\Omega & 0 \\ -\cos\Omega\sin\Phi_p & \sin\Omega\sin\Phi_p & \cos\Phi_p \end{bmatrix} \begin{bmatrix} x_{GSE} \\ y_{GSE} \\ z_{GSE} \end{bmatrix} \tag{2.33}$$

$$\begin{bmatrix} X \\ Y \\ Z \end{bmatrix} = \begin{bmatrix} -1 & 0 & 0 \\ 0 & -1 & 0 \\ 0 & 0 & 1 \end{bmatrix} \begin{bmatrix} x \\ y \\ z \end{bmatrix} \tag{2.34}$$

$$\begin{bmatrix} X' \\ Y' \\ Z' \end{bmatrix} = \begin{bmatrix} 1 & 0 & 0 \\ 0 & \cos\theta & \sin\theta \\ 0 & -\sin\theta & \cos\theta \end{bmatrix} \begin{bmatrix} X \\ Y \\ Z \end{bmatrix} \tag{2.35}$$

逆转换公式为：

$$\begin{bmatrix} X \\ Y \\ Z \end{bmatrix} = \begin{bmatrix} 1 & 0 & 0 \\ 0 & \cos\theta & -\sin\theta \\ 0 & \sin\theta & \cos\theta \end{bmatrix} \begin{bmatrix} X' \\ Y' \\ Z' \end{bmatrix} \tag{2.36}$$

$$\begin{bmatrix} x \\ y \\ z \end{bmatrix} = \begin{bmatrix} -1 & 0 & 0 \\ 0 & -1 & 0 \\ 0 & 0 & 1 \end{bmatrix} \begin{bmatrix} X \\ Y \\ Z \end{bmatrix} \tag{2.37}$$

$$\begin{bmatrix} X_{GSE} \\ Y_{GSE} \\ Z_{GSE} \end{bmatrix} = \begin{bmatrix} \cos\Omega\cos\Phi_p & \sin\Omega & -\cos\Omega\sin\Phi_p \\ -\sin\Omega\cos\Phi_p & \cos\Omega & \sin\Omega\sin\Phi_p \\ \sin\Phi_p & 0 & \cos\Phi_p \end{bmatrix} \begin{bmatrix} x \\ y \\ z \end{bmatrix} \tag{2.38}$$

其中：

$$\theta = \tan^{-1}\left(\frac{Z_p}{Y_p}\right) \tag{2.39}$$

$$\Phi_p = \sin^{-1}\left(-\frac{V_{zGSE}}{|V|}\right) \tag{2.40}$$

$$\Omega = \sin^{-1}\left(\frac{V_{yGSE}}{\sqrt{(V_{xGSE})^2 + (V_{yGSE})^2}}\right) \tag{2.41}$$

在 SWT 模型输出结果中，位置输出采用(x,y,z)坐标系，等离子体速度及磁场相关系数输出采用了(X',Y',Z')坐标系。磁鞘中等离子体数密度、等离子体温度、等离子体速度及磁层顶和弓激波位形采用轴对称形式处理，其对称轴为 $X(X')$。磁鞘中磁场给出了对流磁场单位影响系数及相应的夹角：$\left\{\left(\frac{\tilde{B}}{B_\infty}\right)_{//} \quad \theta_{//} \quad \left(\frac{\tilde{B}}{B_\infty}\right)_{\perp} \quad \theta_{\perp} \quad \left(\frac{B}{B_\infty}\right)_n\right\}$，它是非对称结构。磁鞘参数输出采用动态网格点，与数值模拟采用的网格点相同，其网格结构如图 2.28 所示，在向日面采用极坐标网格，在背阳面采用柱坐标网格，网格的大小随着磁层顶日下点距离变化而变化。

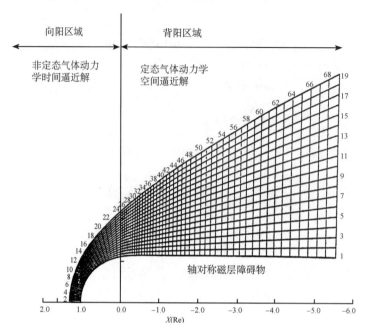

图 2.28　数值模拟及磁鞘数据输出网格点

2.4.4　系统预报效果

SWT 模型可求得磁层顶和弓激波位形以及磁鞘中任何一点磁场及等离子体参数,所以可以根据该模型预报卫星经过磁鞘时所处的等离子体及磁场环境。由于 SWT 输出结果采用的坐标系并非 GSE 坐标系,需要做一些变换才能得到在 GSE 坐标系下相应结果。给定某时刻某点空间点在 GSE 坐标系下坐标,先根据该时刻求得 SWT 模型所需的太阳风参数,调用 SWT 模型求出该时刻弓激波、磁鞘及磁层顶结果,接着根据公式(2.33)求得该点在 xyz 坐标系下的位置坐标,此时可以根据该时刻的磁层顶及弓激波位形判断该点是否在磁鞘内,如果落在磁鞘内,则根据线性插值法求得相应的等离子体及磁场相关结果。对于磁鞘中等离子体数密度和等离子体温度,由于它们是标量,与坐标系无关,可直接获得;对于磁鞘中等离子体速度,只能直接获得其在 (X',Y',Z') 坐标系下三分量 $(V_{X'},V_{R'},0)$,可以根据公式(2.42)和(2.43)求得 GSE 坐标系下速度三分量。

$$\begin{pmatrix} V_X \\ V_Y \\ V_Z \end{pmatrix} = \begin{pmatrix} 1 & 0 & 0 \\ 0 & \cos\theta & -\sin\theta \\ 0 & \sin\theta & \cos\theta \end{pmatrix} \begin{pmatrix} V_{X'} \\ V_{R'} \\ 0 \end{pmatrix} \tag{2.42}$$

$$\begin{pmatrix} V_{X_{GSE}} \\ V_{Y_{GSE}} \\ V_{Z_{GSE}} \end{pmatrix} = \begin{pmatrix} -\cos\Omega\cos\Phi_p & -\sin\Omega & -\cos\Omega\sin\Phi_p \\ \sin\Omega\cos\Phi_p & -\cos\Omega & \sin\Omega\sin\Phi_p \\ -\sin\Phi_p & 0 & \cos\Phi_p \end{pmatrix} \begin{pmatrix} V_X \\ V_Y \\ V_Z \end{pmatrix} \tag{2.43}$$

对于磁场的求解要复杂得多,只能得到 $\left\{ \left(\dfrac{\tilde{B}}{B_\infty}\right)_{/\!/} \quad \theta_{/\!/} \quad \left(\dfrac{\tilde{B}}{B_\infty}\right)_\perp \quad \theta_\perp \quad \left(\dfrac{B}{B_\infty}\right)_n \right\}$,先要根据公式(2.44)和(2.45)获取 (X',Y',Z') 坐标系下行星际磁场:

$$\begin{bmatrix} B_{X\infty} \\ B_{Y\infty} \\ B_{Z\infty} \end{bmatrix} = \begin{bmatrix} -\cos\Omega\cos\Phi_p & \sin\Omega\cos\Phi_p & -\sin\Phi_p \\ -\sin\Omega & -\cos\Omega & 0 \\ -\cos\Omega\sin\Phi_p & \sin\Omega\sin\Phi_p & \cos\Phi_p \end{bmatrix} \begin{bmatrix} B_{x_{GSE}} \\ B_{y_{GSE}} \\ B_{z_{GSE}} \end{bmatrix} \tag{2.44}$$

$$\begin{bmatrix} B'_{X\infty} \\ B'_{Y\infty} \\ B'_{Z\infty} \end{bmatrix} = \begin{bmatrix} 1 & 0 & 0 \\ 0 & \cos\theta & \sin\theta \\ 0 & -\sin\theta & \cos\theta \end{bmatrix} \begin{bmatrix} B_{X\infty} \\ B_{Y\infty} \\ B_{Z\infty} \end{bmatrix} \tag{2.45}$$

再根据公式(2.46)和(2.47)求出 α'_p 和 α'_n,接着即可根据公式(2.48)、(2.49)和(2.50)求得 P 点磁场在 (X',Y',Z') 坐标系下三分量,最后再根据公式(2.51)和(2.52)方可求得 P 点在 GSE 坐标系下磁场。

$$\alpha'_p = \tan^{-1}\left(\frac{B'_{Y\infty}}{B'_{X\infty}}\right) \tag{2.46}$$

$$\alpha'_n = \tan^{-1}\left(\frac{B'_{Z\infty}}{\sqrt{(B'_{X\infty})^2 + (B'_{Y\infty})^2}}\right) \tag{2.47}$$

$$B'_X = \cos\alpha'_n \cdot \left(\cos\theta_{/\!/} \cdot \cos\alpha'_p \cdot \left|\frac{\widetilde{B}}{B_\infty}\right|_{/\!/} + \cos\theta_\perp \cdot \sin\alpha'_p \cdot \left|\frac{\widetilde{B}}{B_\infty}\right|_\perp\right) \cdot B_\infty \tag{2.48}$$

$$B'_Y = \cos\alpha'_n \cdot \left(\sin\theta_{/\!/} \cdot \cos\alpha'_p \cdot \left|\frac{\widetilde{B}}{B_\infty}\right|_{/\!/} + \sin\theta_\perp \cdot \sin\alpha'_p \cdot \left|\frac{\widetilde{B}}{B_\infty}\right|_\perp\right) \cdot B_\infty \tag{2.49}$$

$$B'_Z = \sin\alpha'_n \cdot \left(\frac{B}{B_\infty}\right)_n \cdot B_\infty \tag{2.50}$$

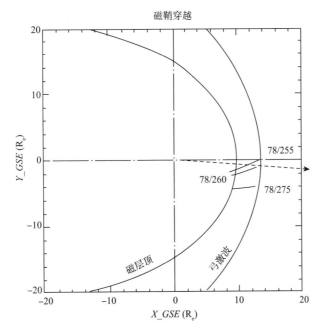

图 2.29　ISSE2 在 1978 年 9 月 12 日、9 月 17 日和 10 月 2 日穿越磁层顶
和弓激波时段的轨道坐标在 XY(GSE)平面上投影图

$$
\begin{pmatrix} B_X \\ B_Y \\ B_Z \end{pmatrix} = \begin{pmatrix} 1 & 0 & 0 \\ 0 & \cos\theta & -\sin\theta \\ 0 & \sin\theta & \cos\theta \end{pmatrix} \begin{pmatrix} B_{X'} \\ B_{Y'} \\ B_{Z'} \end{pmatrix} \tag{2.51}
$$

$$
\begin{pmatrix} B_{X_{GSE}} \\ B_{Y_{GSE}} \\ B_{Z_{GSE}} \end{pmatrix} = \begin{pmatrix} -\cos\Omega\cos\Phi_p & -\sin\Omega & -\cos\Omega\sin\Phi_p \\ \sin\Omega\cos\Phi_p & -\cos\Omega & \sin\Omega\sin\Phi_p \\ -\sin\Phi_p & 0 & \cos\Phi_p \end{pmatrix} \begin{pmatrix} B_X \\ B_Y \\ B_Z \end{pmatrix} \tag{2.52}
$$

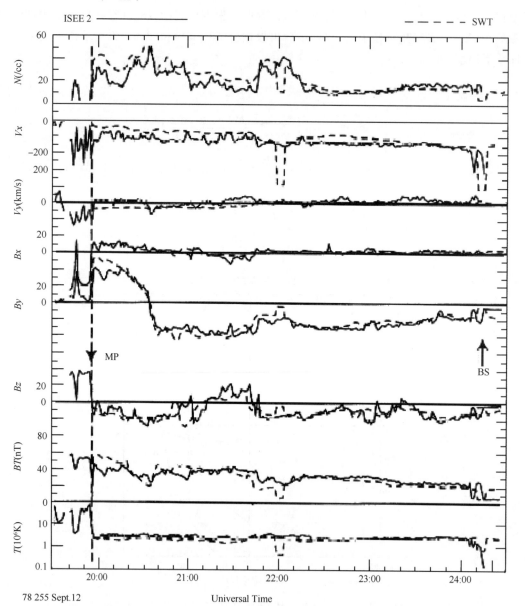

图 2.30　1978 年 9 月 12 日 ISEE2 在磁鞘中的观测结果与 SWT 模型预报结果吻合图（Song *et al*.，1999b）

接下来将以 ISEE2 为例来说明 SWT 模型预报效果。图 2.29 给出了 ISSE2 在 1978 年 9 月 12 日、9 月 17 日和 10 月 2 日穿越磁层顶和弓激波时段轨道坐标在 XY(GSE)平面上投影，图 2.30、图 2.31 和图 2.32 给出了 ISSE2 实际观测的数据与 SWT 模型预报结果比较图，其中预报的处理方法如上所述，预报所需的太阳风参数来自拉格朗日点处 ISSE3。从这三张图中可以很清楚地看出 SWT 在磁鞘中的预报结果与实际观测数据吻合的还是比较好的，基本上能够满足预报要求。

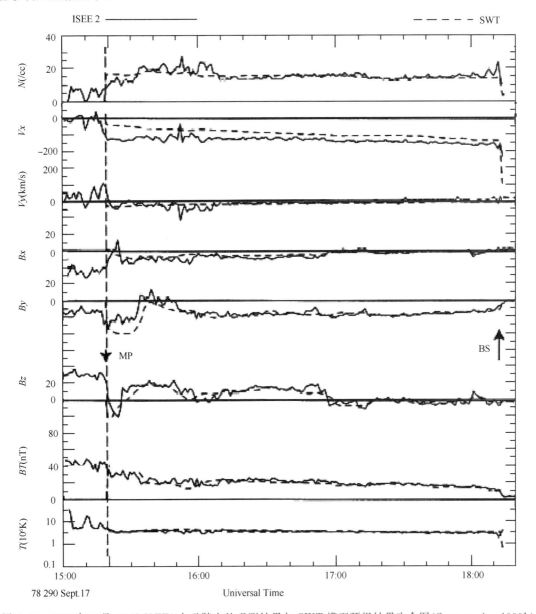

图 2.31　1978 年 9 月 17 日 ISEE2 在磁鞘中的观测结果与 SWT 模型预报结果吻合图（Song *et al.*，1999b）

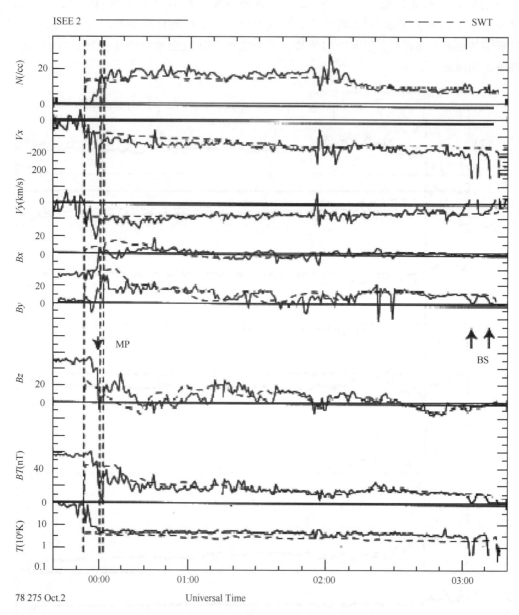

图 2.32　1978 年 10 月 2 日 ISEE2 在磁鞘中的观测结果与 SWT 模型预报结果吻合图(Song *et al.*，1999b)

2.4.5　ShowSWT 软件介绍

　　本软件需在 WIN98/2000/XP 下运行。在使用前必须确保本机已安装 IDL 和 Microsoft Visual Studio2005。在实现网络数据下载时调用了 java 库函数,所以在使用前必须确保本机已安装 java 虚拟机,使用 SHOWSWT 软件时,需要确保网络畅通。

1)软件功能介绍

①下载实时网络 ACE 数据。

②求解太阳风从 ACE 卫星传到下游指定位置某时刻的太阳风观测数据,同时具备了缺失数据自动修复功能。

③绘制实时 ACE 观测数据时序图。

④绘制实时太阳风与地球磁场相互作用之后在磁鞘中等离子体数密度、等离子体速度、等离子体温度及磁场大小变化颜色等值线图,给出弓激波和磁层顶位形图。

⑤同时显示以上几个实时图片。

⑥后台保存有更详细的等离子体速度及磁场三分量数据,可供预报磁鞘中任意位置($x > -70\ R_e$)等离子体数密度、等离子体温度、等离子体速度三分量及磁场三分量。

2)软件界面介绍

①该软件界面如图 2.33 所示,大窗口中总共包括了五个小屏幕,它们分别是实时的 ACE 卫星太阳风观测图、等离子体数密度、等离子体速度、等离子体温度及磁场大小变化颜色等值线图,其菜单栏上包括了设置项和窗口项,设置项控制 SWT_Model.sav 画图所需的参数设置,窗口项控制大窗口右上角屏幕显示内容。

②点击设置项中设置按键即可弹出如图 2.34 所示的窗口,各项作用如其左边标注,如要更改,更改之后按保存才可生效。

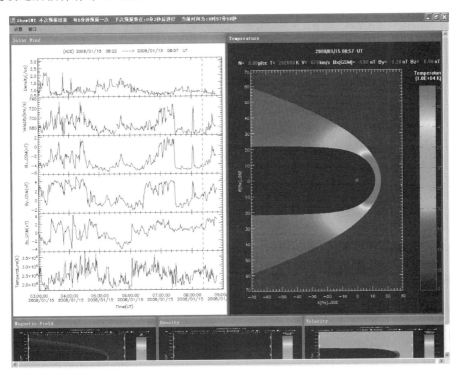

图 2.33　软件界面图(见彩图)

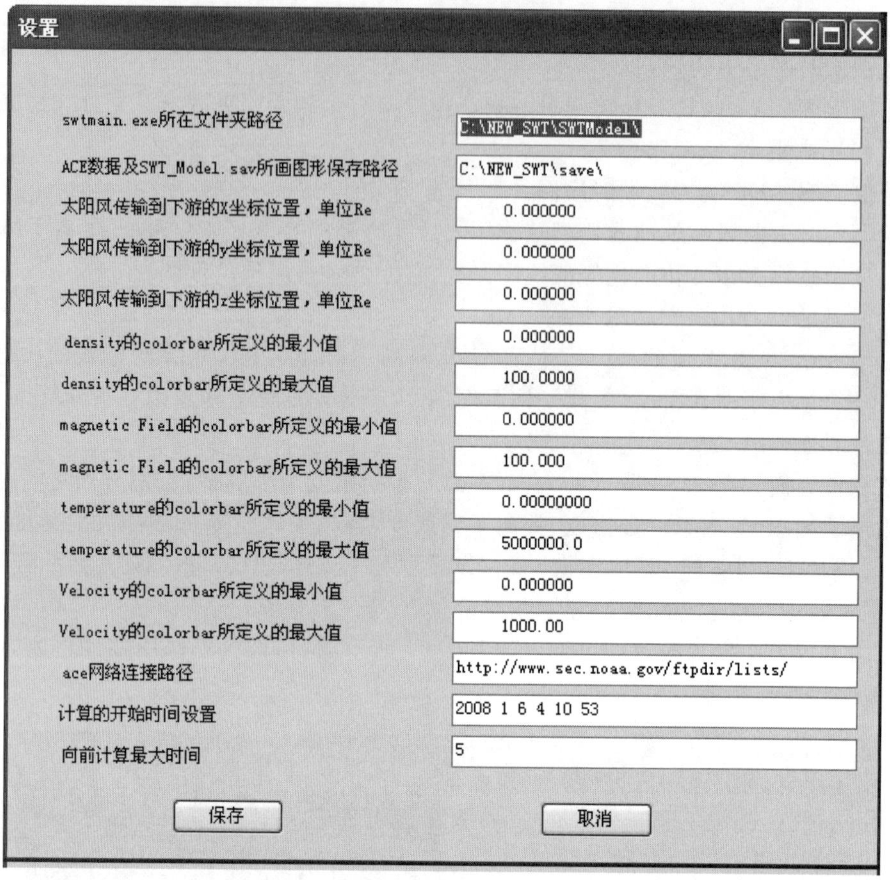

图 2.34　模式运行设置界面

3) 软件使用说明

安装完毕后直接双击 [ShowSWT] 图标即可。如果要改变画图相关参数设置可按设置键修改，之后保存；如果要改变右上角显示内容，可在窗口项中选择对应内容即可，或单击大窗口下部分的小窗口，该窗口即可放大显示到右上角。

4) 使用注意事项

由于本软件在执行预报时，要完成数据下载、数据处理及绘图的过程，执行比较慢，在刚打开 [ShowSWT] 时，窗口可能不显示内容，需等 2～3 min 才能看到图片显示。

2.5　极光卵分布预报模式

2.5.1　国内外现状

极光活动是极区最重要，也是最直观的空间天气现象。统计表明，极光弧倾向于沿着磁纬

60°附近的一个椭圆形状的带分布,称为极光卵。极光卵的大小不是固定不变的,它会随着地磁活动的变化而变化:在地磁活动平静时期极光卵收缩到最小,随着地磁活动的增强,极光卵向低纬扩展。尽管目前国际上有许多地面极光观测站,但由于极光卵所占据的区域很大,地面的观测还无法完整地描述极光卵的整体位形。对于极光卵的整体观测只能依靠卫星,其中主要是极轨卫星。但极轨卫星经过极区的时间是有限的,因此到目前为止还没有一颗卫星能够不间断地监测整个极光卵。为了在目前已有观测基础下解决这一问题,美国空间天气预报中心(SWPC)根据模型利用 POES 卫星的单次观测数据可以得到极光能通量图像,并每天在网上向公众发布。

AE 指数用来表征极光电集流的强弱,是磁层扰动的重要参数。极光 X 射线总强度与 AE 指数具有很好的线性相关性。Perrault 等(1978)认为电子沉降能量(U_A)与 AE 线性相关,而 Ostgaard 等(2002)认为电子沉降能量(U_A)与 $AE^{1/2}$ 线性相关。本章从业务角度出发,利用 AE 指数来描述和预报极光卵的整体位形。

2.5.2　模式原理

鉴于 AE 指数和极光活动的天然内在联系,该模式利用 AE 指数来推算极光卵的位置、大小、形态和强度等主要参量。基于 SWPC 发布的相关极光数据,分析发现极光强度的峰值所在位置可以用椭圆很好地描述,椭圆中心为磁北极(图 2.35)。统计发现,极光强度峰值椭圆的长半轴和短半轴均与 $\ln(AE)$ 线性相关,这是对地磁活动强时极光卵会向低纬扩展的定量描述,其中 $a = 1589.9 + 128.9\ \ln(AE)$,$b = 1269.3 + 101.4\ \ln(AE)$;由于极光是由高能粒子沉降到极区大气层产生的,这种沉降在水平方向上的能量耗散可以认为是一个正态分布,因此可假设极光强度 I 沿极光椭圆法线方向是一个有一定背景强度(I_0)的高斯分布,即 $I = I_0 + I_1 \mathrm{e}^{-\frac{z^2}{2}}$,$z = \dfrac{2\sqrt{2\ln2}(\varphi - \varphi_0)}{\delta}$,其中 I_1 为去掉噪声后的极光的峰值强度,φ_0 为极光强度峰值椭圆所在的位置,$\varphi - \varphi_0$ 为沿法线方向的距离,δ 为半宽。统计发现极光强度法向分布可以用高斯分布很好地描述,且高斯分布的峰值强度和半宽也均与 $\ln(AE)$ 线性相关,背景强度(噪声)基本不变(图 2.36),这是对地磁活动强时极光会增强的定量描述。

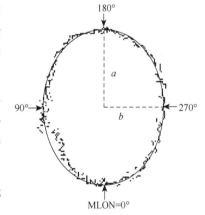

图 2.35　极光强度峰值位置分布图(黑点为原始数据,实线椭圆为拟合形状。a,b 分别为长半轴和短半轴,MLON 表示磁经度)

为了得到不同经度处的相关参数,在每隔15°磁经度进行一次上述分析的基础上,进行插值计算。考虑到纬向的周期性,利用全部 24 个弧段的分析结果,假设 $I_1 = A_0 + B_0 \ln(AE)$、$\delta = A_1 + B_1 \ln(AE)$,利用公式(2.53)进行拟合,得到不同经度上相关参数的插值。

$$f(x) = C_0 + C_1 \times \sin(x + C_2) + C_3 \times \sin(x + C_4)^2 + C_5 \times \sin(x + C_6)^3 \qquad (2.53)$$

其中 x 表示经度,$f(x)$ 分别代表 I_0,A_0,B_0,A_1 和 B_1。拟合结果如图 2.37 所示。

根据上述分析,对于极光椭圆的任意一条法线上的点,该点与其所在法线上处在峰值椭圆上的点的距离为 $\varphi - \varphi_0$,则可用公式(2.54)和图 2.35 中拟合出的曲线计算该点的极光强度。

$$
\begin{cases}
I(AE) = I_0 + I_1(AE)e^{-\frac{z^2}{2}}, \ z = \dfrac{2\sqrt{2\ln 2}(\varphi - \varphi_0)}{\delta(AE)} \\[2mm]
I_1(AE) = A_0 + B_0\ln(AE) \\[2mm]
\delta(AE) = A_1 + B_1\ln(AE) \\[2mm]
\varphi_0 \ \text{位于} \dfrac{x}{a^2} + \dfrac{y}{b^2} = 1 \\[2mm]
a = 1589.9 + 128.9\ln(AE) \\[2mm]
b = 1269.3 + 101.4\ln(AE)
\end{cases}
\tag{2.54}
$$

图 2.38 为利用以上方法得到的 SWPC 发布的极光图像与利用 AE 指数推算的极光卵图像对比。

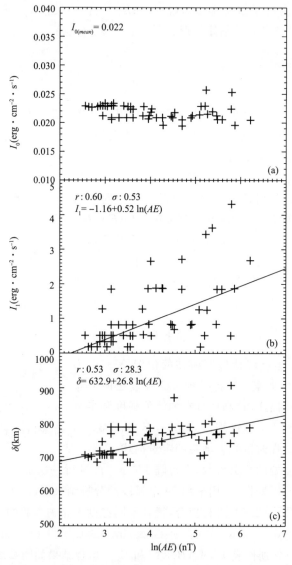

图 2.36 极光背景强度 I_0(a)、峰值强度 I_1(b) 和半宽 δ(c) 与 AE 指数的关系（图中＋号为原始数据,实线为拟合值）

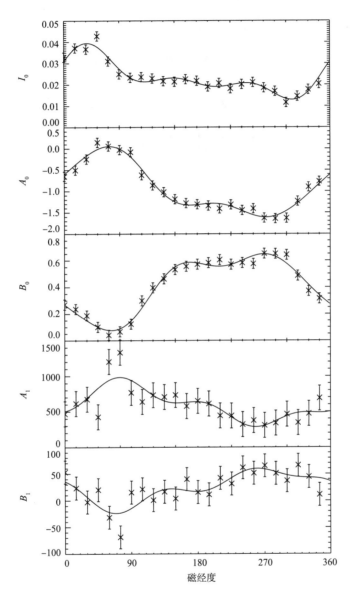

图 2.37　I_0,A_0,B_0,A_1 和 B_1 的纬向分布拟合结果

（×号代表图 2.41 所示统计分析值,数据点上的竖直棒为误差棒。曲线代表
不同磁经度处 I_0,A_0,B_0,A_1 和 B_1 的拟合值）

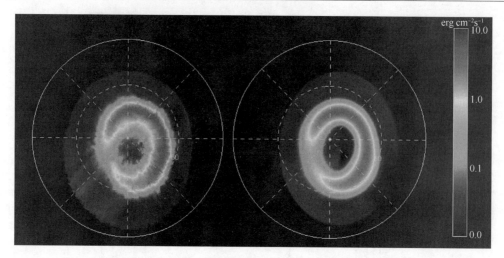

图 2.38　SWPC 发布的极光图像与推算的极光图像对比（见彩图）

（左图：SWPC 图像，右图：推算图像）

基于这些结果，获得了一套利用 AE 指数定量描述极光卵位形的经验公式(2.54)。经对比检验，利用 AE 指数推算得到的极光卵与 SWPC 发布的极光卵的位置、大小、形态和强度都非常相似，且两者的相关系数在 0.7 以上的样本接近 95%，这说明该模式是有效的。

2.5.3　模式输入输出

模式输入参数有：AE 指数预报值。

模式输出参数有：对应时刻的极光卵分布。

2.5.4　模式使用说明

打开 SWMA_aurora_1.input 文件，修改预报时刻的 AE 指数，在 IDL 环境中运行 aurora.pro 程序，即得输出文件 SWMA_aurora_1.output 及图像 SWMA_aurora_1.jpg。

2.6　总　结

太阳风/磁层预报模块集成了一套可用于预测地球磁层顶和弓激波位置及形状，磁鞘和磁层等离子体及磁场分布以及地球极光卵分布的业务预报模式。利用 $L1$ 点卫星太阳风观测数据驱动这些模式，可提前 25～100 min 获知相关区域的位形及相关参量的分布状况，对灾害性空间天气的预报、预警和防御具有重要的意义。

1. 集成了目前最完善的 Lin 等(2010)三维磁层顶统计模式。该模式能够较好地描述极隙区附近磁层顶三维内凹结构，磁层顶东西不对称和南北不对称结构，能够反映太阳风动压、太阳风磁压、行星际磁场南向分量以及地磁偶极倾角对磁层顶位形的影响。该模式还考虑了极端太阳风条件下行星际磁场南向分量对磁层顶位形影响的饱和效应，具有较广的太阳风适用范围,同时具备了较好的远磁尾拓展能力。与以往磁层顶统计模式相比,Lin 等(2010)模式提高了统计模型对三维磁层顶结构的描述能力,提高了统计模式对磁层顶位形预报结果的准确率,也提高了统计模式对同步卫星穿越磁层顶事件预报的准确率。

2. 集成了磁层状态模式。该模式依据太阳风-磁层-电离层系统的全球三维磁流体力学模式计算所得典型太阳风和电离层参数值条件下的磁鞘和磁层数据库,利用 L1 点太阳风数据及相应的电离层参数,通过数据库查找插值的方法,可获得磁鞘和磁层等离子体和磁场分布预报。该模式可较好地给出磁鞘和磁层相关参量分布的大尺度结构。

3. 集成了太阳风传输模式。该模式依据数值模拟所建立的数据库,利用 L1 点太阳风数据,通过一系列复杂计算,获得磁层顶和弓激波位形以及磁鞘等离子体和磁场分布预报。该模式可较好地预报磁鞘中等离子体和磁场分布。

4. 集成了极光卵分布模式。该模式采用地磁 AE 指数作为驱动,能够反映极光卵位置、大小、形态和强度随着 AE 指数的变化。实际观测所得极光卵分布与该模式预报结果吻合较好。

发表相关论文

1. Lin R. L., X. X. Zhang, S. Q. Liu, Y. L. Wang, and J. C. Gong. 2010. Comparison of a new model with previous models for the low-latitude magnetopause size and shape. *Chinese Sci Bull*, 2010, **55**: 179-187, doi: 10.1007/s11434-009-0533-4.

2. 林瑞淋,张效信,刘四清,等. 高纬磁层顶位形统计分析. 地球物理学报,2012,**53**(1):1-9,DOI:10.3969/j. issn. 0001-5733. 2010. 01. 001.
   Lin R. L., X. X. Zhang, S. Q. Liu, Y. L. Wang, and J. C. Gong. 2010. Statistical analysis of the high-latitude magnetopause location and shape. *Chinese J. geophys.*, (in Chinese), 2012, **53**(1):1-9, DOI:10.3969/j. issn. 0001-5733. 2010. 01. 001.

3. Lin R. L., X. X. Zhang, S. Q. Liu, Y. L. Wang, and J. C. Gong. 2010. A three-dimensional asymmetric magnetopause model. *J. Geophys. Res.*, 115, A04207, doi:10.1029/2009JA014235.

参考文献

曹晋滨,李磊,吴季,等.2001.太空物理学导论.北京:科学出版社.

刘振兴,等.2005.太空物理学.哈尔滨:哈尔滨工业大学出版社.

涂传诒.1988.日地空间物理学.北京:科学出版社.

吴信才.2002.地理信息系统.北京:电子工业出版社.

靳国栋,刘衍聪,牛文杰,等.2003.距离加权反比插值法和克里金插值法的比较.长春工业大学学报,**24**(3):53-57.

Aubry M P, Russell C T, Kivelson M G. 1970. Inward motion of the magnetopause before a substorm. *J. Geophys. Res.*, **75**(34): 7018-7031.

Beard D B. 1960. The Interaction of the terrestrial magnetic field with the solar corpuscular radiation. *J. Geophys. Res.*, **65**: 3559-3568.

Beard D B. 1964. The solar wind geomagnetic field boundary. *Reviews of Geophysics*. **2**: 335-365.

Berchem J, Russell C T. 1982. The thickness of the magnetopause current layer: ISEE 1 and 2 observations. *J. Geophys. Res.*, 87: 2108-2114.

Boardsen S A, Eastman T E, Sotirelis T *et al*. 2000. An empirical model of the high-latitude magnetopause. *J. Geophys. Res.*, **105**: 23193-23219.

Cahill L J, Amazeen P G. 1963. The Boundary of the Geomagnetic Field. *J. Geophys. Res.*, **68**(7): 1835 – 1843.

Cap F, Leubner M. 1974. A model of the magnetopause using an angular distribution function for the incident particles. *J. Geophys. Res.*, **79**(34): 5304-5306.

Chao J K, Wu D J, Lin C H, *et al*. 2002. Models for the size and shape of the Earth's magnetopause and bow shock, in *Cospar Colloquia series* Vol. 12, *Space Weather Study Using Multipoint Techniques*, Edited by Ling-Hsiao Lyu, Pergamon, Elsevier Science Ltd., 127-134.

Chapman S, Ferraro V C A. 1931. A new theory of magnetic storms, I, The initial phase. *J. Geophys. Res.*, **36**: 77-97, 171-186.

Choe J Y, Beard D B, Sullivan E C. 1973. Precise calculation of the magnetosphere surface for a tilted dipole. *Planetary and Space Science*, **21**: 485-498.

Dmitriev A, Suvorova A, Chao J K. 2011. A predictive model of geosynchronous magnetopause crossings. *J. Geophys. Res.*, **116**(A5), doi: 10.1029/2010JA016208.

Dungey J. 1961. The steady state of the Chapman-Ferraro problem in two dimensions. *J. Geophys. Res.*, **66**(4): 1043-1047.

Fairfield D H. 1971. Average and unusual locations of the Earth's magnetopause and bow shock. *J. Geophys. Res.*, **76**: 6700-6716.

Fairfield D H. 1992. On the structure of the distant magnetotail: ISEE 3. *J. Geophys. Res.*, **97**: 1403.

Ferraro V C A. 1952. On the theory of the first phase of a geomagnetic storm: A new illustrative calculation based on an idealized (plane not cylindrical) model field distribution. *J. Geophys. Res.*, **57**(1): 15-49.

Ferraro V C A. 1960. Theory of the Sudden Commencement and the First Phase of a Magnetic Storm. *Rev. Mod. Phys.*, **32**: 934.

Formisano V, Domingo V, Wenzel K P. 1979. The three-dimensional shape of the magnetopause. *Planet. Space Sci*, **27**: 1137-1149.

Holzer R E, Slavin J A. 1978. Magnetic flux transfer associated with expansions and contractions of the dayside magnetosphere. *J. Geophys. Res.*, **83**(A8): 3831-3839.

Howe H C Jr, Binsack J H. 1972. Explorer 33 and 35 plasma observations of magnetosheath flow. *J. Geophys. Res.*, **77**(19): 3334-3344.

Kalegaev V V, Lyutov Y G. 2000. The solar wind control of the magnetopause. *Advances in Space Res.*, **25**(7-8): 1489-1492.

Kawano H, Petrinec S M, Russell C T, *et al*. 1999. Magnetopause shape determinations from measured position and estimated flaring angle. *J. Geophys. Res.*, **104**(A1): 247-261.

Kuznetsov S N, Suvorova A V. 1996. Solar wind control of the magnetopause shape and location. *Radiation Measurements*, **26**(3): 413-415.

Kuznetsov S N, Suvorova A V. 1998. An empirical model of the magnetopause for broad ranges of solar wind pressure and Bz IMF, in *Polar Cap Boundary Phenomena*, edited by J. Moen *et al*., Kluwer Acad., Norwell, Mass, 51-61.

Lin R L, Zhang X X, Liu S Q. *et al*. 2010. A three-dimensional asymmetric magnetopause model. *J. Geo-*

phys. Res., **115**：A04207，doi：10.1029/2009JA014235.

Mead G，Beard D. 1964. Shape of the geomagnetic field solar wind boundary. *J. Geophys. Res.*, **69**(7)：
1169-1179.

Midgley J E，Davis L Jr. 1963. Calculation by a moment technique of the perturbation of the geomagnetic field
by the solar wind. *J. Geophys. Res.*, **68**(2)：499-504.

Nakamura R，Kokubun S，Mukai T，*et al.* 1997. Changes in the distant tail configuration during geomagnetic
storms. *J. Geophys. Res.*, **102**：9587.

Olson W. 1969. The Shape of the tilted magnetopause. *J. Geophys. Res.*, **74**(24)：5642-5651.

Ostgaard N，Nondrak R R，Gjerloev J W，*et al.* 2002. A relation between the energy deposition by electron
precipitation and geomagnetic indices during substorm. *J. Geophy. Res.*, **107**：1246-1252.

Petrinec S M，Russell C T. 1996. Near-Earth magnetotail shape and size as determined from the magnetopause
flaring angle. *J. Geophys. Res.*, **101**(A1)：137-152.

Perrault P，Akasofu S I. 1978. A study of magnetic storms. *J. Geophys. R. Astron. Soc.*, **54**：547-573.

Roelof E C，Sibeck D G. 1993. Magnetopause shape as a bivariate function of interplanetary magnetic field bz
and solar wind dynamic pressure. *J. Geophys. Res.*, **98**(A12)：21421-21450.

Russell C T，Elphic R C. 1978. Initial ISEE magnetometer results：magnetopause observations. *Space Sci.
Rev.* **22**：681-715.

Šafránková J，Dušík Š，Němeček Z. 2005. The shape and location of the high-latitude Magnetopause. *Ad-
vance in Space Research*, **36**(10)：1934-1939.

Šafránková J，Němeček Z，Dušík Š，*et al.* 2002. The magnetopause shape and location：a comparison of the
Interball and Geotail observations with models. *Annales Geophysicae*, **20**：301-309.

Shue J H，Chao J K，Fu H C，*et al.* 1997. A new functional form to study the solar wind control of the mag-
netopause size and shape. *J. Geophys. Res.*, **102**(A5)：9497-9511.

Shue J H，Song P，Russell C T，*et al.* 1998. Magnetopause location under extreme solar wind conditions. *J.
Geophys. Res.*, **103**(A8)：17691-17700.

Shue J H，Song P，Russell C T，*et al.* 2000. Toward predicting the position of the magnetopause within geo-
synchronous orbit，*J. Geophys. Res.*, **105**(A2)：2641-2656.

Sibeck D G，Siscoe G L，Slavin J A，*et al.* 1986. Major flattening of the distant geomagnetic tail. *J. Geo-
phys. Res.*, **91**：4223.

Sibeck D G，Lopez R E，Roelof E C. 1991. Solar wind control of the magnetopause shape，location，and mo-
tion. *J. Geophys. Res.*, **96**(A4)：5489-5495.

Slavin J A，Smith E J，Sibeck D G，*et al.* 1985. An ISEE 3 study of average and substorm conditions in the
distant magnetotail. *J. Geophys. Res.*, **90**：10875.

Song P，Russell C T，Gombosi T I，*et al.* 1999a. On the processes in the terrestrial magnetosheath：1.
Scheme development. *J. Geophys. Res.*, **104**(A10)，22345-22355，doi：10.1029/1999JA900247.

Song P，Russell C T，Zhang X X，*et al.* 1999b. On the processes in the terrestrial magnetosheath：2. Case
study. *J. Geophys. Res.*, **104**(A10)，22357-22373，doi：10.1029/1999JA900246.

Sotirelis T. 1996. The shape and field of the magnetopause as determined from pressure balance. *J. Geophys.
Res.*, **101**(A7)：15255-15264.

Sotirelis T，Meng C I. 1999. Magnetopause from pressure balance. *J. Geophys. Res.*, **104**(A4)：6889-6898.

Spreiter J，Briggs B. 1962. Theoretical determination of the form of the boundary of the solar corpuscular
stream produced by interaction with the magnetic dipole field of the Earth. *J. Geophys. Res.*, **67**(1)：37-
51.

Tsurutani B, Jones D, Sibeck D. 1984. The two-lobe structure of the distant (X ≥ 200 Re) magnetotail. *Geophys. Res. Lett.* , **11**(10): 1066-1069.

Tsyganenko N A. 1996. *Effects of the solar wind conditions on the global magnetosphere configuration as deduced from data-based field models*. Eur. Space Agency Spec. Publ. ESA SP-389. ESA, Versailles, France: 181-185.

Villante U. 1974. Magnetopause observations at large geocentric distance. *Lettere Al Nuovo Cimento*, **11**(12):557-560.

Yang Y H, Chao J K, Dmitriev A V, *et al*. 2003. Saturation of IMF Bz influence on the position of dayside magnetopause. *J. Geophys. Res.* , **108**(A3): 1104, doi:10.1029/2002JA009621.

Zhou X W, Russell C T. 1997. The location of the high-latitude polar cusp and the shape of the surrounding magnetopause. *J. Geophys. Res.* , **102**(A1):105-110.

第3章 内磁层模式

3.1 概况

3.1.1 目的意义

空间天气研究已进入一个以日地系统空间天气全球(整体)过程的研究和预报为核心的发展阶段,空间天气灾害性事件定量预报是重要的科学前沿。

磁层是人类空间活动最为频繁的场所之一。环绕地球运行或飞往月球和行星际空间的航天器所运行区域是地球大气层以上的电离层、磁层及行星际空间。这些空间区域并不是完全的"真空",而是"充满"了大量的等离子体、高能粒子、微流星体、尘埃、空间碎片、中性原子和电磁射线等物质。航天器的运行和工作时所处空间区域的环境,对航天器的运行轨道、姿态、表面材料、内部器件及其电位均会产生显著影响。因而,对地磁活动以及辐射带高能带电粒子环境的定量化预报是空间天气业务中的重点内容。

3.1.2 研究目标

建立、发展和完善可直接用于业务预报的具有空间天气预警预报能力的,由监测数据驱动的地球辐射带定量预报模式、辐射带边界预报模式、地磁活动预报模式及地球轨道航天器的高能粒子环境诊断预警预报模式。

3.1.3 模式组成

磁层预报模式由以下7个模式组成(图3.1):
①辐射带边界演化模式。
②高能质子注入事件预报模式。
③辐射带槽区高能电子通量预报模式。
④辐射带南大西洋异常区高能粒子通量预报模式。
⑤电离层电流特征模式。
⑥地球辐射带波-粒相互作用模式。
⑦地磁扰动预报模式。

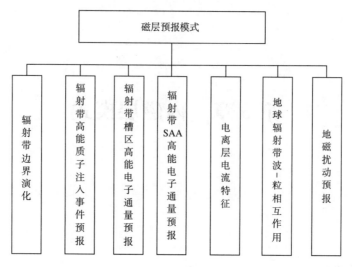

图 3.1 磁层预报模式结构图

3.1.4 技术路线

①在 AP-8 和 AE-8 的基础上改进使之成为一个可以用来预报的辐射带边界动力模型,并用 SAMPEX 和 Polar 等卫星的观测数据验证模式转化的可靠性和可行性。

②采取卫星监测数据、数值经验模型相结合的方法,以 NASA 辐射带模型为基础,研究辐射带南大西洋异常区高能质子的中长期变化、地球同步轨道高能电子突增事件的观测特性,以及高能电子在近地等离子片中的空间分布特征和扰动规律,发展以行星际太阳风参数和地磁活动指数为输入参数的地球辐射带南大西洋异常区高能质子通量预报模型;地球同步轨道高能电子峰值通量的诊断和预警模式;近地等离子体片中的高能电子通量的诊断和预警模式。

③基于国际地球物理年期间北极区六条地磁台子午链地磁台两天共 576 个样本的资料,利用回归方法得到 6 个极区电流体系关键点的 18 个参数随 AE 指数变的变化规律及相应的参数,并由此构建了以地磁指数为前端输入的极区电流参数化模型。

④完成低纬度地区台站周跳数据的检测和分析工作,完成周跳的地方时变化、季节变化以及太阳活动周变化的统计分析,建立基于 GPS 常规数据的中国低纬度地区电离层效应预报模式结构框架。

⑤采用理论分析和数值计算的方法研究辐射带高纬区域和地球同步轨道区域相对论电子和波相互作用特性,深入分析电子和波在相互作用中所引起的各种物理过程的演变,初步建立波—粒相互作用驱动的相对论电子通量变化动态预报模式。

⑥系统收集、整理现有的 CME/激波的太阳观测及其连锁的行星际扰动、磁暴观测资料,建立 CME/激波—行星际扰动—磁暴因果链数据库;基于因果链事件的观测,对大量历史空间天气事件进行规律性研究;并以基于点源爆炸波在变密度、运动介质中传播的行星际扰动传播模型为核心,联合太阳爆发活动能量经验模型和地磁扰动能量经验模型,构建地磁扰动预报模式,对地磁扰动开始时间和地磁扰动强度进行定量化预测。

3.2　辐射带边界演化模式

3.2.1　目标

　　建立不同太阳风条件和地磁活动指数期间，内外辐射带位置、形态及辐射带槽区宽度的经验模式。该辐射带动态定量预报模型以太阳风速度 V、行星际磁场 Bz 分量及 Dst，Kp 指数作为输入来预报内外辐射带的内外 4 个边界的变化，内外辐射带最大辐射通量的 L 值位置、辐射带槽区的宽度、新辐射带或辐射带槽区注入强度和存在的时间尺度等，为航天器工程设计及有效运行提供支持。

3.2.2　研究内容

　　在 AP-8 和 AE-8 的基础上，利用 Cluster，SAMPEX 和 Polar 等卫星的观测数据，研究不同太阳风条件和地磁活动指数期间，内外辐射带位置、形态及辐射带槽区宽度的变化规律，确定辐射带边界模型的建模方法。根据上述辐射带边界模型建模方法编制辐射带边界模型（RBBEM 模型）并对模型进行验证和预报试验。根据上述辐射带边界模型建模方法进一步完善辐射带边界模型，并利用 NOAA 卫星等数据对模型进行验证改进和预报试验。

3.2.3　成果及其应用

　　(1) AE-8，AP-8 模型的集成

　　把现有的 AE-8，AP-8 模型集成进了我们的模型之中，图 3.2 和图 3.3 分别给出了能量电子和能量质子的微分通量随 L 值分布图（彩色图见书后）。利用上述模型结果，我们能够得到辐射带的静态能量粒子分布特征。

　　(2) 确定 MeV 电子通量峰值位置

　　O'Brien 等（2003）的研究表明，外辐射带 MeV 电子通量位置与 Dst 指数有较好的经验关系：$L_{max} = 12.8775/|Dst_{min}|^{0.25}$。通过该经验关系利用 Dst 指数来预报 MeV 电子通量峰值所在的 L 值位置。图 3.4 给出了 CBERS 在 2003 年 10 月 1 日—2004 年 12 月 31 期间观测到的 >2 MeV 高能电子计数率随时间和 L 值的变化（上栏）和外辐射带的内边界、最大通量值位置、外边界随时间的变化（下栏）。图 3.5 给出了 RBBEM 模型得到的辐射带内边界（下栏，IBORB）、电子峰值通量位置（中栏，PEAK）和外辐射带外边界（上栏，OBORB）与图 3.4 下栏中 CBERS 观测到的外辐射带的内边界、最大通量值位置、外边界随时间的变化的结果比较。这里主要关注电子峰值通量位置。

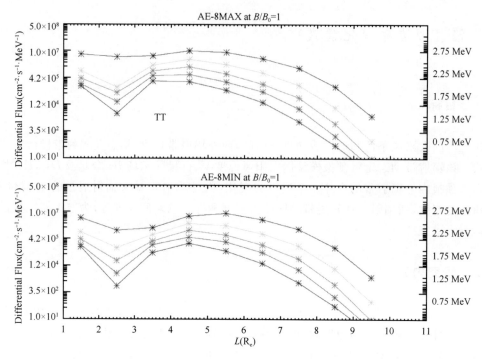

图 3.2　由 AE-8 得到的不同能量的高能电子微分通量随 L 值分布图（磁赤道面）（见彩图）

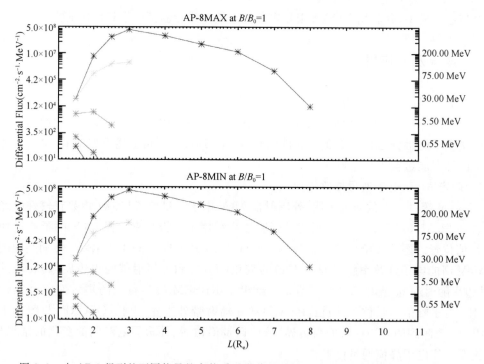

图 3.3　由 AP-8 得到的不同能量的高能质子微分通量随 L 值分布图（磁赤道面）（见彩图）

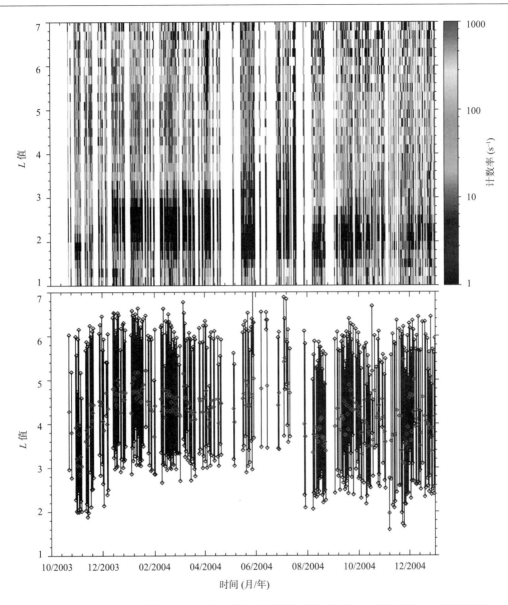

图 3.4　CBERS 观测到的 >2 MeV 高能电子计数率随时间和 L 值的变化(上栏)和外辐
射带的内边界、最大通量值位置、外边界随时间的变化(下栏)

(3)确定外辐射带内边界位置

有研究工作表明,外辐射带内边界位置与等离子体层顶的位置密切相关(Li $et\ al.$,
2006),而等离子体层顶位置随 Dst 指数等的变化有如下的经验公式:$L_{pp}=-1.54$
$\left\{1-0.04\cos\left[\dfrac{2\pi}{24}(mlt-20.6)\right]\right\}\cdot\log_{10}|\min_{-24.0}Dst|+6.2\left\{1+0.04\cos\left[\dfrac{2\pi}{24}(mlt-22)\right]\right\}$。这
样,就可以预报外辐射带内边界位置。图 3.6 给出了由上述模型得到的外辐射带内边界位置
在 1999 年 11 月到 2004 年 12 月期间随时间的变化,并与中巴资源 1 号卫星的观测结果进行
了对比。由图可见,两者符合得非常一致。

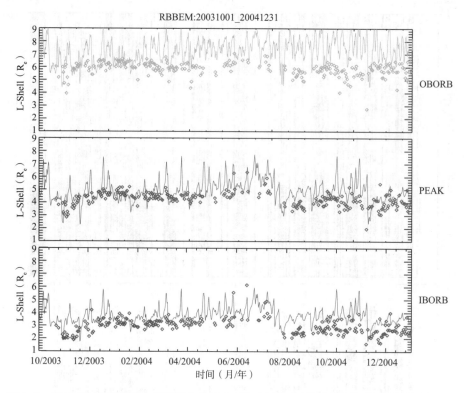

图 3.5　RBBEM 模型得到的辐射带内边界（下栏，IBORB）、电子峰值通量位置（中栏，PEAK）和外辐射带外边界（上栏，OBORB）与图 3.4 下栏中 CBERS 观测到的外辐射带的内边界、最大通量值位置、外边界随时间的变化的结果比较

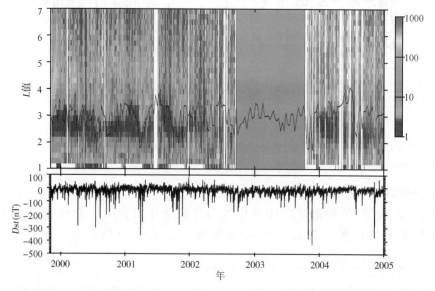

图 3.6　上栏为 1999 年 11 月到 2004 年 12 月中巴资源 1 号（CBERS-1）卫星在高倾角（98°）低高度（～778 km）轨道观测到的大于 2 MeV 电子积分通量天平均值随 L 值和时间的变化。图中的黑线代表由经验等离子体层顶模型得到的等离子体层顶位置的每 10 d 的最小值。下栏为 Dst 指数的变化（Zong, 2009）

（4）确定外辐射带外边界位置及利用 UBK 方法来构建外辐射带内外边界的物理模型

UBK 方法可用来研究外辐射带内外边界位置。粒子引导中心在地球磁层中的漂移可以写为：

$$\boldsymbol{V}_D = \frac{\boldsymbol{E} \times \boldsymbol{B}}{B^2} + \frac{\boldsymbol{F} \times \boldsymbol{B}}{qB^2} + \frac{m(v_\perp^2 + 2v_\parallel^2)\boldsymbol{B} \times \boldsymbol{\nabla}_\perp B}{2qB^3} \tag{3.1}$$

分别对应电场漂移、外力漂移、磁场梯度和曲率漂移。

计算粒子漂移轨道及分界线的方法可分为两类：一类是 Lagrangian 方法，即对漂移运动速度公式进行各种近似，对时间积分。另一类是 Hamiltonian 能量守恒方法，即通过能量守恒来计算粒子的漂移轨道。对于第二种方法，人们通常考虑 90°投掷角粒子，Taylor 等（1965）提出了针对非 90°投掷角粒子的计算方法。UBK 方法（Whipple，1978）可以极大地简化计算。该方法本质上是一种坐标变换，其中 U 是电势，B 是磁场强度，K 是修正第二绝热不变量：

$K = \int_{s_m}^{s'_m} \left[B_m - B(s) \right]^{\frac{1}{2}} \mathrm{d}s$。

假设粒子的投掷角为 90°且第一绝热不变量守恒，有：

$$E = qU + \mu B \tag{3.2}$$

$$\frac{\mathrm{d}U}{\mathrm{d}B} = -\frac{\mu}{q} \tag{3.3}$$

式中，E，q 是粒子的总能量和电荷，$\mu = mv_\perp^2/2B$ 是粒子的磁矩，U 是电势。由式（3.2），（3.3）可知，粒子的漂移轨道在(U,B,K)空间是斜率为 $-q/\mu$ 的直线。

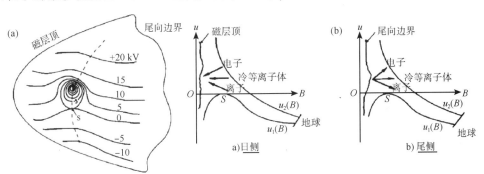

图 3.7　（a）磁层赤道面的电场等势线，点线代表每条等电势线上磁场强度的极值点。（b）将赤道面映射到(U,B)空间，按磁场强度极值线分成了磁尾和向日面磁场两部分区域。粒子的漂移轨道在(U,B)平面上是一条直线。磁场强度极值线分成了上下两支（Whipple，1978）

图 3.7 显示了如何将磁层赤道面映射到(U,B)空间。图 3.7a 是磁层赤道面及电场等势线，点线代表每条等电势线上磁场强度的极值点。图 3.7b 是将赤道面映射到(U,B)空间之后的结果，按磁场强度极值线分成了磁尾和向日面磁场两部分区域。粒子的漂移轨道在(U,B)平面上是一条直线。磁场强度极值线分成了上下两支。粒子在(U,B)空间中的漂移速度公式由下式给出：

$$\mathrm{d}U/\mathrm{d}t = -(\mu/e)W$$

$$\mathrm{d}B/\mathrm{d}t = W$$

$$W = \frac{1}{rB}\left[\frac{\partial U}{\partial r}\frac{\partial B}{\partial \varphi} - \frac{\partial U}{\partial \varphi}\frac{\partial B}{\partial r}\right] \tag{3.4}$$

$$\boldsymbol{V}_D = (\boldsymbol{B}/eB^2) \times \boldsymbol{V}_\perp(eU + \mu B)$$

采用偶极磁场模型：$B(r) = \dfrac{M}{r^3}$，$M = 31000 \ \mathrm{nT} \cdot \mathrm{R}_\mathrm{e}^3$，电势模型是越尾电场加共转电场：

$U(r,\varphi) = -\dfrac{a}{r} - br^\gamma \sin\varphi$，$\gamma$ 是屏蔽指数，φ 是从正午起算的磁地方时，$a = 92.4 \ \mathrm{kV} \cdot \mathrm{R}_\mathrm{e}$。其中 b 与 Kp 指数的关系可以通过(3.4)或(3.5)式确定：

$$b = \frac{a}{\gamma^{(1+\frac{1}{\gamma})^{\gamma+1}}}\left\{\cos^2\left[\frac{\pi}{180}(67.8 - 2.07 \cdot Kp)\right]\right\}^{\gamma+1} \tag{3.5}$$

$$b = \frac{0.045}{(1 - 0.159Kp + 0.0093Kp^2)^3} \tag{3.6}$$

UBK 方法的主要步骤如图 3.8 所示：

图 3.8　UBK 方法过程示意图

图 3.9 给出了利用 UBK 方法计算得到的地球同步轨道 31 keV 质子的开闭轨道分界线。

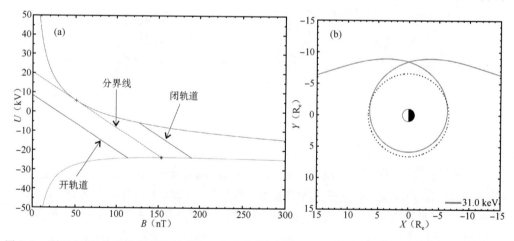

图 3.9　利用 UBK 方法计算得到的对应于地球同步轨道 31 keV 质子的开闭轨道分界线(M_0, $Kp = 4$)

图 3.10 给出了 2002 年 4 月 11 日 Cluster 卫星观测到的能量质子和电子微分通量随 L 值的变化。由图可以看出，不同能档的电子的微分通量有一个一致而明显的边界。

图 3.11 和图 3.12 分别给出了 Cluster 卫星穿入和穿出内磁层时能量电子各能档所对应的开闭轨道分界线及卫星观测到的边界。总体上来看，观测到的边界与 50 keV 能量电子所对应的开闭轨道分界线比较一致。

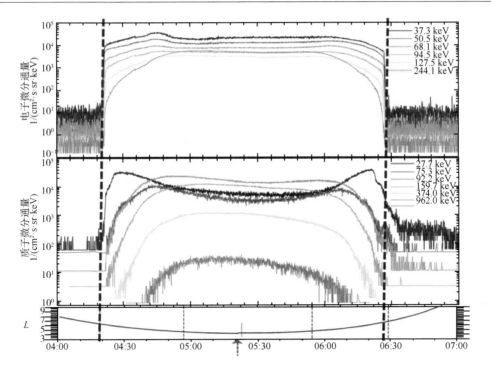

图 3.10　2002 年 4 月 11 日 Cluster 卫星观测到的能量质子和电子微分通量随 L 值的变化

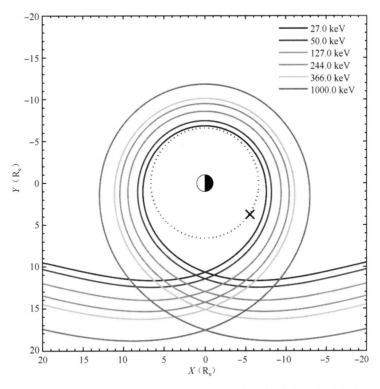

图 3.11　042030UT Cluster 卫星穿入内磁层时能量电子各能
档所对应的开闭轨道分界线及卫星观测到的边界

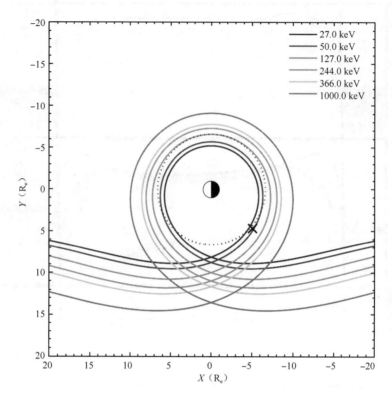

图 3.12　062730UT Cluster 卫星穿出内磁层时能量电子各能
档所对应的开闭轨道分界线及卫星观测到的边界

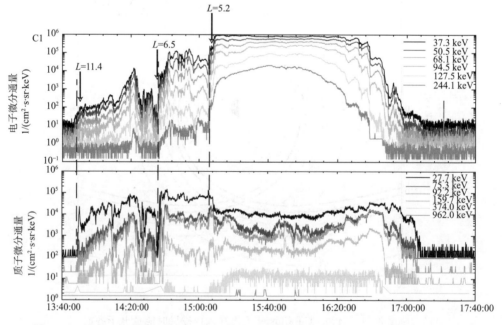

图 3.13　Cluster 卫星 C1 与 2003 年 2 月 2 日观测到的能量质子和电子微分通量的变化

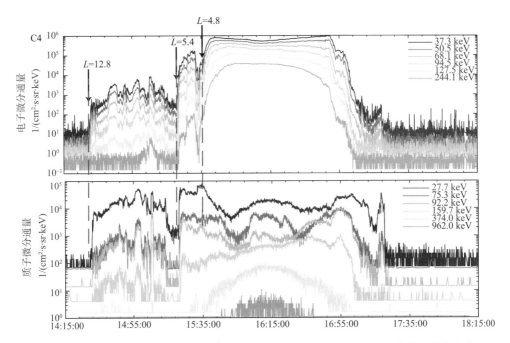

图 3.14　Cluster 卫星 C4 于 2003 年 2 月 2 日观测到的能量质子和电子微分通量的变化

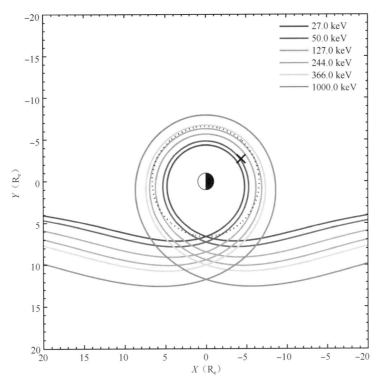

图 3.15　15:05:35UT Cluster 卫星 C1 穿入内磁层时能量电子
各能档所对应的开闭轨道分界线及卫星观测到的边界

　　图 3.13 和 3.14 给出了 2003 年 2 月 2 日 Cluster 卫星 C1 和 C4 地磁活动期间($Kp=6$)观测到的能量质子和电子微分通量的变化。图 3.15 给出了 15:05:35UT Cluster 卫星 C1 穿入内磁层时能量电子各能档所对应的开闭轨道分界线及卫星观测到的边界。可见,不管是在地磁活动平静时期还是在地磁活动期间,观测到的边界与 50 keV 能量电子($B=380.85$ nT,磁矩为 0.138 keV/nT)所对应的开闭轨道分界线比较一致。

　　上述两个事件为接近地球磁赤道平面的 Cluster 卫星的观测,为了系统研究长时间的外辐射带的内外边界变化,将前面所描述的 UBK 方法扩展到可应用于非磁赤道面弹跳的带电粒子的情形(非 90°投掷角),图 3.16 和 3.17 给出了 2003 年 NOAA-POES n16 卫星的观测及模型结果。

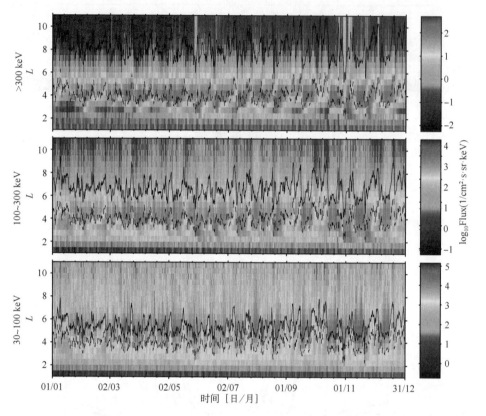

图 3.16　2003 年 NOAA-POES n16 卫星 mep90E 仪器(探测局地投掷角为 90°的电子)观测到的 30～100 keV,100～300 keV,>300 keV 能量电子微分通量随 L 值及时间的变化;每一栏中的黑实线及虚线分别代表 UBK 方法计算出来的相应能档的能量电子对应的外边界及内边界(见彩图)

　　图 3.16 给出了 2003 年 NOAA-POES n16 卫星 mep90E 仪器(探测局地投掷角为 90°的电子)观测到的 30～100 keV,100～300 keV,>300 keV 能量电子微分通量随 L 值及时间的变化;每一栏中的黑实线及虚线分别代表 UBK 方法计算出来的相应能档的能量电子对应的外边界及内边界。图 3.17 给出了 mep0E 仪器(探测局地投掷角为 0°的电子,沉降电子)的结果。

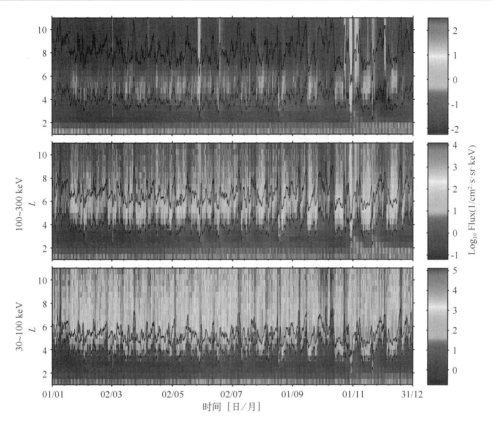

图 3.17　2003 年 NOAA-POES n16 卫星 mep0E 仪器(探测局地投掷角为 0°的电子,
沉降电子)观测到的 30～100 keV,100～300 keV,＞300 keV 能量电子微分通量随 L 值及
时间的变化;每一栏中的黑实线及虚线分别代表 UBK 方法计算出来的相应能档的能量电
子对应的外边界及内边界(计算时仍采用与图 3.16 相同的参数)(见彩图)

综合考虑,我们的模型取 NOAA-POES n16 卫星 mep0E 仪器观测的 100～300 keV 能档
的能量电子,将其对应的开闭轨道分界线作为外辐射带外边界位置,并计算其随 Kp 指数的变
化(模型的具体输入参数为:$h\_poes=7195$;$E=100$;$PA=80$;$Lv=4$)。图 3.5 的上栏给出了
模型得到的 2003 年 10 月 1 日—2004 年 12 月 31 日期间的外辐射带外边界(上栏,OBORB)位
置并与 CBERS 的观测进行了比较。

进一步地讲,外辐射带内边界基本与等离子体层顶位置(零能量粒子的阿尔芬层)符合。
因而,我们可以用 UBK 方法来计算零能量粒子的阿尔芬层来预报外辐射带内边界。这提供
了如前所述的经验模型之外的另一种方法。

(5)辐射带边界模型综合及验证

将上述模型综合并与 CBERS 卫星的观测进行验证。图 3.18 给出了 CBERS 于 1999 年
11 月 1 日—2004 年 12 月 31 日期间观测到的＞2 MeV 高能电子计数率随时间和 L 值的变化
(上栏)和外辐射带的内边界、最大通量值位置、外边界随时间的变化(下栏)。图 3.19 给出了
RBBEM 模型得到的辐射带内边界(下栏,IBORB)、电子峰值通量位置(中栏,PEAK)和外辐
射带外边界(上栏,OBORB)与图 3.18 下栏中 CBERS 观测到的外辐射带的内边界、最大通量
值位置、外边界随时间的变化的结果比较。

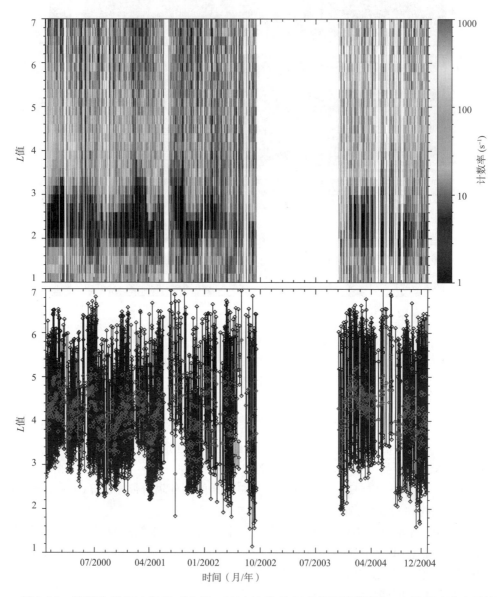

图 3.18　CBERS 于 1999 年 11 月 1 日—2004 年 12 月 31 日期间观测到的＞2 MeV 高能电子计数率随时间和 L 值的变化（上栏）和外辐射带的内边界、最大通量值位置、外边界随时间的变化（下栏）

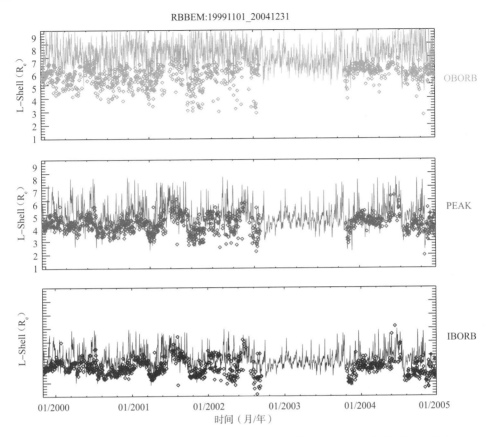

图 3.19　RBBEM 模型得到的辐射带内边界(下栏,IBORB)、电子峰值通量位置(中栏,PEAK)和外辐射带外边界(上栏,OBORB)与图 3.18 下栏中 CBERS 观测到的外辐射带的内边界、最大通量值位置、外边界随时间的变化的结果比较

3.3　高能质子注入事件预报模式

3.3.1　目标

大量的气象卫星、军事侦察卫星、商业通信卫星、GPS 卫星等,都运行在地球的中、低轨道。辐射带是地球中、低轨道航天器运行中最严重的辐射环境区域。内辐射带南大西洋异常区的高能质子是地球低轨道航天器最主要的威胁,通过多个观测事件的时间序列分析,建立槽区高能质子注入预警模式。

3.3.2　方法

辐射带槽区质子注入事件的经验预报模型流程图,如图 3.20 所示。

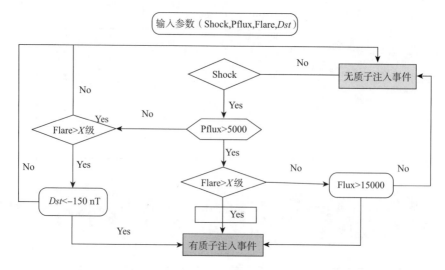

图 3.20　辐射带槽区质子注入事件的经验预报模型流程图

3.3.3　应用

图 3.21 给出了质子事件期间,高能质子注入事件模型的界面。

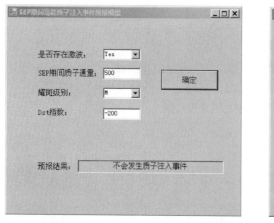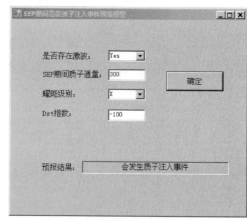

图 3.21　质子注入事件的经验预报软件应用效果图

3.4　辐射带槽区高能电子通量预报模式

3.4.1　目标

针对地球中、低轨道航天器所处的主要区域,以多颗卫星的观测数据及大量行星际和地磁观测资料为基础并结合现有的数值预报方法,建立航天器中、低轨道高能电子环境诊断和预警模式。

3.4.2　方法

　　目前对辐射带槽区(2<L<3)的研究相对较少,关于辐射带槽区高能电子注入机制的理论也并不完善,对槽区注入事件的预报也缺乏经验;近年,一些研究表明,等离子层顶的位置与外辐射带电子下边界有很好的相关性,等离子层顶的位置很大程度上可以预测外辐射带电子可能的注入深度;另一方面,对 2~6 MeV 电子在辐射带槽区和内辐射带分布的分析指出,Dst 指数与槽区相对论电子注入深度有很好的相关性。进一步在磁暴主相期间,夜半球地磁场结构的巨大变化与辐射带槽区相对论电子辐射通量的增加存在相关。

　　内辐射带上边界与外辐射带下边界之间的区域,由于电子通量较低而被称为辐射带槽区。通常认为的辐射带槽区位于 L 值 2~3 的位置,然而在剧烈地磁活动的过程中,外辐射带的高能电子会注入并压缩槽区,甚至全部填满该区域。

　　图 3.22 显示了 1996—2006 年共 11 年(一个太阳活动周)期间的 NOAA 卫星 MEPED 探测器>0.3 MeV 电子计数率常用对数值图谱;中间为相同时间的电子计数率常用对数值在 L 值 2.5~3 范围的平均值线图;下方显示 Dst 指数日平均值曲线;背景为太阳黑子对数曲线。三组图的数据均为每天的平均值。图 3.22 清楚地显示了>0.3 MeV 电子的注入事件与 Dst 指数之间密切的相关性,以往的研究也同样指出了注入事件主要发生于磁暴期间。

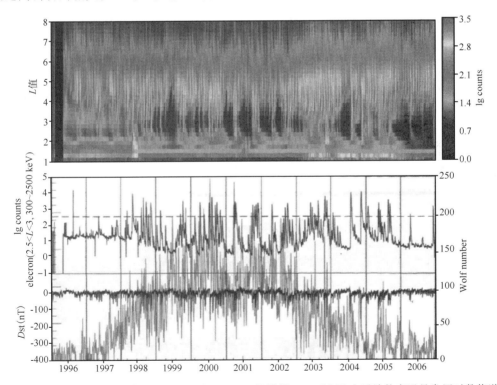

图 3.22　1996—2006 年 NOAA 卫星 MEPED 探测器>0.3 MeV 电子计数率通量常用对数值谱;下方显示相同时间的电子计数率通量常用对数值在 L 值 2.5~3 范围的平均值线图,以及 Dst 指数日平均值线图;背景为太阳黑子相对数线图

这里定义 2.5<L<3 的范围内>0.3 MeV 电子计数率的平均值表示槽区电子的特征,并用来直接反映槽区在高能电子注入和平静期间的变化。选取该范围(2.5<L<3)是因为在太阳活动高年,内辐射带>0.3 MeV 电子分布的上边界(由下向上通量减少至内辐射带通量最大值的 20%)比较接近 L 值 2.5 而不是 L 值 2;而 L 值 3 以上的范围主要反映外辐射带的特征。图 3.22 中定义当位于槽区(2.5<L<3)>0.3 MeV 电子计数率的对数值大于 2.5 时为一次电子注入事件,以虚线表示。分析结果表明在 Dst<−100 nT 也就是发生强磁暴事件时才出现这里定义的高能电子注入槽区事件。从图 3.22 看出,2003 年是 1996—2006 年期间>0.3 MeV 电子注入槽区最为显著的一年。

图 3.23 给出了 2003 年 NOAA-16 卫星 MEPED 探测器>0.3 MeV 电子计数率通量常用对数值图谱;中间为相同时间段的电子计数率通量常用对数值在 L 值 2.5~3 范围的平均值线图;下栏显示 Dst 指数日平均值曲线。三组图的数据均为每天平均值。图 3.23 也很好地反映出 Dst 指数日平均值与槽区电子通量的相关性。从图 3.23 中可以发现辐射带槽区高能电子通量变化并非以往认为的明显推迟地磁活动2~3 d,而是在 Dst 指数骤降的几乎同一天就发生了通量的突增,只是在 Dst 达到极小值之后的2~3 d 才达到极大值,0.3~2.5 MeV 电子的这种注入快、耗散慢的特点为槽区空间天气的预报增加了困难。

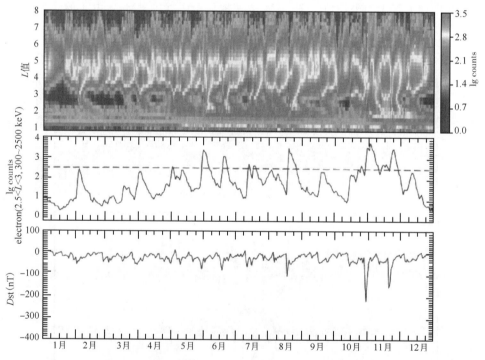

图 3.23　2003 年 NOAA—16 卫星 MEPED 探测器>0.3 MeV 电子计数率通量常用对数值图谱;中间为相同时间的电子计数率通量常用对数值在 L 值 2.5~3 范围的平均值线图;下栏显示 Dst 指数日平均值线图

由于 Dst 指数与槽区电子注入有着密切的相关性。这就为注入辐射带槽区高能电子强度的预报提供了可能。为了分析 Dst 指数与辐射带槽区高能电子通量的时间同步性,我们选取了一些事件,以更高的时间精度来进行研究。图 3.24 给出了 2003 年 8 月发生的一次磁暴过程中槽区＞0.3 MeV 电子通量和 Dst 指数线图,选取的 Dst 数据为小时精度,通量数据为 2 h 平均。从图中可以看出,磁暴主相开始时刻(以竖线表示)与电子通量增加的开始时刻同步。进一步分析,可以发现电子通量的峰值出现在磁暴恢复相开始后 15 h 左右,而且在磁暴恢复相后期仍保持着较高的电子通量。因此,对于这个事件,以 15 h 作为提前量,就可以根据磁暴主相时 Dst 指数的强度,判断出 15 h 之后注入事件的峰值大小;而根据随后的 Dst 指数变化特点,又可以得知注入事件持续的时间。从而可以直接得到这样的结论:槽区高能电子注入事件总开始于大磁暴(＜100 nT)主相开始后的十几小时,并且持续若干天。这样,利用 Dst 指数的实测数据,可以推算出辐射带槽区的高能电子通量,并可以诊断和预测未来可能出现的注入事件;同时结合 Dst 指数预报,就可以给出未来一段时间槽区高能电子通量的定量预报值。

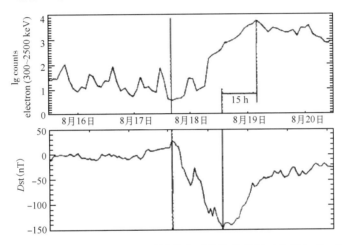

图 3.24　2003 年 8 月＞0.3 MeV 电子计数率通量结果常用对数值与 Dst 指数对比

根据如下假设:

(1)处在辐射带槽区地理高度(L 值 2.5~3)的＞0.3 MeV 电子具有稳定的耗散率。

(2)在磁暴主相,槽区＞0.3 MeV 电子注入率都是 Dst 指数的函数。

(3)在恢复相初期(当 Dst 指数恢复到某一值)时,槽区＞0.3 MeV 电子注入率是 Dst 指数的函数,而在恢复相后期 Dst 指数的变化对电子的注入不再有贡献。

其中第一条假设指出了电子的耗散与 Dst 指数无关,也就是槽区电子总会稳定地耗散;第二、三条假设说明了,在磁暴的主相和恢复相初期,高能电子会注入槽区,注入率是 Dst 指数的函数。这里需要说明的是,以上的假设是根据数值上的分析提出的,并不是要给出物理上的结论。在这样的假设基础上,可以给出一个简单的递推计算模型,就是利用先前卫星观测到的槽区电子通量值和 Dst 指数,以及实时的 Dst 指数来推算当前的槽区电子通量值;进一步结合 Dst 指数的预报分析,给出未来一段时间的槽区电子通量,进而形成预警模式。我们规定单位时间 t,它表示了数据点的采样频率;约定发生在 t 时段开始时刻的参量脚标为 1,发生在 t 时段结束时刻的参量脚标为 2。根据第一条假设,设辐射带槽区＞0.3 MeV 电子稳定耗散速率为 A;根据后两条假设,当磁暴主相或恢复相初期($Dst<x$)时,槽区＞0.3 MeV 电子注入率是 Dst 指数的函数 $f(Dst)$。记高能电子通量为 F,得到如下方程:

$$F_2 - F_1 = [f(Dst_2) - A]t \tag{3.7}$$

方程左边为 t 时间前后＞0.3 MeV 电子通量的变化量;右边括号中第一项是注入率,第二项是耗散率。根据假设(1),耗散率稳定存在,与 Dst 指数无关;根据假设(2),(3),当 $Dst > x$ 且 $Dst_2 > Dst$(恢复相后期)时,$f(Dst_2) = 0$。将它代入公式(3.7),可得 $F_2 - F_1 = -At$。这样就可以利用恢复相后期的高能电子观测数据求解参数 A,继而,在其他时段,就可以通过观测数据和已经求得的 A 来确定函数 f 的形式。可以假设 $f(Dst_2)$ 符合对数函数分布,从而简化了 > 0.3 MeV电子注入率与 Dst 指数之间的关系。因此方程(3.7)可以简化为:

$$F_2 - F_1 = [c\ln(m - Dst_2) - A]t \tag{3.8}$$

其中 m 是要保证 $m - Dst_2$ 大于零,这里令 $m = 30$ nT,(Dst 指数通常不会大于 30 nT),方程中的 A 和条件中的 x 是待求变量。选取采样频率 t 为 1 h,通过分析 2001 年和 2003 年几个注入事件中 Dst 指数与槽区电子通量的变化,给出了待求变量的经验值,$x = -50$ nT,$A = 0.042$ h^{-1},$c = 0.025$ h^{-1}。

3.4.3　应用验证

　　利用小时精度的 Dst 数据来进行一天的推算,再对每天得到的 24 个值求平均,最终给出电子通量的每日平均值。由于计算的方式是递推的,也就是根据一个已知的通量观测值和 Dst 指数的变化曲线来计算之后的通量值,这样误差就随着推算时间的增加而增加。因此,要得到较精确的计算值,就需要有卫星提供电子通量数据来对推算进行修正。图 3.25 给出了利用上述方法得到的 2003 年 8 月推算结果,其中图 3.25a 没有进行修正,即利用前一个推算值递推下一个值;图 3.25b 是实时修正的结果,即利用观测值来推算槽区电子通量,推算时长为一天。显然,不修正的结果误差就会被不断放大。

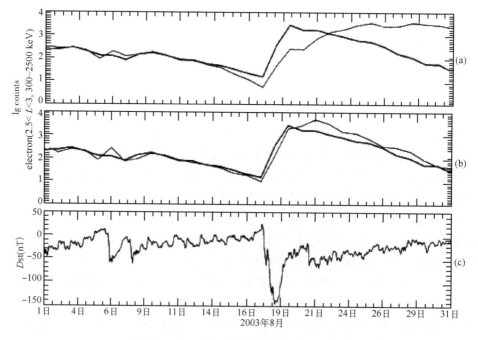

图 3.25　2003 年 8 月注入事件的预报结果

(a)为不进行修正的线图(深色线为观测数据),(b)为每日进行修正的线图,(c)为对应时段的 Dst 指数利用这个简单的计算模型,一方面,当在一段时间(一个月左右)内得不到卫星数据的情况下,可以通过稳定发布的 Dst 指数估算出当前槽区的辐射状况;另一方面,应用 Dst 指数的预报,可以得出槽区高能电子通量的预报结果,进而做出高能电子注入事件的预警。图 3.26 是2003 年全年的预报效果。

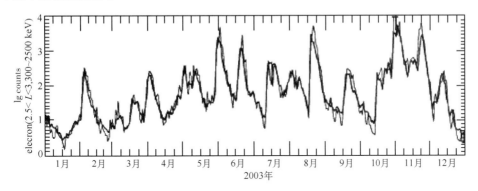

图 3.26　2003 年 Dst 指数计算槽区>0.3 MeV 电子计数率通量常用对数结果与
NOAA-16 卫星观测结果对比,其中深色线为观测值

3.5　辐射带南大西洋异常区高能粒子通量预报模式

3.5.1　目标

利用绝热近似下计算漂移壳形变和运动的方法,给出高层大气密度及其变化对辐射带内边界的影响。利用 NASA 辐射带 AE-8,AP-8 模型,追踪低高度,特别是 SAA 区域内辐射带高能质子强度的长期变化,给出相应近地轨道的高能粒子辐射背景环境。

3.5.2　方法

美国宇航局(NASA)的辐射带电子通量模型 AE-8 和离子通量模型 AP-8 自 20 世纪 70年代以来受到广泛应用,是获得普遍承认的标准模型。AP-8 和 AE-8 分别给出平均的全向电子通量(0.04~7 MeV)和全向质子通量(0.1~400 MeV)。构造 AE-8 和 AP-8 模型的数据来自 20 世纪 60 年代初到 70 年代中期 20 多颗卫星的观测结果。由于 40 多年来辐射带结构已经发生了显著变化,如何应用 NASA 的辐射带模型计算当前年代的粒子辐射通量,就成为一个急待解决的问题。

NASA 的辐射带模型为基准的漂移壳追踪法(DSTM),可用以计算高于大气截止高度的内辐射带捕获粒子通量的长期变化。计算结果表明,在过去的 30 年里,1000 km 高度SAA 区的质子的辐射通量明显增强;SAA 的中心区域有明显的西移和扩大。最近对漂移壳追踪法做了进一步的改进和发展:①为了确定严格使用 DSTM 的条件,计算了高能质子的寿命,计算证明当质子的能量大于 30 MeV 时,DSTM 的使用是准确合理的;②为了研究百年以上的长期变化,考虑了电子感应加速引起的能量增加;③各种计算结果与不同卫星的观测结果的比较结果显示,计算结果与观测事实基本一致,因此,DSTM 方法可以对观测结果提供一种可能和合理的解释。

DSTM 基于以下假设:

①带电粒子在缓慢变化的磁场中运动的三个绝热不变量 μ,J 和 Φ 守恒。

②L 壳的分裂可以被忽略。

③捕获粒子的源和损失达到平衡;磁暴、磁亚暴等短时间尺度扰动的平均效应可以忽略。

考虑到地磁场长期变化对于辐射环境的影响,因此假设①是充分的,假设③也是合理的。另外,在 $L<4$ 的范围内 L 壳分裂效应可以被忽略,粒子的全向通量可以被绘制在 (B,L) 坐标空间地图上。

由磁偶极矩的衰减导致电子感应加速的时间尺度为 1000 年。研究从 1960 年以来的辐射环境的变化,可以忽略电子感应加速的影响。此时在假设①和②的情况下,对于一个给定的粒子,B_m 和 I 不变,这里 B_m 是粒子镜点处的磁感应强度,I 是沿磁力线的下列积分:

$$I = \int_{S'_m}^{S_m} \left[1 - B(s)/B_m\right]^{1/2} \mathrm{d}s \tag{3.9}$$

在粒子绕磁力线作回旋运动和沿磁力线作弹跳运动的同时,粒子环绕地球在漂移壳 (B_m, L) 上作漂移运动。在确定的一个漂移壳上 L 参数保持不变,计算方法如下:

$$L = \left(\frac{B_{d0}}{B_m}\right)^{1/3} f\left(\frac{I^3 B_m}{M}\right) \tag{3.10}$$

其中 M 和 B_{d0} 分别为地磁场偶极距和地球表面赤道偶极磁场值,f 是与 B 和 I 相关的函数。假设构造辐射带的时间为 $t(s)$,所有粒子都确定在 $(B_m, L=L_1)$ 的壳上;则在任意时间 t,粒子的引导中心将在 $[B_m, L=L(t)]$ 壳上运动,其中漂移壳参数 $L(t)=L[B(t);B_m,L_1]$ 是由运动粒子的二个绝热不变量和 t 时刻磁场值唯一确定的函数。这表明在任意时间 t,捕获粒子所在的漂移壳 $[B_m, L_t=L(t)]$ 与最初时刻 t_1 所在的漂移壳 $(B_m, L=L_1)$ 存在一一对应的关系,并且前者是后者在绝热条件下演化的结果。定义粒子积分通量为 $F(E>E_0)$,E 为粒子的动能。根据刘维定理可知:$F[B_m/B_0(t),L(t);E>E_0] \approx F(B_m/B_{10},L_1;E>E_0)$,$B_0$ 代表漂移壳上磁场最小值。因此,可以通过以下过程来计算 $E>E_0$ 的粒子在当前年代地理坐标 (R,λ,Φ) 处的全向积分通量:①用当前年代的国际参考地磁场模型(IGRF)计算 (R,λ,Φ) 处的 B 和 I;(2)根据 $B_{m1}=B_m=B$ 和 $I_1=I$ 及 t_1 时的磁场模型,由当前的漂移壳追踪到构造标准辐射带模型的年代时的漂移壳;③算出 L_1 和 B_{10},并将 $(B_{1m}/B_{10},L;E_0)$ 代入标准模型,计算待求的粒子通量,此方法称为漂移壳追踪法。

对于百年以上的长期变化,电子感应加速应予以考虑。粒子能量的长期变化主要是来自地磁偶极矩的衰减。在一级近似下,漂移壳下沉时赤道投掷角保持不变。因此 $PL=$ 常数,$\Phi=2\pi M/L=$ 常数,其中 P 是相对论粒子的动量。由此,能量的长期变化可以近似表示为:

$$P(t) = P_1 \frac{M_1}{M(t)} \tag{3.11}$$

$$B_{m1} = B_m(t) \frac{M^2(t)}{M_1^2} \tag{3.12}$$

$$I_1 = I(t) \frac{M_1}{M(t)} \tag{3.13}$$

$B_m(t)$ 和 $I(t)$ 为当前年代值。通过式(3.11)—(3.13)和(3.10)式,可追踪出 $B_{m1}L_1$ 和 E_1,然后代入标准模型得到 SAA 区内辐射带质子通量的长期变化。

3.5.3　应用验证

应用 DSTM 研究 SAA 区内辐射带环境的长期变化。计算中选用的是 IGRF 地磁场模型(建立 AP-8 模型采用的是 IGRF 1970),计算能量大于 30 MeV 的质子全向积分通量。图 3.27 给出了利用 DSTM 计算的不同年代 1000 km 高度,经度为西经 27° 和东经 153° 的圆轨道上质子通量随不同纬度的变化。图中的实线、虚线和点线分别代表 2000 年、1985 年和 1970 年的通量变化,从图中可以清楚地看出,2000 年的质子通量明显高于 1970 年。

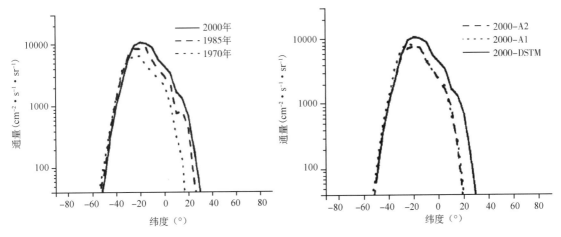

图 3.27　利用 DSTM 计算的不同年代 1000 km 高度,西经 27° 和东经 153° 的圆轨道上质子通量随不同纬度的变化

图 3.28　利用三种不同方法计算的 2000 年 1000 km 高度,西经 27° 和东经 153° 的圆轨道上质子通量随不同纬度的变化

图 3.28 与图 3.27 的轨道相同,但是采用了不同的计算方法。实线、虚线和点线分别代表 DSTM,A2 和 A1 两种方法。从图中可以看出,用 DSTM 方法计算出的质子通量最高,其次为由 A1 方法计算的通量值,通过 A2 方法计算得出的数值最小。图 3.29 给出了 1000 km 高度 SAA 区质子全向积分通量的二维等值线图,从图中可以非常清楚地看到,随着时间的推移,SAA 区质子的通量显著增加,并且 SAA 的中心区域明显扩大。为了研究磁场的 SAA 区(MFSAA)和质子通量的 SAA 区(PSAA)的长期变化,定义磁场最小值的中心和质子通量最大值的中心分别为 MFSAA 和 PSAA 的中心。图 3.30 显示了 1970,1985 年和 2000 年(由右至左)MFSAA(实线)和 PSAA(虚线)中心的地理位置。图 3.30 表明,在 1970—2000 的 30 年里 MFSAA 和 PSAA 的中心分别西移了 4.6° 和 50°。

SAMPEX 卫星是 1992 年发射的一个辐射带探测卫星,它的轨道高度为 520~670 km,倾角为 82°,可以探测能量从 0.4 MeV 到几百 MeV 的电子和离子的通量。SAMPEX/PET 观测了 20 年来近地极轨区域的 18~250 MeV 质子的通量,发现 550 km 左右高度的 SAA 区域质子通量明显高于 AP-8MIN 给出的通量。另外,PSAA 区域比 AP-8 计算出的区域范围有所扩大,并且有较明显的西移。与 DSTM 方法计算的结果一致。"实践五号"是一颗太阳同步轨道卫星,其轨道高度 870 km,倾角 98.8°,其上搭载的高能质子重离子探测器可以测量能量 2.9~

300 MeV 质子的垂直磁场分量的微分通量,在考虑了质子的全向积分后,卫星观测结果将比 AP-8 模型有明显的增加,增加的幅度与 DSTM 预测的结果相符。

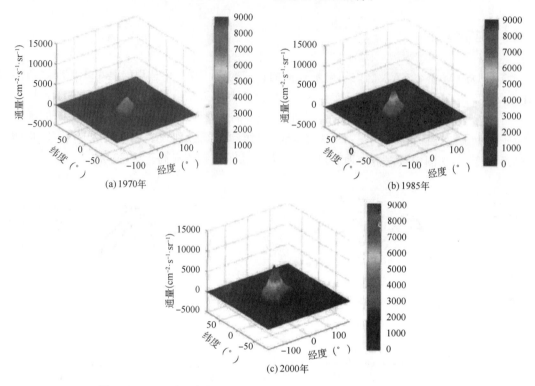

图 3.29   1000 km 高度 SAA 区质子全向积分通量的二维等值线图

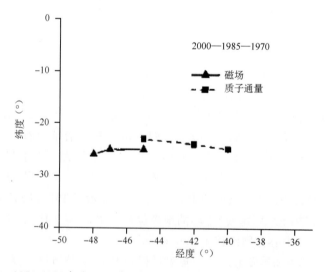

图 3.30   1970,1985 年和 2000 年(由右至左)MFSAA 和 PSAA 中心的地理位置

将 NASA 的辐射带模型进行修正,主要修正了由于地磁场长期变化而导致的辐射通量的变化。图 3.31 显示初级模型的界面和初始输入和输出参数的设置。

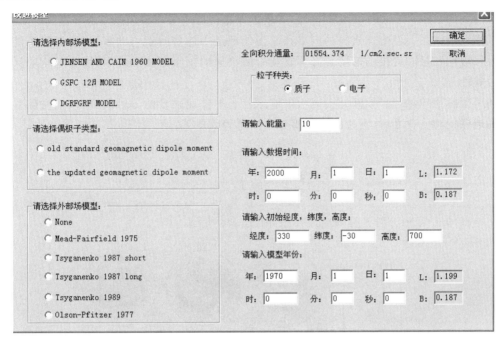

图 3.31 辐射带南大西洋异常区高能粒子通量预报模式软件界面

3.6 电离层电流特征模式

3.6.1 目标

在地磁亚暴期间,极区电流系复杂多变。与卫星和雷达观测相比,地磁台网的观测虽然可以提供方便、连续、快捷、定量的全球性观测,但资料的汇集和通化处理费时费力,而且由资料到电流反演要经过大量计算。

为满足空间天气的短期预报和现报的需要,必须发展简便快速的预报方法和技术来计算极区电流体系,以适应空间天气预报的时效性要求。

3.6.2 方法

在地磁亚暴期间,磁层带电粒子向极区电离层沉降产生多种效应:极光增强、跨极盖电位降增高、等离子体对流增强、电离层电离度和电导增大、电流增强及温度升高等。这些效应来自同源、密切相关,但其物理机制和表现形式各不相同,它们从光学、电磁学和热力学等不同侧面反映了磁层-电离层之间的能量耦合过程。与卫星和雷达观测相比,地面地磁台网观测最突出的特点是可以提供方便、连续、快捷、定量的全球性观测。

极光带电集流是亚暴期间在极光卵附近最突出的电流。其中,分布在子夜至早晨地方时扇区的西向电集流比分布在下午至黄昏地方时扇区的东向电集流强大得多。虽然由地面磁场观测可以利用 KRM 算法和 AMIE 算法,并借助于电离层电导率模型以及卫星雷达等观测,可得到三维电流体系。但全球资料的汇集和通化处理是一件费时费力的事情,这显然不能满足空间天气短期预报和现报的需要。必须发展简便快速的预报方法和技术,以适应空间天气预报的时效性要求。

利用国际地球物理年期间北极区六条地磁台子午链地磁台的分钟值资料,在去除静日变化得到地磁扰动变化之后,可以由下式得到电离层等效电流:

$$J(\theta,\lambda) = \sum_{n=0}^{\infty} J_n(\theta,\lambda)$$

$$J_n(\theta,\lambda) = -\frac{1}{\mu_0} \frac{2n+1}{n+1} \left(\frac{a+h}{r}\right)^n U_n^e(\theta,\lambda)$$

在地磁纬度-磁地方时坐标内电流体系如图 3.32 所示。

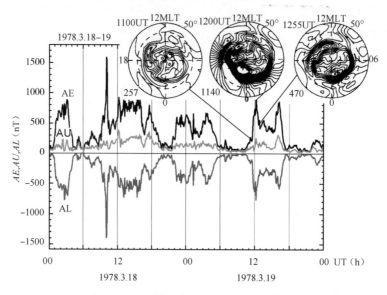

图 3.32 亚暴三个时段的典型电流体系

通常情况下,极区电流体系比较复杂,亚暴期间尤其复杂。要详细而定量地描述电流体系特点非常烦琐而困难。本着"突出主要特点,为预报服务"的宗旨,将电流体系最重要的基本特点归纳成 6 个"关键点"(图 3.33)。

这 6 个"关键点"分别是:顺时针电流涡中心 K_1;反时针电流涡中心 K_2;最大西向电集流 K_3;最大东向电集流 K_4;最大北向电集流 K_5;最大南向电集流 K_6。

对应 6 个关键点的输出参数包括其空间位置(地磁纬度、地方时)及相应的电流强度,共 18 个参数。关键点一经确定,电流体系的基本轮廓随即确定。这里不考虑电流结构的细节,正好适用于空间天气预报需要。

根据 1978 年 3 月 18—19 日两天资料共 576 个样本,确定每个样本 6 个关键点的 18 个参数后,即可根据它们随 AE 指数变化的规律(图 3.34)用回归方法求出相应参数。图 3.35 给出了平均等效电流总强度和西向电集流密度随 AE 指数的变化。

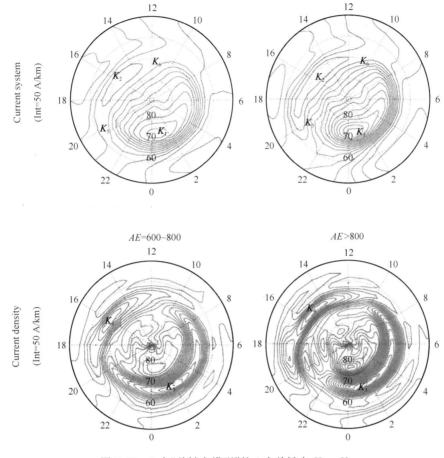

图 3.33　6 个"关键点模型"的 6 个关键点 $K_1 \sim K_6$

由以上的结果可以看出,预报的时效性决定于 AE 指数是否能快速获得。世界资料中心发布的"快览(QL)极光电集流指数"滞后 $2 \sim 3$ d,可以以此为据进行准实时预报。如果要更快,可以采用单台链(甚至单台)资料确定的"类 AE 指数",如 IE(由 IMAGE 台链确定的极光电集流指数)、CE(由 CANOPAS 台链确定的极光电集流指数)。

3.6.3　应用

利用全球地磁台站观测数据,研究了 2000 年 4 月 6 日磁暴期间北半球夜侧场向电流变化特征。结果表明(图 3.36),磁暴主相期间,北半球夜侧中纬地区呈现东向磁扰的主要特征,这表明夜侧高纬电离层的场向电流以流出电离层为主,并且子夜后扇区流出电离层的场向电流强于子夜前扇区,这种不对称在亚暴膨胀相发生后会增强。亚暴膨胀相发生时,亚暴电流楔的产生对夜侧流出电离层的场向电流有一个先减弱后增强的效应。磁暴主相期间部分环电流和 II 区场向电流的发展与子夜后—晨侧扇区的西向电集流增强相对应。

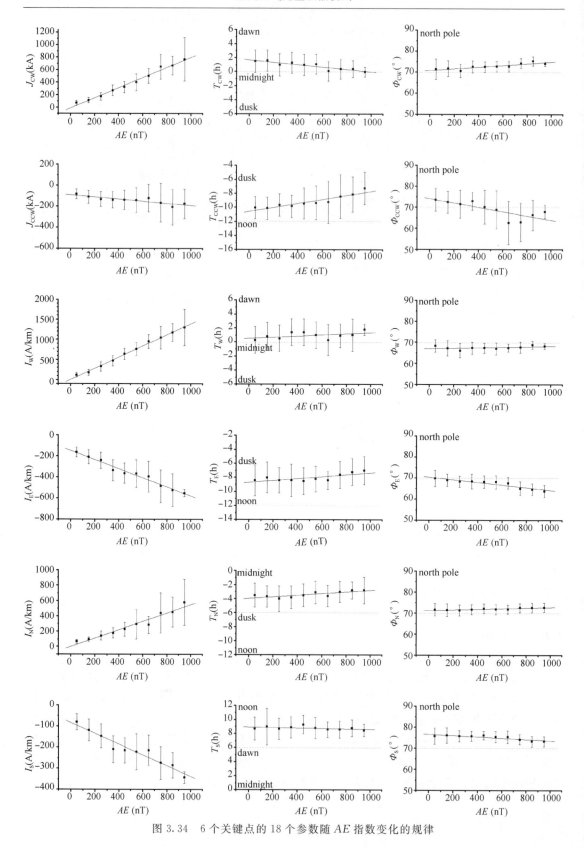

图 3.34　6 个关键点的 18 个参数随 AE 指数变化的规律

AVERAGE CURRENT SYSTEMS FOR DIFFERENT AE RANGES

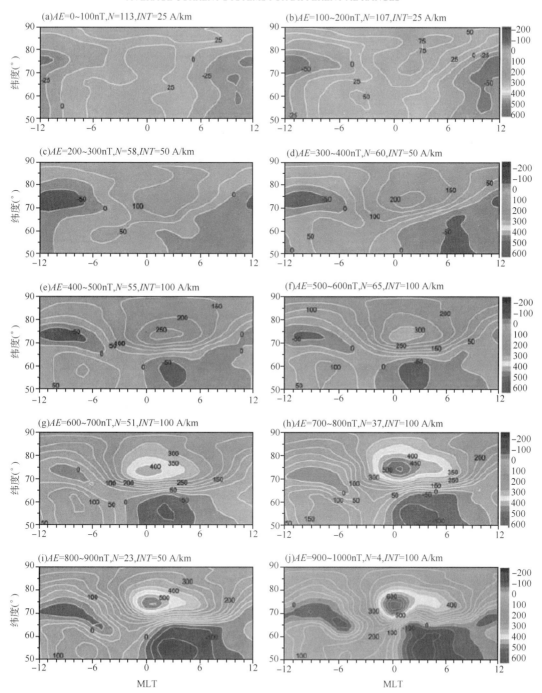

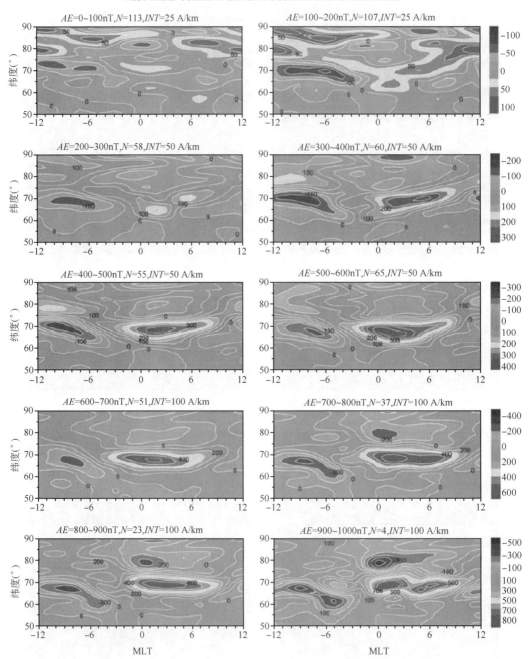

图 3.35 平均等效电流总强度和西向电集流密度随 AE 指数的变化(见彩图)

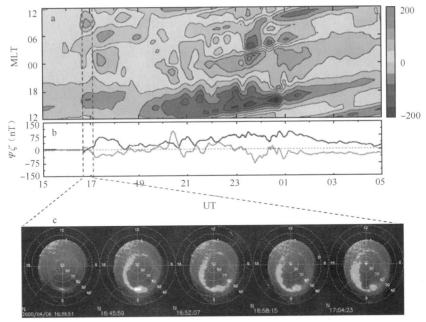

图 3.36 2000 年 4 月 6 日 1500UT—7 日 0500UT 中纬地区磁场扰动和 POLAR 卫星 UVI 观测

3.7 地球辐射带波-粒相互作用

3.7.1 目标

本节的总体目标和业务应用目标是了解辐射带区域波-粒相互作用动力学过程,描述高能电子的随机加速(通量增加)和投掷角扩散(通量损失)机制,最终建立电磁波和相对论电子相互作用的引起的相对论电子通量变化的动态预报模式。

3.7.2 研究成果

构造出了各种电磁波波模的能量扩散系数和投掷角扩散路径的平均表达式,以及路径平均 Fokker-Planck 动力学方程。

研发出模拟电磁波(特别是哨声波合声模)激发过程及空间传播特性的模式一个,并得到了一些新的结果。

研制出了计算哨声波合声模产生的高能电子的通量变化的模式,得到了初步的结果。

3.7.3 应用

1)不同地磁活动期间等离子体层顶位置的变化

如图 3.37 所示,当 Kp 增大到 6 时,等离子体层顶的位置向内移动到小于 3 R_e。

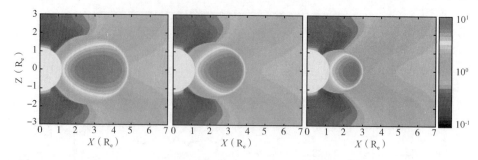

图 3.37　$Kp=2$(左),4(中),6(右)时的电子等离子频率与回旋频率之比($\omega_{pe}/|\Omega_{ce}|$)图像

2)不同地磁活动期间哨声波合声模的传播特性

如图 3.38、图 3.39、图 3.40 所示,分别是 $Kp=2$,$Kp=4$ 和 $Kp=6$ 时,哨声波合声模的传播特性。

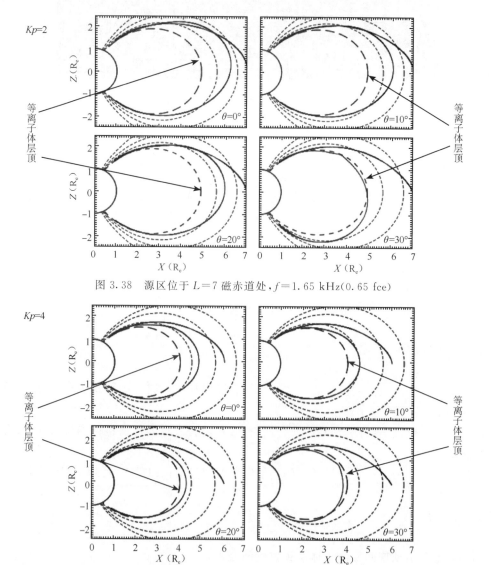

图 3.38　源区位于 $L=7$ 磁赤道处,$f=1.65$ kHz(0.65 fce)

图 3.39　源区位于 $L=6$ 磁赤道处,$f=2.8$ kHz(0.7 fce)

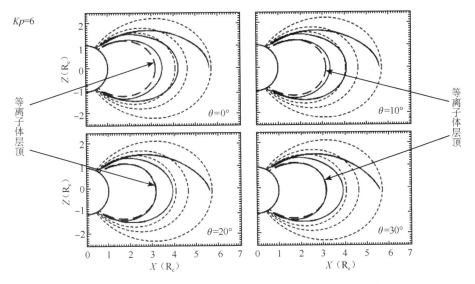

图 3.40　源区位于 $L=5.5$ 磁赤道处，$f=3.5$ kHz(0.68 fce)

由上述路径跟踪模式得到的一些结论：

①合声模一般产生于等离子层顶以外的赤道面。

②合声模倾向于传播到靠近低混杂频率的位置，高频段(0.5～0.9 fce)合声波频率远高于源区的低混杂频率，因此将向内传播，反射后沿等离子层顶传播。

③合声模基本沿磁力线传播。

因此，可以预报不同地磁条件下的哨声波合声模的传播和产生区域，为下一步研究波-粒相互作用驱动的高能电子演化过程打下了良好的基础。

3)哨声波合声模产生的高能电子通量变化模式

如图 3.41,3.42,3.43 所示。

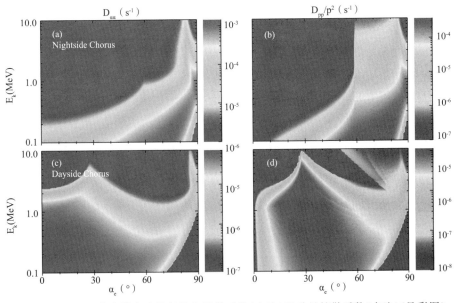

图 3.41　哨声波合声模产生的投掷角扩散系数(左边)及动量扩散系数(右边)(见彩图)

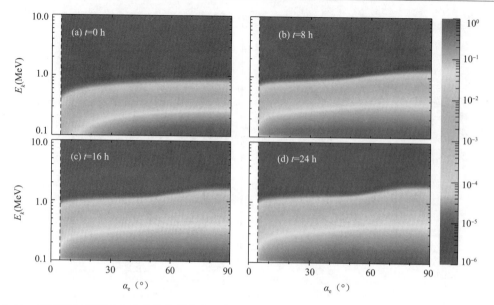

图 3.42　哨声波合声模产生的高能电子分布函数随时间演化的二维(能量与投掷角)空间图形(见彩图)

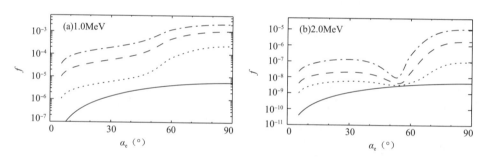

图 3.43　哨声波合声模产生的高能电子分布函数随时间演化的曲线。其中 $t=0$(实线),8(点线),16(虚线),24 h(点虚线)

3.8　地磁扰动预报模式

3.8.1　目标

面向空间天气预报业务化,基于空间天气物理过程,发展地磁扰动预报模式,为及时可靠地预测地磁扰动开始时间和强度提供技术支持。

3.8.2　方法

地磁扰动预报模式的流程图如图 3.44 所示,通过输入瞬变太阳爆发活动的观测资料,并执行三个子模型:太阳爆发活动能量经验模型、行星际扰动传播模型、地磁扰动能量经验模型,可以得到地磁扰动开始时间(该预报模式中将行星际扰动到达地球的时间近似认为地磁扰动的开始时间)和地磁扰动强度的定量化预报值。下面简要介绍三个子模型的基本原理和基本方法。

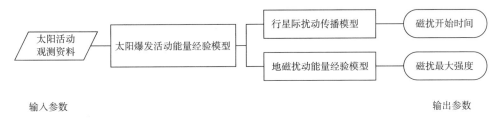

图 3.44　地磁扰动预报模式流程图

3.8.2.1　太阳爆发活动能量经验模型

太阳爆发活动所释放的总能量是决定其相应行星际扰动传播物理特征和相应地磁效应的重要参数。已有研究结果表明,太阳爆发活动传播到 1 AU 处的物理特征,如到达时间、强度、角宽度等都可以由扰动输入的净能量来决定。

由于目前太阳爆发活动所释放的总能量并不能直接观测到,因此需要利用相关模型根据已有的观测数据给出其估计值。此处选用预报激波到达地球时间的 ISPM 模型(Smith *et al.*,1990;1995)中的能量经验模型来估算太阳爆发活动的总能量。ISPM 模型认为,一次太阳爆发事件的总能量 E_s 正比于其动能通量,即 $E_s \propto V_s^3$(V_s 为日冕激波初速度),并线性依赖于初始扰动脉冲的径向宽度 ω 和持续时间 τ。在此基础上,ISPM 模型中给出了估计太阳爆发活动释放总能量的经验模型:

$$E_s = CV_s^3\omega(\tau + D) \tag{3.14}$$

这里,C 和 D 为常数,其值分别为 0.283×10^{20} erg • m^{-3} • s^2 • deg^{-1} 和 0.52 h。另外,由于激波的径向宽度 ω 通常也无法直接测量,ISPM 模型中取其为一常数,即 $\omega = 60°$。经 ISPM 模型的预报实践证明该能量估计方法具有可行性;并且由于该模型的所有输入参数都是扰动在太阳上的观测值,因而适用于提前时间较长的空间天气预报。

3.8.2.2　行星际扰动传播模型

行星际扰动传播模型是运用非自相似理论研究球对称条件下,冲击波在变密度、运动介质中传播的模型(简称为冲击波模型),该模型可得到冲击波传播问题的部分非自相似解析解(Wei,1982)。其相关理论研究成果可应用于行星际激波传播问题的观测研究以及太阳风暴引起的地磁扰动预报研究(解妍琼,2007;李汇军,2009)。

在二十世纪六七十年代,冷战激烈的时期,核威慑力量的发展在苏美两大敌对阵营倍受关注,发展空间技术成为军备竞赛的主要方向。苏联科学家 Sedov 提出自相似理论,该理论在保留冲击波问题的非线性本质特征的同时,极大地简化了冲击波问题的描述,随即被广泛地应用到与核爆冲击波的传播及损伤等相关问题的研究。Parker 继 1958 年提出超音速太阳风理论并给出太阳风速度的 Parker 解之后,也将自相似理论应用到日冕突然膨胀引起的扰动传播问题研究中,从而揭开了行星际空间扰动传播问题研究的序幕。为了了解太阳瞬变事件引起的冲击波在太阳风中是如何传播的,Wei(1982)采取了一种半定性、半定量的方法来处理冲击波在变密度运动介质中的传播问题,从而发展出了所谓的"非自相似理论"。

普通声波扰动引起介质的基本物理参数的变化总是小幅度的,其扰动传播问题总是可以通过线性化手段处理;然而,冲击波的产生是由于发生在介质中的剧烈运动引起介质中局部的密度、压强、温度等基本物理参数发生巨大变化,并形成局部脉冲结构,这类扰动本质上是非线性的,这也是研究冲击波的演化、传播问题的困难所在。因为从理论上研究这类问题需要面对求解完全非线性的非定常流体力学方程组的困难,并且还要求相应问题的解满足前沿位置的激波跃变条件。下面以相似理论为依据,结合处理点源爆炸冲击波在变密度运动介质中传播问题的"非自相似理论"(Wei,1982),简要地介绍冲击波传播问题的分析、求解过程。

日冕瞬变事件在太阳表面演化的时空尺度相对于由它引起的冲击波在行星际空间传播的时空尺度而言几乎可以近似为点源,故冲击波在行星际空间的传播问题通常采用点源爆炸波模型来描述。其演化与传播的物理过程一般采用球对称、无黏、理想流体力学方程组来描述:

$$\begin{cases} \dfrac{\partial \rho}{\partial t} + u\dfrac{\partial \rho}{\partial r} + \rho\left(\dfrac{\partial u}{\partial r} + \dfrac{2u}{r}\right) = 0 \\[2mm] \rho\left(\dfrac{\partial u}{\partial t} + u\dfrac{\partial u}{\partial r}\right) + \dfrac{\partial p}{\partial r} = 0 \\[2mm] \dfrac{\partial p}{\partial t} + u\dfrac{\partial p}{\partial r} + \gamma \cdot p\left(\dfrac{\partial u}{\partial r} + \dfrac{2u}{r}\right) = 0 \end{cases} \tag{3.15}$$

其中 γ 是理想气体的绝热指数。在冲击波的前沿,随着激波的出现,介质中的各物理参数从波前状态 (u_0, ρ_0, p_0) 到波后 (u, ρ, p) 会出现明显的跃变,通常激波越强,跃变程度也越大。但是这种跃变遵从 Rankine-Hugonoit 关系,通常也称作激波的跃变条件或者简写为 R-H 关系。假定激波运动的速度为 U,则 R-H 关系具有以下形式:

$$\begin{cases} \rho_0(U - u_0) = \rho(U - u) \\[2mm] \rho_0(U - u_0)^2 + p_0 = \rho(U - u)^2 + p \\[2mm] \dfrac{\gamma p_0}{(\gamma - 1)\rho_0} + \dfrac{1}{2}(U - u_0)^2 = \dfrac{\gamma p}{(\gamma - 1)\rho} + \dfrac{1}{2}(U - u)^2 \end{cases} \tag{3.16}$$

对于日冕瞬变事件引起的行星际激波而言,随着激波在行星际空间中的传播,激波波前的背景太阳风的物理参数随着日心距离增大会发生变化,例如,密度、压强会减小,速度会增加等。为了讨论方便,将太阳风基本参数近似表达为如下形式:

$$\begin{cases} \rho_0 = Ar^{-\omega} \\[1mm] u_0 = Br^{\omega-2} \\[1mm] p_0 = Cr^{-\omega} \end{cases} \tag{3.17}$$

其中,A,B,C 及 ω 均为常数,并且 $2 < \omega < 3$。当 $B = C = 0$,这里的冲击波问题即退化为变密度介质中冲击波的自相似问题;在激波前面的介质运动速度和介质压强与激波运动速度及波后压强相比可以忽略时,自相似解可以很好地描述这类强冲击波的演化与传播。但是当 $B \neq 0$,$C \neq 0$,如同真实太阳风中的冲击波问题;背景太阳风的运动、背景太阳风的压强均不能忽略时,将不能再用自相似理论求解。求解这类冲击波问题需要利用对应的非自相似理论(Wei,1982)。

通过非自相似理论的求解过程,可以获得行星际激波传播速度的解析表达式(Wei,1982):

$$U = \frac{\mathrm{d}r}{\mathrm{d}t} = u_0\left[-2\lambda_1 + \sqrt{(2\lambda_1)^2 + \frac{E_s}{Au_0^2 J_0 r} + \frac{1}{2J_0}}\right] \tag{3.18}$$

其中 r 是激波前沿位置的日心距离,λ_1,J_0 为模型常数,并且 $A(=300\ \mathrm{kg \cdot m^{-1}})$ 是低日冕的密度常数(在本研究过程中,忽略了太阳大气中的过渡区,直接将日冕的下边界定义在太阳表面上)。(3.18)式表明,激波速度由点源爆炸释放的能量 E_s 和背景太阳风速度 u_0 共同决定,介质运动速度的增加将会提高相应激波传播的速度,即太阳风的对流效应对激波传播的影响不可忽略。

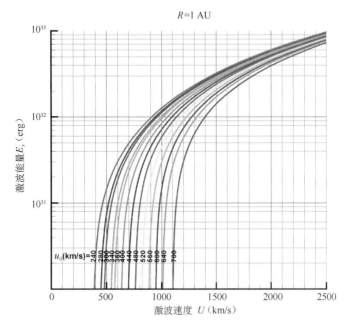

图 3.45　$R=1$ AU 处激波速度在不同能量级别下随太阳风速度的变化

图 3.45 给出不同能量级别下,1 AU 处的激波速度随背景太阳风速度的分布。由图可见,激波能量低时,激波速度几乎线性依赖于背景太阳风速度,激波传播主要由介质的运动所控制,表现为随介质强烈的对流运动;激波能量高时,背景太阳风的影响相对降低,传播的主要特征主要由爆炸波所释放的能量决定。对能量一定的激波,对流效应强烈地受太阳风速度影响;如激波能量高达 10^{31} erg 时,$u_0=240$ km/s 和 400 km/s 时,U 分别为 460 km/s 和 680 km/s,其间差异很大。这个例子充分说明太阳风的对流效应对激波传播有着头等重要的意义。以上结果实质上反映了激波能量与介质能量之间,亦即扰动能量与系统未受扰动能量之间的一种抗争关系。

此外,行星际激波从它在日冕底部形成到行星际空间某一位置的传播过程中,与其对应的渡越时间可通过下面的定积分确定(Wei,1982):

$$TT_m = \int_{R_\Theta}^{R} \frac{\mathrm{d}r}{u_0\left(a+\sqrt{\dfrac{E_s}{Au_0^2}\dfrac{b}{r}+c}\right)} \tag{3.19}$$

这里 $a=-2\lambda_1$,$b=1/j_0$,$c=4\lambda_1+1/2j_0$,它们均为模型常数,为表达的方便,写成这样的简化形式。定积分的积分区间 $(R_\Theta;R)$,分别对应太阳半径 R_Θ 和任意日心距离 R,表示行星际激波的渡越区间。(3.19)式表明,行星际激波传播到某一径向距离 R 处所需要的时间 T 也是由激波总能量和背景太阳风速度两者共同决定。

图 3.46 给出在不同背景太阳风速度的条件下,激波到达地球轨道的渡越时间随总能量

E_s 的变化。可以看出,渡越时间随总能量的升高而下降,并且太阳风速度越小,这种变化趋势越明显,太阳风速度的增加会削弱渡越时间对能量的依赖关系。此外,可以看出渡越时间随太阳风速度的增加而下降,且激波能量越小,渡越时间随太阳风速度的增加而下降越明显,激波能量的增加同样削弱了渡越时间对太阳风速度的依赖关系。此外,很显然,(3.19)式确定出了由激波能量和背景太阳风速度来控制渡越时间的关系式,只要能知道激波能量以及背景风的速度,就可以求出激波的传播时间。

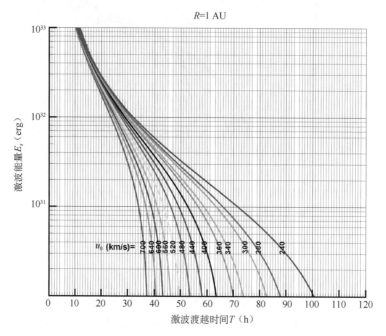

图 3.46　不同背景太阳风速度时激波到达地球的时间随总能量 E_s 的变化

　　根据前述介绍,在运动背景介质中传播的行星际激波,其渡越时间可以根据行星际扰动传播物理模型来确定。然而,随着物理条件的改变,可以发现该模型有一个内蕴的性质,那就是在模型预报结果中有一个上极限(Li et al.,2008;李汇军,2009)。根据方程(3.19),可以确定这个极限,即:当参数 $E_s \to 0$ 时,TT_{max} 的数学表达形式:

$$TT_{\max} = \int_{R_\Theta}^{R} \frac{\mathrm{d}r}{ku_0} \tag{3.20}$$

其中,$k = -2\lambda_1 + \sqrt{4\lambda_1^2 + 1/2J_0}$,代表模型常数,$u_0$ 是背景太阳风的速率。因为任何激波都具有耗散性,只要它能够从太阳表面传播到行星际空间中某一位置,那么它的初始能量一定满足条件 $E_s > 0$,而用该模型预报的激波渡越时间 TT_m 也一定小于对应的极限值,即:$TT_m < TT_{max}$。在随后的统计分析中,将会应用到模型中这种内蕴的极限性质。

　　在不同的激波初始能量条件下,通过行星际扰动传播模型预报出来的渡越时间 TT_m 与背景太阳风速度之间的关系,显示在图 3.47 中。其中,极限渡越时间 TT_{max} 随 u_0 的变化曲线几乎与一个初始能量 $E_s = 1 \times 10^{25}$ erg 的弱激波的渡越时间随 u_0 变化的曲线相重叠,这表明由行星际扰动传播模型所描述的弱激波的传播主要受背景太阳风的运动速率大小控制。

　　利用模型内蕴的极限性质,通过对所选资料的分类统计分析,可以进一步推进此模型的预报性能研究。从理论的角度来看,任意激波能从太阳表面传播出来进入行星际空间,并且在

1 AU被观测到,那么它的渡越时间一定要小于相同条件下模型预报渡越时间的极限值,因为其初始能量满足 $E_s > 0$。然而,实际分析中我们发现,有一些日冕瞬变事件引发的行星际激波其观测到的渡越时间 TT_o 要比模型预报的极限值 TT_{max} 还大。所以,对于这类太阳瞬变事件,行星际扰动传播模型预报的渡越时间 TT_m 一定小于对应的观测值 TT_o,这就意味着在原行星际扰动传播的预报结果中,即在 TT_m 和 TT_o 之间存在系统性误差。为了分析这种系统性误差,我们将所收集的太阳瞬变事件分成两个子集,分类的依据是,对于满足条件 $TT_o \leqslant TT_{max}$ 的事件归为 A 类,对这类事件,行星际扰动传播模型能给出较合理的渡越时间预报结果;对于满足条件 $TT_o \geqslant TT_{max}$ 的事件归为 B 类,行星际扰动传播模型对这类事件的渡越时间预报结果中存在系统性的误差。所有 137 个事件分成 A,B 两类,其中 A 类共有 86 个事件(约占 62.8%),而 B 类有 51 个事件(约占 37.2%)。这些事件的观测也叠加显示在图 3.47 中。下面给出对这些数据的统计分析结果。

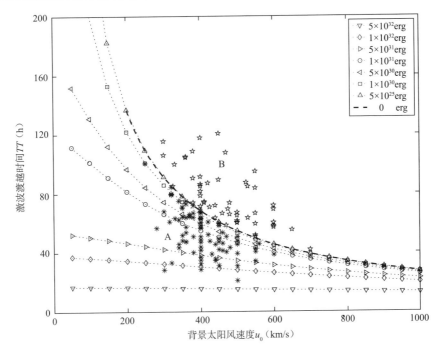

图 3.47　不同激波能量条件下由行星际扰动传播模型得到的激波渡越时间随背景太阳风速度 u_0 变化的曲线图(由不同符号标示的点线表示),其中粗实线代表在 $E_s = 0$ erg 的条件下,极限渡越时间 TT_{max} 随背景太阳风速度大小变化的情况。观测到的瞬变事件也叠加在图中,根据正文中给出的标准将这些事件分成了两类:A 类(星号);B 类(五角星符号)

首先,对于 B 类事件,存在以下关系:$TT_o > TT_{max} > TT_m$,因此,不能将模型预报的渡越时间 TT_m 与观测到的渡越时间 TT_o 之间的误差简单地归结为模型输入参数 E_s 的不确定性,尽管通常认为 E_s 是行星际扰动传播模型预报误差的主要来源。在统计结果中,137 个事件中的 37.2%,存在异常的渡越时间观测值,这些事件无法用行星际扰动传播模型输入参数 E_s 的不确定性来解释。这表明,激波能量估算误差不是行星际扰动传播模型中的唯一,甚至也不是主要的模型预报误差来源,不能指望原行星际扰动传播的预报精度问题可以通过精确的激波能量输入来解决。

从物理角度来看:①点源爆炸冲击波模型基于纯流体理论,无法处理磁场的影响。行星际激波是无碰撞的等离子体激波,磁场的位形对激波耗散性的影响非常关键,平行激波与垂直激波的性质差别明显。太阳瞬变事件的同异则效应也说明了不同磁场位形对行星际激波非对称传播的影响。怎样利用太阳磁场观测结果以及外推磁场的位形,分析不同磁场位形下行星际激波的传播特性,并将其应用到激波传播模型中是在行星际扰动传播模型的改进研究中需要注意的重要问题之一。②真实的太阳瞬变事件引起的行星际激波在三维空间中的传播是非球对称的,通过 IPS 观测资料的分析发现行星际激波波阵面的主法向与日地连线之间往往存在一个角度。行星际扰动传播模型基于球对称流体波动理论,无法描述实际激波三维传播的非球对称性,这也是该模型在激波渡越时间预报应用中引起误差的原因之一。在行星际扰动传播模型改进中还需要克服这方面的缺陷。③行星际扰动传播模型中背景太阳风介质的密度模型假定为随日心距离呈平方反比递减的关系,真实的背景太阳风介质密度径向变化并不完全如此。太阳风 Parker 解告诉我们,背景太阳风密度的径向变化取决于日冕的温度。不同的日冕条件下,密度径向变化规律差异较大。因此,如果能够将 Paker 解这种理想背景太阳风模型,甚至是数据驱动的太阳风模型应用到激波传播模型的研究中,对于改进行星际扰动传播模型具有重要的意义。④行星际激波的驱动源除了冲击波外,观测分析还发现有些是由于高速 CME 驱动的,在实地观测到的行星际激波是 CME 驱动的激波的一部分,显然不同源驱动的行星际激波的传播性质是不同的,用冲击波理论并不能解释所有的行星际激波现象。然而,行星际扰动传播模型的导出完全基于点源爆炸冲击波理论,这也决定该模型在应用范围上是有局限的。那些爆发时间短,爆发能量强的瞬变事件,在物理机制上更接近冲击波模型,比如,分类统计结果显示,高能激波到达时间预报误差要小于能量相对较弱激波到达时间预报结果。因此,行星际扰动传播模型仅适合于描述那些有大耀斑现象相伴生的太阳瞬变事件驱动的激波。这是行星际扰动传播模型在到达时间预报应用中值得注意的一点。

基于此,针对 137 例事件,可对原行星际扰动传播的预报结果作一个简单的线性修订,以显示行星际扰动传播模型的改进空间。如图 3.48 所示,模型预报的渡越时间中的平均绝对误差,对 A 类事件,约为 11.6 h;对 B 类事件,约为 21.0 h。模型预报的标准差,对 A 类事件,约为 12.8 h;对 B 类事件,约为 14.0 h。

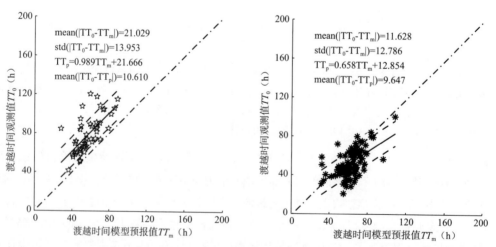

图 3.48　对模型预报结果的线性拟合。图中叠加了各类事件 TT_0 对 TT_m 的散点图,A 类(右图),B 类(左图)。虚点线显示了拟合结果的比例关系,上下两条虚线则显示了拟合结果的标准差大小

对这两类事件的以预报结果分别作线性拟合,其结果为:

$$TT_p = 0.658TT_m + 12.854$$
$$TT_p = 0.989TT_m + 21.666$$

(3.21)

其中,第一式是 A 类事件预报结果的修订方程,第二式是 B 类的相应修订方程,TT_p 即修订后的预报结果。在 TT_m—TT_0 空间中,两类事件各自对应的拟合直线也叠加显示在图 3.48 中,实线为拟合线,虚线对应为各事件的偏差范围。线性修订后的预报结果中,平均误差对 A 类事件的是 9.6 h,B 类事件是 10.6 h。

3.8.2.3　地磁扰动能量经验模型

太阳爆发活动所释放的总能量是决定其相应行星际扰动传播物理特征和相应地磁效应的重要参数。该地磁扰动能量经验模型利用太阳爆发活动的总能量 E_s 与地磁扰动最大强度之间的经验关系式来预测 Kp 指数极大值。即

$$Kp_{max} = 1178.86 - 82.6149\log E_s + 1.49885(\log E_s)^2$$

(3.22)

该经验关系式是通过对 1997—2002 年 130 例太阳爆发活动-行星际扰动-地磁扰动因果链事件的统计分析得到的(Wei *et al*.,2003)。该地磁扰动能量经验模型其所有输入参数均是太阳上的观测值,可提前约 1～3 d 预测瞬变太阳爆发活动引发的地磁扰动最大强度。

3.8.3　应用验证

3.8.3.1　回溯预报

利用地磁扰动预报模式对 1997—2002 年 137 例太阳爆发活动-行星际扰动-地磁扰动因果链事件进行了回溯预报。预报结果表明:

(1)地磁扰动开始时间的绝对误差分布如图 3.49 所示,平均绝对误差为 10.0;此外,地磁扰动开始时间相对误差小于 30% 的成功率为 86.1%。

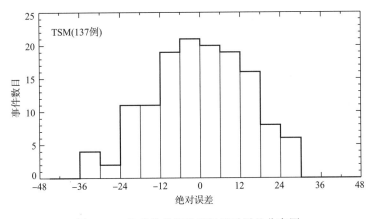

图 3.49　地磁扰动开始时间绝对误差分布图

（2）地磁扰动强度（用 Kp 最大值表征）的绝对误差分布如图 3.50 所示，其平均绝对误差为 13.13；此外地磁扰动强度相对误差小于 30％的成功率为 67.7％。

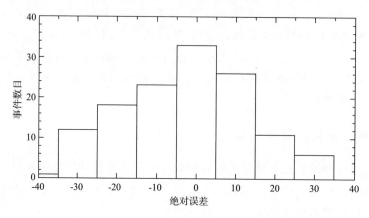

图 3.50　地磁扰动强度绝对误差分布图

3.8.3.2　预报检验

利用 2002—2006 年 69 例事件对地磁扰动预报模式进行了预报检验，预报结果表明：

（1）地磁扰动开始时间的绝对误差分布如图 3.51 所示，平均绝对误差为 12.8；此外，地磁扰动开始时间相对误差小于 30％的成功率为 72.5％。

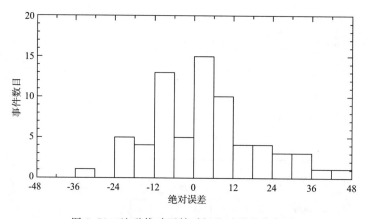

图 3.51　地磁扰动开始时间绝对误差分布图

（2）地磁扰动强度的绝对误差分布如图 3.52 所示，其平均绝对误差为 12.58；此外地磁扰动强度相对误差小于 30％的成功率为 69.7％。

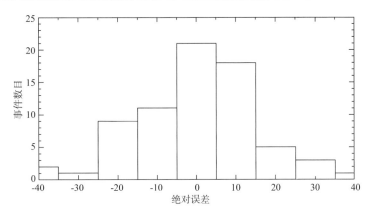

图 3.52　地磁扰动强度绝对误差分布图

3.9　总　结

内磁层模式由辐射带边界动态变化模式、辐射带质子注入事件模式、槽区高能电子通量及南大西洋异常区高能质子通量模式、极区电流体系计算模式、地球辐射带波-粒相互作用和地磁扰动预报模式组成。通过对以上各模式进行业务开发和集成,初步构建了面向业务应用的内磁层空间天气定量化预报集成模式,并取得了以下成果:

1. 利用现有国内外卫星观测数据,完成了辐射带边界演化、高能质子注入预报、辐射带槽区高能电子通量预报、辐射带南大西洋异常区高能质子通量预报等模型的分析建模、评估和改进等工作,可以准确预报辐射带边界动态变化、辐射带质子注入事件、槽区高能电子通量及南大西洋异常区高能质子通量等关键物理参数。

2. 利用全球地磁台站观测数据,建立了适应空间天气预报的时效性要求的极区电流体系计算模式,可以快速得到极区电流体系的电流强度及基本轮廓等重要特征。

3. 通过对辐射带区域波—粒相互作用动力学过程的研究,得到了等离子体波(特别是哨声波合声模)激发过程以及空间传播特性的模式,计算了哨声波合声模对高能电子的能量及投掷角扩散造成的电子相空间密度随时间的演化。

4. 基于空间天气物理过程,发展了地磁扰动预报模式,为及时可靠地预测地磁扰动开始时间和强度提供技术支持。通过输入瞬变太阳爆发活动的观测资料,能够得到地磁扰动开始时间和地磁扰动强度的定量化预报值。

发表相关论文

1. Fuliang Xiao, Qiugang Zong, Yongfu Wang, Zhaoguo He, Zhenpeng Su, Chang Yang, and Qinghua Zhou. Generation of proton aurora by magnetosonic waves. *Sci. Rep.*, **4**, 5190, 2014.

2. Fuliang Xiao, Chang Yang, Zhaoguo He, Zhenpeng Su, Qinghua Zhou, and Yihua He. Chorus acceleration of radiation belt relativistic electrons during March 2013 geomagnetic storm. *J. Geophys. Res*, **119**, 3325-

3332, 2014.

3. Yushu Zhang, Hui Zhu, Lewei Zhang, Yihua He, Zhonglei Gao, Qinghua Zhou , Chang Yang, and Fuliang Xiao. Effect of low energy electron injection on storm-time evolution of radiation belt energetic electrons: three-dimensional modeling. *Astrophys. Space Sci.* , **352**, 613-620, 2014.

4. Zhonglei Gao, Hui Zhu, Lewei Zhang, Qinghua Zhou, Chang Yang, and Fuliang Xiao. Test Particle Simulations of Interaction Between Monochromatic Chorus Waves and Radiation Belt Relativistic Electrons. *Astrophys. Space Sci.* , **351**, 427-434, 2014.

5. Fuliang Xiao, Qinghua Zhou, Zhaoguo He, Chang Yang. Yihua He, and Lijun Tang. Magnetosonic wave instability by proton ring distributions: Simultaneous data and modeling. *J. Geophys. Res.* , **118**(7), 4053-4058, 2013.

6. Fuliang Xiao, Qiugang Zong, Zhenpeng Su, Chang Yang, Zhaoguo He, Yongfu Wang, and Zhonglei Gao. Determining the mechanism of cusp proton aurora. *Sci. Rep.* , **3**, 1654, 2013.

7. Qinghua Zhou, Fuliang Xiao, Jiankui Shi, Chang Yang, Yihua He, and Lijun Tang. Excitation of electromagnetic ion cyclotron waves under different geomagnetic activities: THEMIS observation and modeling. *J. Geophys. Res.* , **118**(1), 340-349, 2013.

8. Qinghua Zhou, Fuliang Xiao, Chang Yang, Yihua He, and Lijun Tang. Observation and modeling of magnetospheric cold electron heating by electromagnetic ion cyclotron waves. *J. Geophys. Res.* , **118**(11), 6907-6914, 2013.

9. Chang Yang, Yihua He, Lewei Zhang, Qinghua Zhou, and Fuliang Xiao. Temporal evolution of relativistic electrons induced by fast magnetosonic waves in the radiation belts. *Plasma Phys. Controll. Fusion*, **55**(4), 062001, 2013.

10. Fuliang Xiao, Sai Zhang, Zhenpeng Su, Zhaoguo He, and Lijun Tang. Rapid acceleration of radiation belt energetic electrons by Z-mode waves. *Geophys. Res. Lett.* , **39**, L03103, 2012.

11. Fuliang Xiao, Qinghua Zhou, Zhaoguo He, and Lijun Tang. Three-dimensional ray tracing of fast magnetosonic waves. *J. Geophy. Res.* , **117**, A06208, 2012.

12. Qinghua Zhou, Fuliang Xiao, Jiankui Shi, and Lijun Tang. Instability and propagation of EMIC waves in the magnetosphere by a kappa distribution. *J. Geophy. Res.* , **117**, A06203, 2012.

13. Fuliang Xiao, Chang Yang, Qinghua Zhou, Zhaoguo He, Yihua He, Xiaoping Zhou, and Lijun Tang. Nonstorm time scattering of ring current protons by electromagnetic ion cyclotron waves. *J. Geophy. Res.* , **117**, A06208, 2012.

14. Fuliang Xiao, Qiugang Zong, Zhenpeng Su, Zhaoguo He, Chengrui Wang, and Lijun Tang. Correlated observations of intensified whistler waves and electron acceleration around the geostationary orbit. *Plasma Phys. Controll. Fusion*, **54**(3), 035004, 2012.

15. Fuliang Xiao, Liangxu Chen, Yihua He, and Zhenpeng. Modeling for precipitation loss of ring current protons by electromagnetic ion cyclotron waves. *J. Atmos. Sol.-Terr. Phys.* , **73**(1), 106-111, 2011.

16. Fuliang Xiao, Liangxu Chen, and Yihua He. Bounce-averaged diffusion coefficients for super-luminous wave modes in the magnetosphere. *J. Atmos. Sol.-Terr. Phys*, **73**(1), 88-94, 2011.

17. Qinghua Zhou, Xiangkui Shi, and Fuliang Xiao. Path-integrated gain of whistler-mode chorus in the magnetosphere by a kappa distribution. *Plasma Phys. Controll. Fusion*, **53**(6), 065003, 2011.

18. Fuliang Xiao, Zhenpeng Su, Huinan Zheng, and Shui Wang. Three-dimensional simulations of outer radiation belt electron dynamics including cross-diffusion terms. *J. Geophys. Res.* , **115**, A05216, 2010.

19. Fuliang Xiao, Zhenpeng Su, Liangxu Chen, Huinan Zheng, and Shui Wang. A parametric study on outer radiation belt electron evolution by super-luminous R-X mode waves. *J. Geophys. Res.* , **115**,

A10217，2010.

20. Fuliang Xiao，Zhenpeng Su，Huinan Zheng，and Shui Wang. Modeling of outer radiation belt electrons by multi-dimensional diffusion process. *J. Geophys. Res.*，**114**，A03201，2009.

21. Fuliang Xiao，Qiugang Zong，and Liangxu Chen. Pitch-angle distribution evolution of energetic electrons in the inner radiation belt and slot region during the 2003 Halloween storm. *J. Geophys. Res.*，**114**，A01215，2009.

22. 王源，洪明华，陈耿雄，徐文耀，杜爱民，赵旭东，刘晓灿，罗浩. 2000 年 4 月 6 日磁暴夜侧场向电流变化特征. 科学通报，2010，**55**(14)，1490-1415.

23. 罗浩，陈耿雄，杜爱民，孙炜，徐文耀，张莹，赵旭东，王源. 耀斑引发的激波初始速度对激波到达时间预测的影响. 地球物理学报，2011，**54**(8)：1945-1952.

24. 解妍琼，张莹，杜丹. 联合太阳和行星际物理参数预测行星际激波能否到达地球. 空间科学学报，2014，**34**(1)，11-23.

25. Wen-Yao Xu，Geng-Xiong Chen，Ai-Min Du，Ying-Yan Wu，Bo Chen，and Xiao-Can Liu. Key points model for polar region currents. *J. Geophys. Res.*，**113**. A03S11，2008.

参考文献

解妍琼. 2007. 太阳风暴的综合研究[D]. 北京：中国科学院研究生院.

李汇军. 2009. 行星际磁通量绳结构研究与激波渡越时间预报方法分析[D]. 北京：中国科学院研究生院.

Li H J，Wei F S，Feng X S，*et al*. 2008. On improvement to the Shock Propagation Model (SPM) applied to interplanetary shock transit time forecasting. *Journal of Geophysical Research*，**113**：A09101.

Li X，Baker D N，O'Brien T P，*et al*. 2006. Correlation between the inner edge of outer radiation belt electrons and the innermost plasmapause location. *Geophys. Res. Lett.*，**33**：L14107.

O'Brien T P，Lorentzen K R，Mann I R，*et al*. 2003. Energization of relativistic electrons in the presence of ULF power and MeV microburst：Evidence for dual ULF and VLF acceleration. *Journal of Geophysical Research*，**108**：1329.

Smith Z K，Dryer M. 1990. MHD study of temporal and spatial evolution of simulated interplanetary shocks in the ecliptic plane within 1 AU. *Solar Phys.*，**129**：387-405.

Smith Z K，Dryer M. 1995. The interplanetary shock propagation model：A model for predicting solar-flare-caused geomagnetic storms based on the 2-1/2D MHD numerical simulation results from the interplanetary global model. *NOAA technical memorandum ERL SEL*-89.

Taylor H，Hones E Jr. 1965. Adiabatic motion of auroral particles in a model of the electric and magnetic fields surrounding the Earth. *Journal of Geophysical Research*，**70**(15)：3605-3628.

Wei F S. 1982. The blast wave propagating in a moving medium variable density. *Chinese J. Space Sci.*，**2**(1)：63-72.

Wei F S，Cai H C，Feng X S，*et al*. 2003. A prediction method of geomagnetic disturbances based on IPS observations-dynamics-fuzzy mathematics. *Adv. Space Res.*，**31**(4)：1069-1073.

Whipple E C Jr. 1978. (U，B，K) Coordinates-A natural system for studying magnetospheric convection. *Journal of Geophysical Research*，**83**：4318-4326.

Zong Q G，Hao Y Q，Wang Y F. 2009. Ultra low frequency waves impact on radiation belt energetic particles. *Sci China Ser E-Tech Sci*，**52**(12)：3698-3708.

第4章　电离层模式

4.1　概况

4.1.1　目的意义

引导行业内研究力量,将国内(外)成熟的预报研究成果改造成面向业务的预报技术,开展对比较成熟的预报方法的定量化技术改造;进行电离层定量化预报模式系统集成。

本研究完成后将牵引面向业务的定量化预报方法与技术研究,为构建具有自主知识产权的空间天气业务预报系统奠定基础。

4.1.2　研究目标

本研究的主要目标是立足于我国自主的电离层观测体系,发展电离层参量现报和预报的原理与方法,通过对基于地面电离层观测的电离层参量现报和预报的关键技术攻关,研制出能够用于我国及其周边地区电离层参量现报和预报业务演示系统。

4.1.3　模式组成

①中国电离层总电子含量(TEC)现报技术的发展完善与多种参量数据同化模式。

②单站和区域电离层 TEC 短期预报模式。

③电离层闪烁效应预报模式。

4.1.4　技术路线

(1)通过收集和整理(定标)TEC 历史观测数据,进行统计本征模分析,建立我国及周边地区高分辨(经纬度分辨率 $1° \times 1°$)的电离层 TEC 参量化模式。将该模式用于升级我国电离层 TEC 现报演示系统(IGGCAS 系统)。综合利用我国及周边地区的长期(50 年)的电离层测高仪观测数据与高空间分辨率的 TEC 观测数据,采用统计本征模数据融合(同化)技术,建立覆盖中国范围的电离层多种参量数据同化预报模式。利用上述电离层多种参量数据同化预报模式,基于现有的电离层台站观测数据,建立中国电离层多种参量现报与预报演示系统。

（2）根据我国 TEC 观测数据来源和实时传输的特点，研究和开发适合于我国及其周边地区电离层 TEC（三维：经度、纬度、时间）预报的一套实用方法，该方法由单站电离层 TEC 预报和区域电离层 TEC 重构两部分组成。将预报方法计算所得的结果与我国已有 TEC 观测数据进行全面的、系统的比较（中国地区参与预报的所有基准站至少一年的系统比较），给出预报方法所能达到的精度评估。

（3）确定一部分有代表性的 GPS 台站，收集各类 GPS 接收机观测数据。通过数据分析确定 GPS 数据质量评定原则。利用这些数据分析高、中、低纬度台站 GPS 数据质量；分析 GPS 数据质量在周日、季节及太阳活动周期间的变化情况；通过对具体 GPS 接收机锁相方式的分析，研究闪烁与不同类型接收机周跳发生率的统计关系。对比分析我国 GPS 观测数据中周跳发生率及信号闪烁的时空分布，提出 GPS 信号质量的分析与评估方案，在此基础上建立电离层闪烁模式。

4.2　中国电离层 TEC 现报技术的发展与多种参量数据同化模式的建立

4.2.1　模式原理

4.2.1.1　中国电离层 TEC 现报与模式化原理

首先，选择日固坐标系，将经度坐标归并到时间坐标中，采用所谓经验本征函数（EOF）模型对 TEC 的历史数据进行协方差的奇异值分解（Daniell $et\ al.$，1995；Storch $et\ al.$，2002）：

$$TEC = \sum_{k=1}^{K} A_k E_k \tag{4.1}$$

求得本征模函数 $E_k(Lat, LT)$，表征 TEC 的纬度分布和周日变化特征（Zhao $et\ al.$，2005；Wan $et\ al.$，2012；Zhao $et\ al.$，2014）；并用实时观测值拟合该本征值函数得到该对应时段的系数 A_k。

$$TEC_R^S(t) = M[E_R^S(t)] \cdot \sum_{k=1}^{K} A_k \cdot E_k(Lat, LT) + B_R^S \tag{4.2}$$

最后，对该系数表征的长期变化（太阳活动依赖性、年变化、半年变化和季节变化等）模式化（Zhang $et\ al.$，2009）。

$$A_k = \sum_{mn} [C_{mn}^k \cos(mDoY) + S_{mn}^k \sin(mDoY)] F_{107}^n \tag{4.3}$$

4.2.2.2　中国电离层 $NmF2$ 现报与模式化原理

首先，利用典型相关分析方法（CCA），选取两种参量（TEC 和 $NmF2$）具有同步观测数据的时段（以下缀 TN 表示），分析 TEC 和 $NmF2$ 的相关性（Xue $et\ al.$，2007；2008；Yu $et\ al.$，2013）。

$$\begin{cases} TEC_{TN}(m,t) = (TEC_{TN})(t) + \sum_{k=1}^{h} AT_{TN}^{k}(m)ET^{k}(t) \\ NmF2_{TN}(m,t) = (NmF2_{TN})(t) + \sum_{k=1}^{h} AN_{TN}^{k}(m)EN^{k}(t) \end{cases} \tag{4.4}$$

其中,CCA 本征模 $E^k(t)$ 代表 TEC 和 $NmF2$ 的周日变化特征,CCA 系数 $A^k(m)$ 表征 TEC 和 $NmF2$ 的长期变化(包含太阳活动依赖性、年变化、半年变化和季节变化等)。

其次,利用 JPL 提供的高时空分辨率的电离层 TEC 地图(以下缀 T 表示)拟合上述 CCA 本征模 $ET^k(t)$,获取该观测时段对应的 CCA 系数 $AT_T^k(m)$。

$$TEC_T(m,t) = (TEC_T)(t) + \sum_{k=1}^{N} AT_T^k(m)ET^k(t) \tag{4.5}$$

根据最大相关性法则,可由该系数预测 $NmF2$ 对应的 CCA 系数 $AN_T^k(m)$,从而获取 $NmF2$ 的长期变化特征;另外,由 $NmF2$ 的 CCA 系数和 CCA 本征模可映射该观测时段的 $NmF2$。实现利用 TEC 的观测驱动合理地填补 $NmF2$ 的观测缺失值,得到 $NmF2$ 的连续变化。

最后,将上述 CCA 系数参量化。

$$A_k = \sum_{mn} [C_{mn}^k \cos(mDoY) + S_{mn}^k \sin(mDoY)] F_{107}^n \tag{4.6}$$

从而建立 $NmF2$ 的现报模式,现报与 TEC-GIMs 同时空分辨率的中国地区 $NmF2$ 的三维分布特征。

4.2.2　模式输入

1)中国电离层 TEC 现报
F107、时间(UT,年积天)、经度、纬度。
2)中国电离层 $NmF2$ 现报
F107、时间(UT,年积天)、经度、纬度。

4.2.3　模式输出

1)中国电离层 TEC 现报
TEC
2)中国电离层 $NmF2$ 现报
$TEC,NmF2$

4.2.4　程序清单和简单说明

1)中国电离层 TEC 现报
主要利用 imi.exe 程序,实现通过输入时间,F107,经纬度参量,输出模式计算的 TEC。
图 4.1 为电离层现报程序清单。

名称	大小	类型	修改日期
bin		文件夹	2012-9-12 9:43
toolbox		文件夹	2012-9-12 9:43
GPS.jpg	114 KB	ACDSee JPEG Image	2005-6-11 20:35
imi.fig	45 KB	MATLAB Figure	2005-6-12 17:29
imi.m	28 KB	MATLAB M-file	2005-6-12 15:36
IGGCNTECmodel	374 KB	Microsoft Offic...	2005-6-12 9:50
output	10 KB	Microsoft Offic...	2009-4-26 20:05
TECmovie	48,805 KB	Microsoft Offic...	2005-6-12 16:29
worldlo	2,019 KB	Microsoft Offic...	2002-3-9 13:22
stub.bat	1 KB	Windows Batch File	2002-6-22 7:53
imi.exe	182 KB	应用程序	2005-6-12 17:29
mglinstaller.exe	8,518 KB	应用程序	2002-6-21 19:54

图 4.1　中国电离层现报程序清单

2)中国电离层 *NmF*2 现报

图 4.2 为电离层 *NmF*2 现报程序清单。

OutPut	2011/6/7 10:01	文件夹	
CIM_NmF2.m	2010/12/8 9:22	M 文件	3 KB
geo2maga.m	2009/5/15 10:08	M 文件	2 KB
mainCIMTECNmF2.m	2010/12/8 9:24	M 文件	5 KB
CIM_base_cut4step1.mat	2010/12/7 15:12	MAT 文件	193,504 KB
geo2magdata_apex.mat	2006/10/16 17:34	MAT 文件	2,160 KB
worldlo.mat	2009/12/30 9:57	MAT 文件	1,100 KB

图 4.2　电离层 *NmF*2 现报程序清单

主要利用程序 CIM_NmF2.m，实现通过输入时间，F107，经纬度参量，输出模式计算的 *TEC*，*Nm*F2。

4.2.5　模式验证及测试数据

1)中国电离层 *TEC* 现报

InPut：

Year=2000

Month=1

Day=1

UT=8

F107=150

Longitude=120

Latitude=30

OutPut：

　　TEC：43.1956TECU

2)中国电离层 $NmF2$ 现报

InPut：

　　GLON＝70：140

　　GLAT＝10：55

　　F107B_input＝60

　　DoY＝1

　　UTinput＝1

OutPut：

　　输出即为某年第 1 天，世界时为 1 时，太阳活动指数为 60 的 TEC（图 4.3）和 $NmF2$（图 4.4）地图，该地图经度范围为 70°—140°E，纬度范围为 10°—55°N。相应的数据也分别在图 4.5 和图 4.6 中给出。

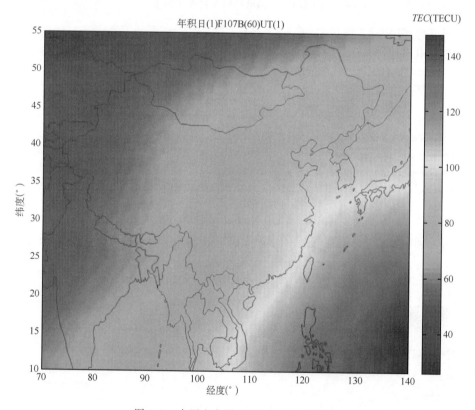

图 4.3　中国电离层 TEC 地图（见彩图）

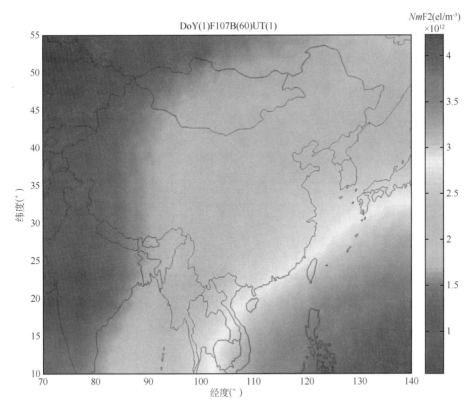

图 4.4　中国电离层 $NmF2$ 地图（见彩图）

⊞ TEC <46x71 double>

	1	2	3	4	5	6	7	8	9	10	11	12	13	14
1	60.9600	61.8785	62.7992	63.7218	64.6465	65.5732	66.5020	67.4420	68.4524	69.4669	70.4856	71.5083	72.5352	73.5663
2	60.3479	61.2770	62.2072	63.1384	64.0708	65.0043	65.9389	66.8875	67.9060	68.9275	69.9522	70.9799	72.0109	73.0450
3	59.7334	60.6730	61.6127	62.5526	63.4927	64.4329	65.3733	66.3309	67.3573	68.3859	69.4166	70.4495	71.4845	72.5218
4	58.9752	59.9255	60.8750	61.8235	62.7711	63.7179	64.6638	65.6299	66.6634	67.6978	68.7331	69.7693	70.8066	71.8449
5	58.0730	59.0344	59.9936	60.9508	61.9059	62.8590	63.8102	64.7843	65.8238	66.8627	67.9012	68.9392	69.9768	71.0141
6	57.1681	58.1404	59.1094	60.0753	61.0379	61.9975	62.9539	63.9360	64.9815	66.0251	67.0668	68.1067	69.1447	70.1811
7	56.0273	56.9739	57.9163	58.8547	59.7891	60.7194	61.6459	62.6012	63.6187	64.6334	65.6452	66.6542	67.6606	68.6644
8	54.8837	55.8045	56.7204	57.6313	58.5374	59.4387	60.3352	61.2637	62.2533	63.2391	64.2211	65.1995	66.1743	67.1455
9	53.8730	54.7542	55.6301	56.5007	57.3662	58.2266	59.0819	59.9776	60.9234	61.8700	62.8126	63.7512	64.6860	65.6169
10	52.9951	53.8226	54.6451	55.4627	56.2753	57.0830	57.8858	58.7278	59.6288	60.5261	61.4196	62.3094	63.1957	64.0785
11	52.1143	52.8882	53.6574	54.4218	55.1816	55.9367	56.6872	57.4803	58.3317	59.1797	60.0242	60.8654	61.7033	62.5382
12	51.5997	52.3431	53.0824	53.8177	54.5489	55.2761	55.9994	56.7677	57.5927	58.4146	59.2337	60.0500	60.8636	61.6747
13	51.0825	51.7954	52.5048	53.2109	53.9136	54.6130	55.3091	56.0526	56.8510	57.6471	58.4408	59.2324	60.0218	60.8093
14	50.6488	51.3346	52.0176	52.6977	53.3752	54.0499	54.7220	55.4431	56.2186	56.9991	57.7608	58.5297	59.2970	60.0629
15	50.2987	50.9608	51.6207	52.2783	52.9337	53.5869	54.2380	54.9394	55.6922	56.4435	57.1934	57.9419	58.6891	59.4352
16	49.9464	50.5849	51.2216	51.8566	52.4899	53.1217	53.7519	54.4333	55.1646	55.8948	56.6239	57.3520	58.0793	58.8059
17	49.8040	50.4554	51.1062	51.7566	52.4065	53.0560	53.7052	54.4062	55.1554	55.9043	56.6529	57.4015	58.1500	58.8986
18	49.6599	50.3241	50.9891	51.6548	52.3214	52.9887	53.4773	55.1444	55.9120	56.6803	57.4493	58.2192	58.9900	
19	49.3694	50.0384	50.7092	51.3820	52.0567	52.7333	53.4120	54.1435	54.9208	55.6996	56.4800	57.2620	58.0457	58.8313
20	48.9329	49.5984	50.2668	50.9382	51.6126	52.2901	52.9707	53.7050	54.4850	55.2674	56.0522	56.8398	57.6300	58.4231
21	48.4955	49.1574	49.8234	50.4934	51.1676	51.8459	52.5284	53.2654	54.0480	54.8340	55.6235	56.4166	57.2134	58.0139
22	47.8904	48.5455	49.2054	49.8702	50.5400	51.2148	51.8946	52.6035	53.4112	54.1967	54.9865	55.7807	56.5793	57.3826
23	47.2848	47.9329	48.5868	49.2464	49.9118	50.5831	51.2601	51.9938	52.7738	53.5587	54.3488	55.1442	55.9448	56.7508
24	46.6893	47.3396	47.9963	48.6594	49.3288	50.0048	50.6872	51.4268	52.2128	53.0043	53.8016	54.6046	55.4135	56.2284
25	46.1042	46.7657	47.4341	48.1092	48.7912	49.4801	50.1759	50.9291	51.7284	52.5336	53.3448	54.1621	54.9855	55.8153
26	45.5191	46.1918	46.8718	47.5590	48.2535	48.9554	49.6645	50.4313	51.2439	52.0628	52.8879	53.7195	54.5575	55.4022
27	44.8524	45.5435	46.2422	46.9486	47.6626	48.3843	49.1137	49.9008	50.7335	51.5725	52.4181	53.2703	54.1292	54.9949
28	44.1861	44.8956	45.6131	46.3385	47.0720	47.8135	48.5632	49.3706	50.2233	51.0826	51.9486	52.8214	53.7011	54.5878
29	43.5274	44.2555	44.9918	45.7362	46.4890	47.2500	48.0193	48.8464	49.7180	50.5963	51.4815	52.3735	53.2725	54.1784

图 4.5　中国电离层 TEC 现报系统输出的数据（与图 4.3 对应）

⊞ NmF2 <46x71 double>

	1	2	3	4	5	6	7	8	9	10	11	12	13	14
1	1.2729e	1.2919e	1.3111e	1.3306e	1.3504e	1.3704e	1.3907e	1.4148e	1.4655e	1.5164e	1.5676e	1.6192e	1.6710e	1.7231e
2	1.2511e	1.2700e	1.2892e	1.3087e	1.3284e	1.3483e	1.3685e	1.3940e	1.4462e	1.4985e	1.5511e	1.6039e	1.6569e	1.7100e
3	1.2292e	1.2481e	1.2673e	1.2867e	1.3063e	1.3261e	1.3462e	1.3732e	1.4269e	1.4806e	1.5345e	1.5886e	1.6427e	1.6970e
4	1.2030e	1.2217e	1.2406e	1.2597e	1.2790e	1.2985e	1.3182e	1.3462e	1.4014e	1.4564e	1.5114e	1.5665e	1.6215e	1.6766e
5	1.1724e	1.1908e	1.2092e	1.2278e	1.2466e	1.2655e	1.2845e	1.3137e	1.3698e	1.4258e	1.4817e	1.5375e	1.5933e	1.6490e
6	1.1418e	1.1598e	1.1778e	1.1959e	1.2141e	1.2323e	1.2507e	1.2810e	1.3381e	1.3951e	1.4519e	1.5085e	1.5650e	1.6213e
7	1.1077e	1.1243e	1.1410e	1.1577e	1.1744e	1.1912e	1.2080e	1.2384e	1.2958e	1.3530e	1.4100e	1.4668e	1.5234e	1.5798e
8	1.0734e	1.0887e	1.1041e	1.1194e	1.1347e	1.1499e	1.1651e	1.1957e	1.2533e	1.3108e	1.3680e	1.4250e	1.4817e	1.5383e
9	1.0448e	1.0587e	1.0725e	1.0862e	1.0998e	1.1134e	1.1269e	1.1573e	1.2145e	1.2716e	1.3285e	1.3852e	1.4418e	1.4982e
10	1.0220e	1.0341e	1.0461e	1.0580e	1.0698e	1.0815e	1.0932e	1.1230e	1.1792e	1.2354e	1.2915e	1.3475e	1.4035e	1.4594e
11	9.9914e	1.0095e	1.0197e	1.0298e	1.0398e	1.0497e	1.0594e	1.0886e	1.1438e	1.1991e	1.2544e	1.3097e	1.3651e	1.4205e
12	9.9188e	1.0015e	1.0110e	1.0203e	1.0295e	1.0386e	1.0475e	1.0764e	1.1299e	1.1836e	1.2375e	1.2914e	1.3455e	1.3998e
13	9.8458e	9.9347e	1.0022e	1.0108e	1.0192e	1.0274e	1.0355e	1.0640e	1.1159e	1.1681e	1.2204e	1.2730e	1.3258e	1.3789e
14	9.8170e	9.9014e	9.9840e	1.0065e	1.0144e	1.0221e	1.0297e	1.0576e	1.1075e	1.1577e	1.2082e	1.2590e	1.3101e	1.3614e
15	9.8323e	9.9150e	9.9958e	1.0075e	1.0152e	1.0227e	1.0301e	1.0572e	1.1052e	1.1526e	1.2008e	1.2493e	1.2982e	1.3474e
16	9.8473e	9.9283e	1.0007e	1.0084e	1.0159e	1.0232e	1.0304e	1.0566e	1.1018e	1.1474e	1.1933e	1.2396e	1.2862e	1.3332e
17	9.9465e	1.0040e	1.0131e	1.0221e	1.0309e	1.0396e	1.0481e	1.0745e	1.1181e	1.1619e	1.2062e	1.2508e	1.2957e	1.3411e
18	1.0046e	1.0151e	1.0254e	1.0357e	1.0458e	1.0559e	1.0658e	1.0923e	1.1342e	1.1764e	1.2189e	1.2619e	1.3052e	1.3488e
19	1.0112e	1.0229e	1.0345e	1.0459e	1.0574e	1.0687e	1.0800e	1.1066e	1.1470e	1.1878e	1.2289e	1.2704e	1.3123e	1.3545e
20	1.0147e	1.0274e	1.0401e	1.0528e	1.0655e	1.0781e	1.0907e	1.1175e	1.1566e	1.1961e	1.2360e	1.2763e	1.3171e	1.3582e
21	1.0182e	1.0320e	1.0458e	1.0597e	1.0736e	1.0875e	1.1015e	1.1283e	1.1662e	1.2044e	1.2431e	1.2822e	1.3218e	1.3618e
22	1.0153e	1.0301e	1.0450e	1.0600e	1.0750e	1.0902e	1.1054e	1.1326e	1.1698e	1.2074e	1.2455e	1.2840e	1.3229e	1.3623e
23	1.0125e	1.0282e	1.0441e	1.0602e	1.0764e	1.0928e	1.1094e	1.1368e	1.1733e	1.2103e	1.2477e	1.2857e	1.3240e	1.3629e
24	1.0084e	1.0252e	1.0422e	1.0594e	1.0768e	1.0945e	1.1123e	1.1402e	1.1764e	1.2130e	1.2501e	1.2876e	1.3257e	1.3642e
25	1.0029e	1.0209e	1.0391e	1.0575e	1.0762e	1.0951e	1.1143e	1.1428e	1.1789e	1.2155e	1.2525e	1.2899e	1.3278e	1.3662e
26	9.9752e	1.0166e	1.0360e	1.0557e	1.0756e	1.0958e	1.1163e	1.1454e	1.1815e	1.2180e	1.2549e	1.2922e	1.3300e	1.3681e
27	9.8668e	1.0067e	1.0271e	1.0478e	1.0687e	1.0899e	1.1115e	1.1413e	1.1777e	1.2145e	1.2517e	1.2893e	1.3273e	1.3657e
28	9.7585e	9.9687e	1.0182e	1.0398e	1.0618e	1.0841e	1.1066e	1.1372e	1.1739e	1.2111e	1.2486e	1.2864e	1.3247e	1.3633e
29	9.6420e	9.8606e	1.0082e	1.0307e	1.0535e	1.0766e	1.1001e	1.1312e	1.1683e	1.2057e	1.2435e	1.2816e	1.3201e	1.3590e

图 4.6　中国电离层 TEC 现报系统输出的数据（与图 4.4 对应）

4.3　中国及其周边地区电离层 TEC 短期预报技术

4.3.1　算法原理

中国地区电离层 TEC 短期预报方法由单站电离层预报和区域电离层重构两部分构成（刘瑞源 等，2011；武业文 等，2011）。首先依据中国及周边地区各个观测站电离层 TEC 的近期实测数据采用自相关分析法得到单站的电离层 TEC 预报值，然后采用改进克里格法进行区域电离层重构得到中国地区任一点的 TEC 预报值。

4.3.1.1　电离层 TEC 单站预报——自相关分析法

将自相关分析法（Muhtarov et al.，1999；Liu et al.，2005；2006；刘瑞源 等，2005）用于电离层 TEC 单站预报，其具体思路和步骤为（刘瑞源 等，2011；）：首先对当前时刻之前一个月的实测 TEC 数据 $Z(t)$ 进行统计分析，计算出自相关系数 $\rho(\tau)$ 并进行函数拟合。对于提前 $K(\mathrm{h})$ 的预报，则在间隔 τ 从 K 开始的 4 d 范围内挑选前 n 个最大的自相关系数（取 $n=48$），并确定所对应的 TEC 实测值 $Z(t_j)$，根据统计学中无偏、最优条件，通过求解下列方程组（其中 μ 为拉格朗日乘数因子）：

$$\begin{cases} \displaystyle\sum_{j=0}^{n-1}\lambda_j\rho(t_i-t_j)+\mu=\rho(t-t_i) \\ \displaystyle\sum_{j=0}^{n-1}\lambda_j=1 \end{cases} \quad (i=0,1,2,\cdots,n-1) \tag{4.7}$$

确定每个 TEC 实测值的权重系数 λ_j，于是预报值

$$Z(t) = \sum_{j=0}^{n-1} \lambda_j Z(t_j) \tag{4.8}$$

4.3.1.2 电离层 TEC 区域重构——改进的克里格法

在已知某一区域内有限个 GPS 台站 TEC 数值（实测值或预报值）的情况下，如何内插/外推得到整个区域内任一点 TEC 的数值，这就是所谓的电离层 TEC 区域重构。采用与电离层 $foF2$ 类似的区域重构方法即改进的克里格法（Stanislawska $et\ al.$，2000；Liu $et\ al.$，2006；刘瑞源 等，2008；2011）。已知区域内 N 个观测站的电离层 TEC 的值 $Z(x_i, y_i)$，$i=1,2,3,\cdots,$ n，则区域内任一点 (x_0, y_0) 的 TEC 的克里格估计量 $Z_p(x_0, y_0)$ 可表示为

$$Z_p(x_0, y_0) = \sum_{i=1}^{n} W_i Z(x_i, y_i) \tag{4.9}$$

其中 W_i 为权重系数。

引入电离层距离 d，两点 $i(x_i, y_i)$ 和 $j(x_j, y_j)$ 之间的电离层距离 d_{ij} 为：

$$d_{ij} = \sqrt{[Lon(i) - Lon(j)]^2 + \{SF \cdot [Lat(i) - Lat(j)]\}^2} \tag{4.10}$$

其中 Lon 和 Lat 为 $(i/j$ 点的）经、纬度，SF 是尺度因子，用来考虑空间相关性在纬度和经度方向差别，对于电离层 TEC，SF 通常取 5。

变异函数采用通过原点的线性模型并代替协方差函数。由线性无偏、最优估计的条件可得到用于电离层 TEC 区域重构的克里格方程组：

$$\begin{cases} \sum_{j=1}^{N} d_{ij} W_j + \mu = d_{i0} \\ \sum_{i=1}^{N} W_i = 1 \end{cases} \quad (i = 1, 2, \cdots, N) \tag{4.11}$$

其中，μ 为拉格朗日乘数因子。解上述 $N+1$ 阶线性方程组，求出 W_i，于是区域内任一点 (x_0, y_0) 的 TEC 即可得到。

4.3.2 单站预报模式输入

模式输入为预报时刻 t_0（UT）以前 30 d 的 TEC 数据。就是说，要预报 $t_0+0.25, t_0+0.5, \cdots,$ t_0+24(h)时刻的 TEC 值，那么对应于某时刻 t_0，输入的是前 30 d 的 TEC 观测数据（包含 t_0 时刻），数据时间分辨率为 15 min，因此一共输入 $30 \times 24 \times 4$ 个数据，以 30×96 的矩阵形式存储，最后一行是最靠近 t_0 的 24 h 的 TEC 数据。这样就可以经计算预报出 $t_0+0.25, t_0+0.5, \cdots,$ t_0+24(h)的 TEC 值。

输入数据为垂直 TEC 数据，由中国及周边地区 GPS 台站提供的斜向 TEC 数据经计算得到。数据输入频次为 15 min/次，时间分辨率为 15 min。

示例：

从 2004 年 2 月 29 日 23 时 45 分（上面的时刻 t_0）开始的前 30 d 的 TEC 观测数据。其中第 30 行为 2 月 29 日 0 点到 2 月 29 日 23 时 45 分、时间间隔为 15 min 的 96 个数据，依次往上类推分别为 2 月 28 日，2 月 27 日……全天的 TEC 值，第一行是 1 月 31 日 0 点到 1 月 31 日 23

时 45 分的 96 个 *TEC* 值,单位为 TECu。

第 1 行	15.997	17.226	17.049	16.677	16.693	17.33	18.209	18.756
	18.887	18.535	18.601	18.881	19.018	18.908	19.08	19.373	20.215
	19.908	20.509	20.503	19.474	19.441	19.582	19.661	19.306	18.938
	18.155	17.407	16.841	16.722	16.265	15.784	15.59	15.406	14.946
	14.245	13.143	11.811	11.041	11.54	11.338	11.239	11.019	10.731
	10.258	9.2666	8.8629	8.3272	8.1739	8.2746	8.1917	7.9077	7.5522
	7.4149	7.4144	7.0962	6.5434	6.191	6.3585	6.6347	6.7452	6.9288
	6.9242	7.0079	7.1436	7.1237	7.5569	7.5646	7.4717	7.5134	7.6373
	7.8356	7.8132	7.7708	7.7616	7.711	7.6341	7.5974	7.5974	7.7984
	7.789	7.6817	7.5647	7.4861	7.3481	7.2157	7.205	7.1843	7.0906
	7.0358	6.9811	7.052	7.0481	7.9795	9.906	11.271	

······

第 30 行	20.076	20.604	20.229	20.736	21.186	21.263	21.651	22.344
	23.81	23.164	22.505	21.629	20.099	20.14	20.993	22.134	22.833
	23.697	24.561	24.764	24.943	24.563	23.473	22.096	21.027	20.405
	20.124	20.208	20.407	19.745	18.522	19.185	18.713	18.663	18.315
	17.889	16.796	15.561	15.047	14.46	13.744	13.374	12.407	11.633
	11.177	10.51	10.243	9.4837	8.6827	7.8085	7.2638	7.6809	8.2199
	8.8368	9.1799	8.8178	8.223	8.081	10.396	10.81	10.629	10.532
	10.679	10.968	10.921	10.608	10.266	9.7722	9.7707	9.6955	9.5878
	9.5687	9.4932	9.4826	9.5199	9.3335	9.0871	9.0759	9.3064	9.2849
	9.3371	9.4094	9.2908	9.0119	8.6271	8.5448	8.6006	8.4925	8.2977
	8.334	8.9945	9.9764	10.687	11.529	12.555	13.576	

4.3.3 单站预报模式输出

模式输出为 t_0 时刻以后的 15 min,30 min,…,24 h 的电离层 *TEC* 预报结果。数据输出频次为 15 min/次,时间分辨率为 15 min。

示例:

上例中输入的是北京站截止到 2004 年 2 月 29 日 23 点 45 分 30 d 的 *TEC* 数据,对应的输出就是北京 3 月 1 日 0 点—23 点 45 分的 *TEC* 数据(共 96 个),单位为 TECu。

14.538904	15.474365	16.444251	17.320889	17.959923	18.217716
16.796925	20.528527	21.198523	21.629758	21.976837	22.534474
23.139404	23.625628	23.896348	24.167655	24.344655	24.409683
24.661343	24.734593	24.546029	24.194844	23.890724	23.493644
23.092705	22.879538	22.292905	21.649783	21.072312	20.546978
20.012587	19.495069	19.071100	18.714023	18.284941	18.091301
17.828605	17.216509	16.539806	15.684950	14.747998	13.731428

12.729561	11.843711	11.026563	10.294013	9.631065	9.038631
8.640758	8.356805	8.248758	8.179195	8.280704	8.124128
8.031628	8.512099	8.979385	9.324314	9.591252	9.810407
10.097994	10.463410	10.911136	11.296672	11.204252	11.059197
11.081467	10.937665	10.888862	10.827809	10.768359	10.770962
10.784595	10.733268	10.621781	10.567930	10.547872	10.522749
10.451078	10.405684	10.349947	10.249683	10.188936	10.154017
10.068483	9.918601	9.732035	9.672071	9.766257	10.041776
10.457110	11.165422	11.779170	12.984589	14.026495	15.042624

4.3.4　单站预报模式说明

模式类型:统计

编程语言及版本:C++

运行环境:windows

运行频率:15 min/次

程序运行耗时:小于 1 min

预报时效:未来 15 min—24 h

预报准确率:对提前 1 h 的 TEC 预报,误差(均方根值)小于 15%。

4.3.5　单站预报模式验证

上海地区 2004 年 6 月 1 日提前 1 h 预报值与实测值对比如图 4.7 所示。

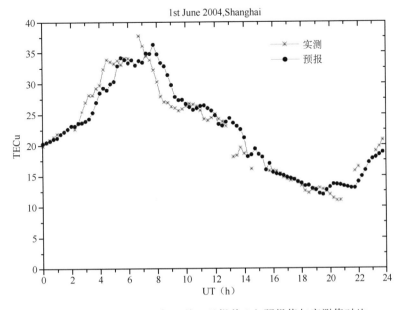

图 4.7　上海地区 2004 年 6 月 1 日提前 1 h 预报值与实测值对比

为了评估单站预报方法的预报精度,采用公式(4.12)计算预报误差:

$$\text{RMS } E(m) = \sqrt{\frac{1}{N-1} \sum_1^N \left[TEC(pre.) - TEC(Meas.) \right]^2} \qquad (4.12)$$

其中 m 为提前预报的小时数,$TEC(Meas.)$ 为某时刻的实测值,$TEC(pre.)$ 为提前 m 小时预报的同一时刻的预测值,N 为参加评估的样本数。

图 4.8 给出了上海地区 2004 年 6 月提前 15 min 至 24 h 预报误差,它是对 6 月份所有日期和时间作统计所得出的。从图中可以看出,预报误差先是随着预报提前量的增加而迅速增大,但增至 2.25 h 后就趋于一个饱和值。

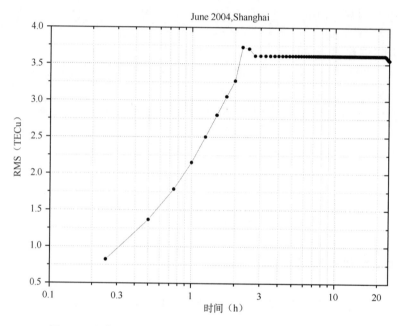

图 4.8　上海地区 2004 年 6 月提前 15 min 至 24 h 预报误差

电离层 TEC 台站预报误差的昼夜分布如表 4.1 所示。

表 4.1　电离层 TEC 台站预报误差的昼夜分布

台站 高纬 至 低纬	1	2	3	4	5	6	7	8	9	10	11	12	13	14	15	16	17	18	19	20	21	22	23	24
hlar	0.76	0.85	0.91	1.02	1	0.75	0.76	1.73	1.82	1.8	1.35	1.3	1.43	0.85	0.91	0.77	1	0.75	0.55	0.72	0.76	1.05	1.18	1.15
suiy	0.82	0.66	0.91	1.3	1.22	1.27	0.99	1.73	1.59	1.75	1.91	1.49	1.73	1.33	1.21	1.02	1.24	0.68	0.77	0.75	0.68	0.85	0.84	1.03
urum	0.67	0.91	1.53	2.03	1.54	0.87	0.83	2.21	4.11	1.85	1	1.5	1.89	1.35	1.69	1.65	1.72	1.76	5.86	3.13	3.03	1.79	4.19	0.42
sele	0.78	1.16	0.87	0.6	0.39	0.47	0.59	1.51	0.95	1.1	0.93	1.61	1.42	2.14	1.57	1.22	2.01	1.43	1.64	1.62	1	1.06	0.81	0.62
wush	0.77	1.37	1.03	0.7	0.56	0.55	0.5	1.65	1.14	1.08	1.04	1.67	1.83	1.82	1.77	1.72	1.86	2.1	1.73	1.79	1.75	1.69	1.13	0.85
dxin	1.28	1.07	1.09	0.71	0.67	0.88	1.16	1.53	1.21	1.45	1.53	1.65	1.94	2.1	1.78	1.7	1.52	1.39	1.5	2.09	1.67	1.33	0.83	1.04
bjsh	0.6	0.63	0.86	0.82	1.07	0.86	1.18	1.38	1.55	1.86	1.97	1.83	1.74	2.07	1.36	1.69	1.28	1.19	1.05	1.43	0.89	1.25	0.67	0.69
mixu	0.76	0.67	0.81	1.32	1.56	1.09	1.4	2.24	1.87	1.85	2.41	1.78	2.21	1.95	1.59	1.33	1.58	1.23	0.97	0.78	0.84	0.64	0.77	0.92
tash	1.04	1.6	1.29	0.8	0.58	0.59	0.74	2.26	0.97	1.78	1.13	1.46	1.7	2.06	2.3	2.07	1.63	2.19	1.73	1.65	1.79	1.65	1.63	1.15

续表

台站 高纬—低纬	1	2	3	4	5	6	7	8	9	10	11	12	13	14	15	16	17	18	19	20	21	22	23	24
yanc	0.57	0.78	1.01	1.04	0.69	1.36	1.06	1.6	1.62	1.63	2.14	2.23	1.88	2.64	2.1	2.1	1.65	1.62	1.55	1.94	1.38	1.28	0.97	0.81
dlha	0.81	1.07	1.08	0.87	0.68	0.61	1.31	1.88	1.43	1.49	2.16	1.51	1.96	3.19	2.43	1.97	1.46	1.65	1.85	2.03	1.88	1.74	0.98	0.8
suwn	0.66	0.82	1.03	0.96	1.33	1.56	1.34	1.56	1.53	1.83	2.45	1.42	1.96	2.44	2.05	1.62	1.83	1.25	1.16	1.14	1.01	0.92	0.47	0.61
xnin	0.68	0.79	0.91	0.82	0.73	0.83	1.1	2.02	1.47	1.56	2.33	1.7	2.02	3.41	2.47	2.13	1.56	1.71	1.94	2.06	1.77	1.53	0.85	0.75
daej	0.64	0.77	0.81	0.78	1	1.22	1	2.42	1.06	1.57	2.44	1.34	1.68	1.9	1.64	1.38	1.39	1.25	1.11	1.1	0.84	0.69	0.52	0.48
tain	0.68	0.74	0.85	0.78	1.12	1.19	1.59	7.5	7.93	2.2	2.9	3.1	2.8	2.31	2.43	1.47	2.01	1.74	1.71	1.7	1.15	1.13	0.74	0.73
usud	0.68	0.85	0.83	1.2	1.29	1.16	1.39	2.19	1.85	2.05	2.39	1.92	2.69	2.38	1.97	1.63	1.95	1.25	1.06	0.97	0.95	0.68	0.65	0.68
tskb	0.78	0.88	0.88	1.21	1.49	1.18	1.57	2.24	1.95	2.19	2.52	2.02	2.71	2.37	1.92	1.66	1.89	1.23	0.98	0.91	0.97	0.67	0.67	0.75
xiaa	1.12	0.86	1.15	1.36	0.83	1.47	1.23	2.23	2.29	1.67	2.67	2.1	2.94	2.7	2.49	1.97	2.52	2.19	2.68	1.89	1.68	1.13	1.11	0.99
jagy	1.02	0.76	1.17	1.25	1.2	1.1	1.51	2.8	2.27	2.07	3.28	2.47	3.09	2.4	2.34	1.85	2.38	1.7	2.4	2.05	1.46	1.36	0.87	0.83
shao	1.27	1.16	1.04	0.89	0.87	1.26	1.54	1.99	2.47	2.75	3.73	2.76	3.3	2.6	3.27	2.4	2.53	2.15	1.87	2.38	3.01	2.09	1.24	0.94
whif	1.33	0.95	0.98	1.46	1.15	1.54	1.87	1.83	1.9	1.96	2.88	2.82	4.57	3.02	3.69	3.41	2.38	2.97	2.53	2.63	1.76	1.17		1.21
xiag	2.31	1.66	1.74	1.52	1.55	1.6	1.9	2.63	2.17	1.91	2.84	3.39	5.51	7.26	5.55	6.77	6.07	7.88	8.96	6.83	5.48	3.48	2.16	3.29
twtf	2.5	1.99	1.66	1.52	1.31	1.02	1.7	2.17	3.33	1.91	2.95	4.72	4.62	5.5	4.35	7.11	3.68	3.54	3.36	4.4	3.86	2.05	1.77	1.31
xiam	2.46	2.13	1.87	1.7	1.44	1.8	2.39	1.93	2.57	2.6	3.55	5.42	7.49	6.16	5.69	7.24	5.16	5.19	3.88	5.01	2.74	2.22		2.05
guan	1.89	1.74	2.01	1.51	1.51	2.24	2.36	2.08	2.31	2.25	3.77	6.16	7.49	5.74	4.13	7.07	5.56	5.43	4.3	5.24	4.77	2.65	1.85	2.45
qion	1.9	2.35	2.84	2.08	1.08	2.21	2.5	2.09	2.26	2.5	3.48	3.85	4.69	5.21	4.28	3.78	4.34	3.9	3.69	4.41	4.88	3.51	2.3	2.45
yong	1.72	2.97	2.95	2.17	0.98	2.29	2.71	1.75	1.93	2.09	3.19	3.74	0.89	4.93	4.3	3.41	3.61	3.18	3.6	4.97	5.37	4.54	2.64	2.93

电离层 TEC 台站预报误差的季节分布如表 4.2 所示。

表 4.2　电离层 TEC 台站预报误差的季节分布

站名	纬度(°N)	经度(°E)	3 月	6 月	9 月	12 月
hlar	49.27	119.74	1.12	1.03	1.53	0.9
suiy	44.43	130.91	1.22	1.1	0.87	0.9
urum	43.81	87.60	2.3	1.08	1.11	0.98
sele	43.18	77.02	1.24	1.15	1.11	1.61
wush	41.21	79.21	1.42	1.22	1.13	1.11
dxin	40.99	100.20	1.42	1.12	1.14	0.93
bjsh	40.25	116.22	1.35	1.13	1.1	0.93
mizu	39.14	141.13	1.48	1.29	1.18	1.05
tash	37.78	75.24	1.58	1.3	1.39	1.45
yanc	37.78	107.444	1.57	1.23	1.18	0.97
dlha	37.38	97.38	1.63	1.32	1.31	1.07
suwn	37.28	127.05	1.47	1.31	1.17	0.97
xnin	36.60	101.77	1.69	1.34	1.33	1.11
daej	36.40	127.37	1.32	1.54	1.44	0.74
tain	36.22	117.12	2.68	1.35	1.25	1.03
usud	36.13	138.36	1.6	1.42	1.34	1.1

续表

站名	纬度(°N)	经度(°E)	3 月	6 月	9 月	12 月
tskb	36.11	140.09	1.62	1.43	1.33	1.11
xiaa	34.18	108.98	1.88	1.55	1.38	1.1
jsgy	32.79	119.45	1.92	1.55	1.38	1.23
shao	31.10	121.20	2.28	1.58	1.62	1.45
whif	30.52	114.49	2.38	1.7	1.61	1.41
xiag	25.61	100.25	4.47	2.4	2.87	2.31
twtf	24.95	121.16	3.38	2.07	2.55	2.22
xiam	24.45	118.08	4.03	2.26	2.83	2.28
guan	23.18	113.34	4.02	2.36	2.35	2.61
qion	19.03	109.84	3.43	2.03	2.94	2.57
yong	16.84	112.33	3.34	1.81	2.65	2.28
China			2.35	1.56	1.71	1.5

从表 4.2 中可以看出,3 月的预报误差最大,平均为 2.35 TECu,9 月略大于 6 月、12 月;以上海、武汉一线为界,总体上北方地区误差在 1.5 TECu 以下,南方地区 3 月在 3、4 TECu 左右,其他月在 2.5 TECu 左右。

4.3.6 区域预报模式输入

模式输入为各台站预报出来的 TEC 数据以及各台站的地理坐标(台站名称、纬度、经度)。输入数据由单站预报模式计算得到。数据输入频次为 15 min/次,时间分辨率为 15 min。

示例:

区域预报模式的输入(一共选取了 27 个台站 TEC 的单站预报数据,这里选用 2004 年 6 月 15 日 14 点的提前 1 h 预报值):

17.84	19.24	23.69	20.39	36.50	15.41	22.83	17.73	38.95
25.41	25.11	16.27	18.25	20.82	28.36	19.86	31.77	21.89
18.86	28.38	25.29	25.02	36.09	33.56	23.27	21.02	40.08

27 个台站的站名、经度和纬度见表 4.2。在这里截取两个台站,如下:

站名	纬度(°N)	经度(°E)
bjsh	40.2527	116.2205
daej	36.3994	127.3745

4.3.7 区域预报模式输出

模式输出以图片的形式(图 4.9),给出提前 1 h 预报中国及周边地区某时刻的电离层 TEC 等值线图。图中标记有所选取台站的位置及各台站的单站预报结果。数据输出频次为 15 min/次,时间分辨率为 15 min,空间分辨率为 1°×1°。

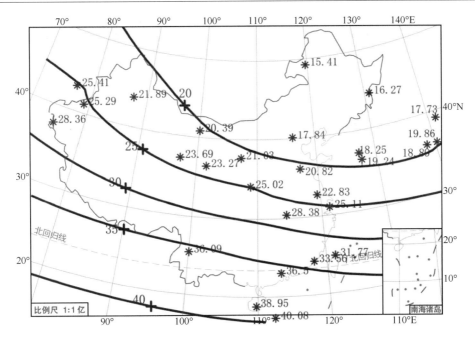

图 4.9　区域预报模式输出示意图

（中国地区提前 1 h 预报的电离层 TEC 分布图_2004 年 6 月 15 日 14：00，北京时间，单位：TECu）

4.3.8　区域预报模式说明

模式类型：统计

编程语言及版本：matlab7.0

运行环境：windows

运行频率：15 min

程序运行耗时：小于 1 min

预报时效：未来 1 h

预报准确率：对提前 1 h 的 TEC 预报，误差（均方根值）小于 20％。

4.3.9　区域预报模式验证

1. 采用交叉验证法（Cross validation）来检验电离层 TEC 的重构效果：首先假定某个 GPS 台站的电离层 TEC 未知，使用周围其他站点的值进行克里格估计，以估计值和实测值之差的均方根值作为评估重构方法优劣的标准：

$$\sigma = \sqrt{\frac{1}{N-1} \sum_{1}^{N} \left[TEC(Pre) - TEC(Meas) \right]^2} \tag{4.13}$$

其中，N 为参加评估的样本数，根据所需评估误差的要求，可以是某一个月中某一个时刻的天数，可以是某一个月中每天各个时刻的总数等。

2. 若已知第 i 个站点每个时刻 t 的重构误差为 $\sigma_i(t)$，那么该站的整体重构误差为：

$$\sigma(i) = \sqrt{\frac{1}{M}\sum_{t=1}^{M}\sigma_i(t)^2} \qquad (4.14)$$

M 为样本个数。

3. 当重构的数据使用预报数据,那么重构误差就是预报误差。

图 4.10,4.11 分别为 2004 年 3 月四个典型时刻和 2004 年四个典型月份的预报误差分布图。

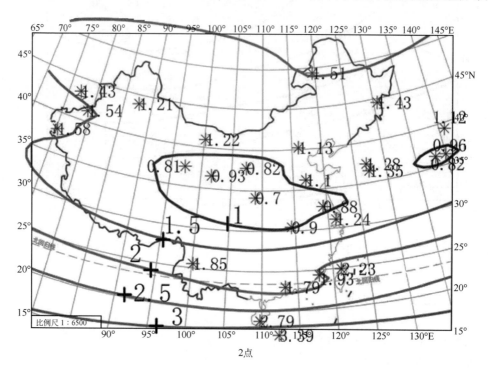

2点

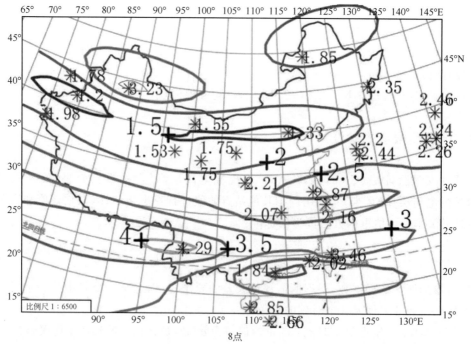

8点

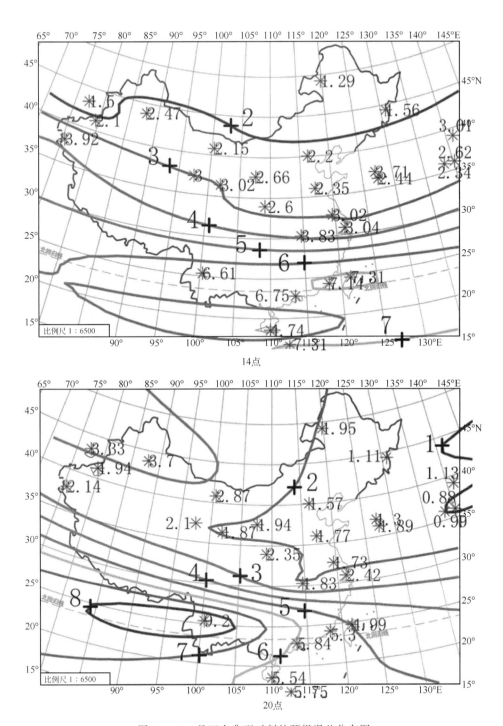

图 4.10　3 月四个典型时刻的预报误差分布图

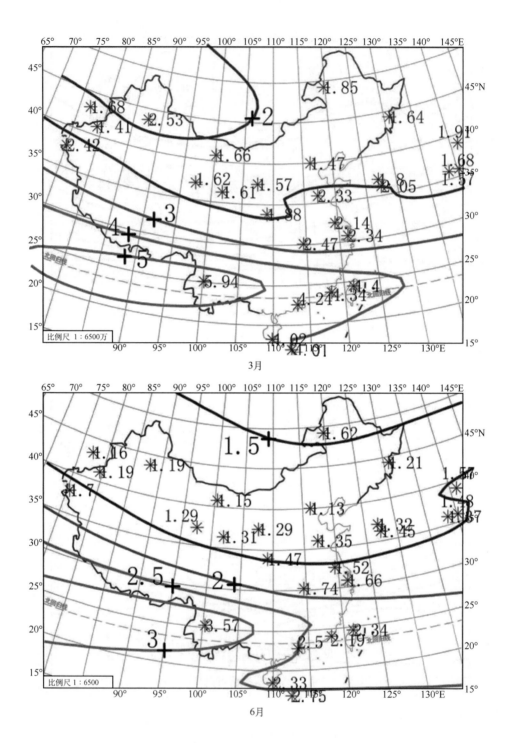

3月

6月

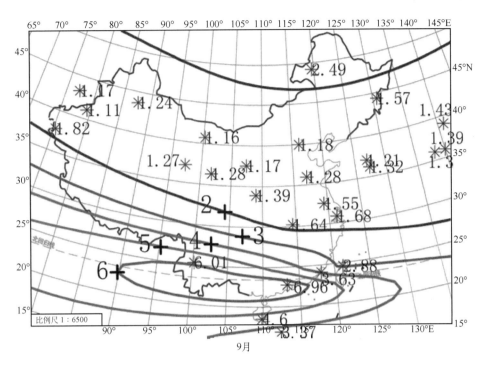

9月

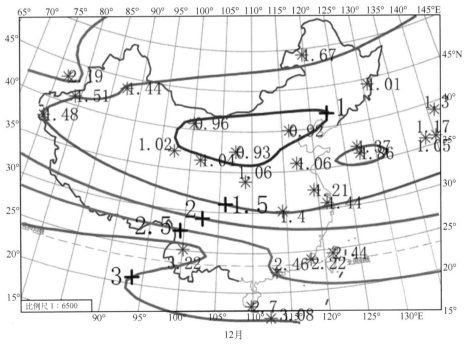

12月

图 4.11　季节(典型月份)的预报误差分布图

4.4　电离层闪烁效应预报模式

4.4.1　概述

电离层效应预报模式的基础是数据,传统的电离层效应预报模式依赖的数据主要是利用电离层闪烁接收机观测的电离层闪烁数据,但这类数据可获得性很差,在中国区域内的电离层闪烁数据时间连续性不强,国内只是在太阳活动低年的 2004 年以后才陆续在低纬度地区布站观测。因此,如何获得一个包括整个太阳活动周的电离层闪烁数据,就成了开展电离层闪烁效应预报模式的关键技术问题。北京大学电离层组最近一些年来,通过分析国内常规 GPS 数据的周跳特点,发现利用这一数据也可以开展电离层闪烁规律的分析,通过国家面上基金支持研制了一套适合电离层影响的周跳提取软件,并成功地将这一软件应用到电离层闪烁效应分析中。利用前期的研究成果统计分析周跳发生的规律,进而获得一个全新的基于 GPS 常规数据的电离层效应预报模式。目前所用的数据包含了 1999 年到 2006 年的数据,这一时期包括了上个太阳活动周从极大到极小,利用这些数据获得的电离层闪烁效应预报模式可以更加全面地反映电离层闪烁情况,获得的模式可以直接应用到电离层闪烁效应的预报业务中。

GPS 接收机在进行载波相位跟踪时,只能测量载波相位一周以内的小数部分,不能测量相位的整周数,载波相位整周数变化值是通过多普勒积分由电子计数器累计得到的。

由一些原因导致的接收机载波锁相环在短时间内短暂失锁,而引起计数中断,当相位锁相环重新锁定后,多普勒计数又重新开始,但载波整周数变化值不连续导致的相位跳变叫作周跳(cycle slips)。

导致载波相位产生周跳的原因可归结为以下三个方面:

➢ 卫星信号在传播过程中被诸如山、树木、建筑物等障碍物阻隔引起的信号短时遮蔽。

➢ 电波在传播过程中由外部环境影响导致信号信噪比(SNR)下降及强相位起伏,例如,电离层闪烁、天线周围环境引起的多径效应或者是动态定位时接收机的运动等。

➢ 由接收机在信号锁定时由自身硬件问题导致信号处理中断。

4.4.2　周跳发生率统计分析

1. 确定周跳数据分析的仰角范围

图 4.12 为不同仰角下的周跳发生率。在卫星仰角大于 $15°$ 的情况下,周跳发生率具有明显的周日变化特征,为严格起见,用于分析电离层闪烁效应的周跳数据的仰角限制在 $25°$ 以上。

2. 各站周跳发生的周日变化特点

如图 4.13 所示。

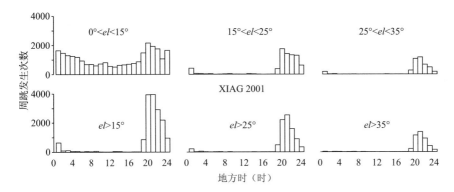

图 4.12　不同仰角下的周跳发生率

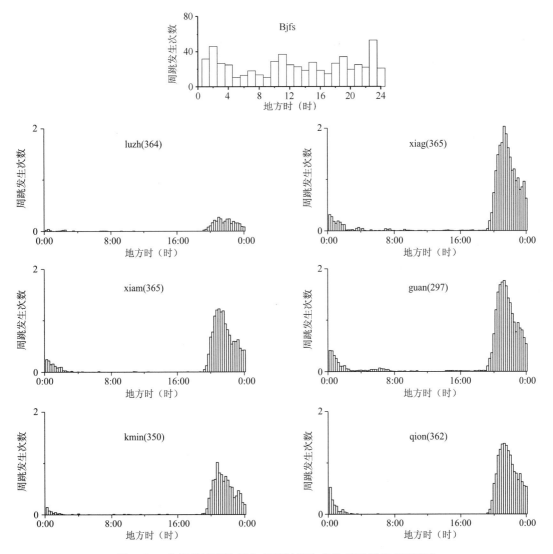

图 4.13　中国低纬度地区电离层闪烁造成的 GPS 周跳周日变化

➢ 周跳发生次数的纬度效应明显：低纬度地区周跳发生率明显，而中纬度地区（北京）没有明显的规律特征。

➢ 低纬度地区地方时 19 点以后周跳发生次数明显增加，在 20 点到 21 点时周跳发生达到最大，随后逐渐减少。午夜之后凌晨之前还有一些周跳发生，白天几乎不发生。

➢ 周跳发生次数随地方时上升的速度大于下降速度。

3. 周跳发生的季节变化特点

如图 4.14 所示。

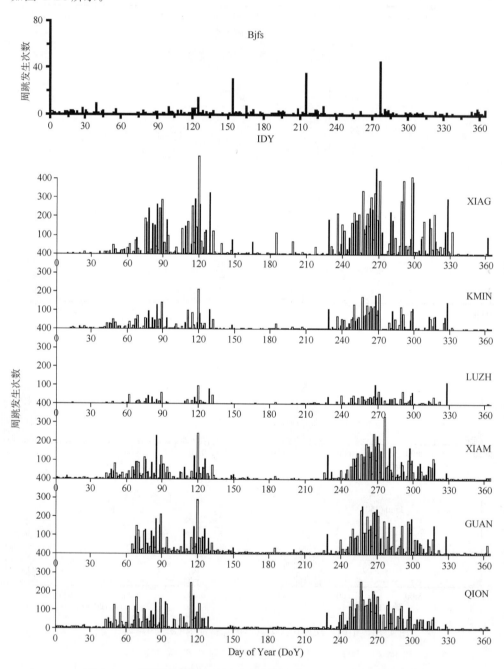

图 4.14　中国低纬度地区与电离层闪烁相关的 GPS 周跳季节变化

➢ 低纬度地区周跳具有明显的季节变化特征,而在中纬度地区不明显。

➢ 周跳主要发生在两分季附近(DoY45~135,DoY225~315)

➢ 周跳的日-日变化非常显著。

➢ 低纬度台站日周跳发生次数的时间相关性很好,部分周跳同步发生的日期明显与空间天气事件有关。

4. 在一个太阳活动周内周跳发生的特点

如图 4.15 所示。

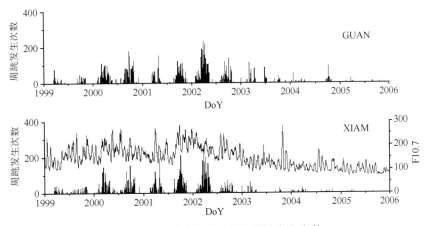

图 4.15 一个太阳活动周内周跳发生次数

➢ 周跳发生次数具有太阳活动周依赖性,但与太阳活动强度并不是线形相关的。

➢ 2002 年下半年周跳发生次数锐减,2003 年以后周跳发生次数很少。

5. 地磁活动与周跳发生的关系

如图 4.16,4.17 所示。

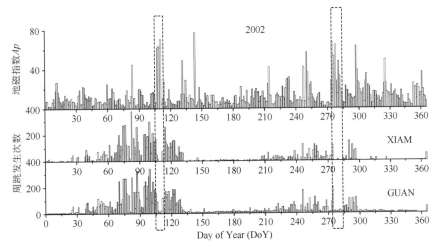

图 4.16 周跳与地磁活动的关系

➢ 统计来说,强地磁活动期间的周跳发生次数要少于地磁平静期。

➢ 具体到个例来看,部分情况下地磁具有抑制周跳发生的趋势,但也有地磁活动加强周跳发生率的情况。

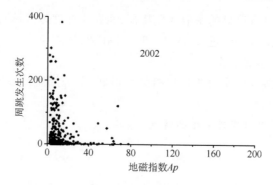

图 4.17　不同地磁指数下的周跳发生次数

➤ 大的周跳发生次数基本上都发生在 Ap 指数小于 20 的情况。

6. 不同台站周跳发生的相关性

低纬度不同台站周跳发生次数是相关的,台站距离越近相关性越好。如图 4.18 所示。

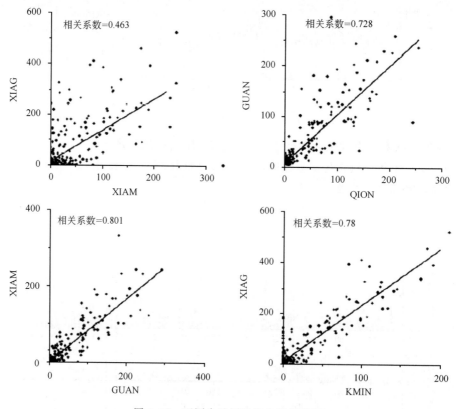

图 4.18　不同台站周跳发生的相关性

4.4.3　闪烁效应模式化

根据上述分析结果,针对厦门—广州—昆明纬度带进行电离层闪烁效应模式的建立,模式主要涉及的参数包括地方时、季节、太阳活动周和地磁活动,根据各自具体的特点进行不同精度的建模工作。

- ➢ 闪烁效应的地方时规律模式化
- ➢ 闪烁效应的季节特征模式化
- ➢ 闪烁效应的太阳活动周特征模式化
- ➢ 闪烁效应的地磁活动特征模式化

1. 闪烁效应的地方时规律模式化

周跳的发生次数随地方时的变化轮廓线在最大值以前上升很快,在最大值以后下降很慢。这种变化规律可以利用表征电离层电子产生率的 CHAPMAN 函数曲线来拟合(图 4.19)。

$$p_l = A \mathrm{e}^{[1-x-\mathrm{e}^{(-x)}]}$$
$$x = \frac{t - t_M}{H_t} \tag{4.15}$$

2. 闪烁效应的季节特征模式化

如图 4.20 所示。

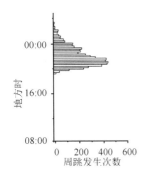

图 4.19　闪烁效应的地方时规律

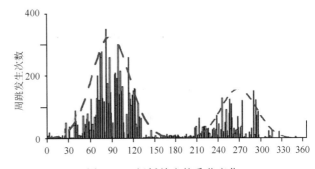

图 4.20　闪烁效应的季节变化

闪烁效应的季节特点可以用一个高斯分布来描述。

年积日覆盖范围从 45～135(春分)和 225～315(秋分),高斯分布的幅度由太阳活动指数和地磁活动指数来调制。

但闪烁效应的日-日变化特征不能显示出来。

3. 闪烁效应的太阳活动周特征模式化

如图 4.21,4.22 所示。

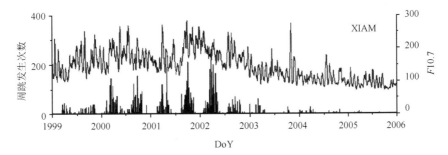

图 4.21　周跳发生次数与太阳辐射指数($F10.7$)的关系

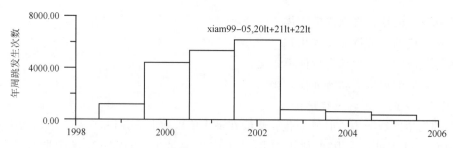

图 4.22　年周跳累计数与太阳活动周的关系

　　从周跳与太阳活动指数的关系来看,周跳发生次数与 $F10.7$ 的滑动平均值要比日 $F10.7$ 的联系更紧密一些,需要构建一个参数表征这一特点。

　　该参数的背景值为 $F10.7$ 的平均值,日 $F10.7$ 是这个参数的一个微扰量。

　　在太阳活动平均状态小于某一个值时,闪烁效应会明显减弱。

　　4. 闪烁效应的地磁活动特征模式化

　　如图 4.23 所示。

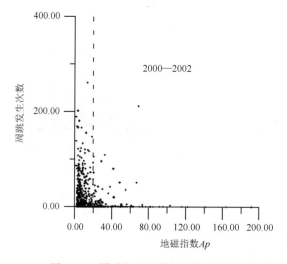

图 4.23　周跳发生次数与 Ap 的关系

　　地磁活动与闪烁效应的关系比较复杂,目前在影响机理上也还有很多理论工作需要做,但总的来看,强磁活动情况下闪烁效应要弱于磁宁静情况。

　　作为初级电离层闪烁效应模式,可以将地磁指数作为一个闪烁效应模式的调制量,该调制量基本上与闪烁强度呈负相关,调制量与 Ap 指数的函数曲线需反映其主要特征。

4.4.4　模式输入输出

　　模式输入数据有:年,月,日,27 d 滑动 $F10.7$ 指数。

　　模式输出数据为周跳发生概率。

　　软件界面如图 4.24 所示。

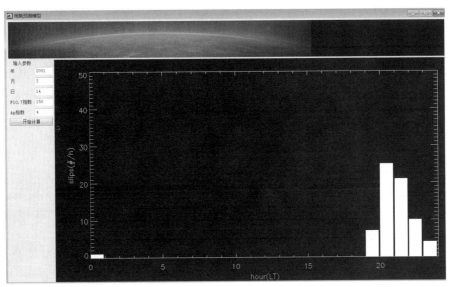

图 4.24　模式软件界面截图

4.5　总结

本章研究立足于我国自主的电离层观测体系，发展电离层参量现报和预报的原理与方法，通过对基于地面电离层观测的电离层参量现报和预报的关键技术攻关，研制出能够用于我国及其周边地区电离层参量现报和预报业务演示系统。本章所研究内容和所形成的模式现总结如下：

1. 利用 GPS 观测数据，通过 EOF 方法建立了一套中国地区电离层 TEC 的经验模型，并应用于 TEC 的预报，其预报精度达到了预期的标准。利用全球电离层垂测台站的峰值浓度（$NmF2$）观测和 JPL 提供的 GIM 数据，通过 CCA 方法建立了一套中国地区电离层 $NmF2$ 的经验模型，并应用于 TEC、$NmF2$ 的预报，其预报精度达到了预期的标准。

2. 立足于我国自主的电离层观测体系，开发了一种切实可行、相对先进的电离层总电子含量（TEC）短期预报模式，提出了预报服务的试用方案，能够用于我国及其周边地区。在总体上，提前一小时预报中国地区电离层 TEC 时，单站预报的相对误差为 10% 左右，区域预报的相对误差为 12% 左右。

3. 在对 GPS 数据进行充分分析的基础上，在国际上首次利用常规 GPS 观测数据提取的周跳数据作为电离层闪烁效应研究的数据集，建立了一个包括周日、季节、太阳活动周以及地磁因素的电离层闪烁效应预报模式。该模式可应用于对电离层闪烁造成的空间天气的趋势预报中。

本章针对电离层最关心的几个问题 TEC、$NmF2$、闪烁的预报关键技术攻关，对现有模式进行集成改进，研制出能够用于我国及其周边地区电离层参量现报和预报业务演示系统。

发表相关论文

1. 温晋,万卫星,丁锋,等. 电离层垂直 *TEC* 映射函数的实验观测与统计特性. 地球物理学报,2010,**53**(1):22~29. DOI:10.3969/j.issn.0001-5733.2010.01.003.
  Wen J, Wan W X, Ding F, *et al*. Experimental observation and statistical analysis of the vertical TEC mapping function. *Chinese J. Geophys*. (in Chinese),2010,**53**(1):22~29, DOI:10.3969/j. issn. 0001-5733.2010.010.003.

2. Wan W. X., F. Ding, Z. P. Ren, M. L. Zhang, L. B. Liu, and B. Q. Ning. 2012. Modeling the global ionospheric total electron content with empirical orthogonal function analysis. *Science China Technological Sciences*, 1-8, doi:10.1007/s11431-012-4823-8.

3. Yu Y., W. Wan, B. Zhao, Y. Chen, B. Xiong, L. Liu, J. Liu, Z. Ren, and M. Li. 2013. Modeling the global NmF2 from the GNSS-derived TEC-GIMs. *Space Weather*, **11**, 272-283, doi:10.1002/swe.20052.

4. Xiong B., W. Wan, B. Ning, F. Ding, L. Hu, and Y. Yu. 2014. A statistic study of ionospheric solar flare activity indicator, *Space Weather*, **12**, doi:10.1002/2013SW001000.

5. Ren Z., W. Wan, and L. Liu. 2009. GCITEM-IGGCAS: A new global coupled ionosphere-thermosphere-electrodynamics model. *Journal of Atmospheric and Solar-Terrestrial Physics*, **71**(17), 2064-2076.

6. 刘瑞源,吴健,张北辰. 电离层天气预报研究进展. 电波科学学报,**19**(增刊),35-40,2004.

7. Liu Ruiyuan, Xu Zhonghua, Wu Jian, *et al*. Preliminary studies on ionospheric forecasting in China and its surrounding area. *J. Atmos. Sol. Terr. Phys*., **67**(12), 1129-1136, 2005.

8. 刘瑞源,刘顺林,徐中华,等. 自相关分析法在中国电离层短期预报中的应用. 科学通报,**50**(24),2781-2785,2005.

9. Liu Ruiyuan, Liu Shunlin, Xu Zhonghua, *et al*. Application of autocorrelation method on ionospheric short-term forecasting in China. *Chinese Science Bulletin*, **51**(3), 352-357, 2006.

10. 刘瑞源,刘国华,吴健,等. 中国地区电离层 foF2 重构方法及其在短期预报中的应用. 地球物理学报,**51**(2),8-14,2008.

11. 刘瑞源,王建平,武业文,等. 用于中国地区电离层总电子含量短期预报方法. 电波科学学报,**26**(1),18-24,2011.

12. 武业文,刘瑞源,张北辰,等. 电离层总电子含量的短期预报方法的误差评估. 电波科学学报,**26**(6),1141-1147,2011.

13. Wu Yewen, Liu Ruiyuan, Wang Jianping, *et al*. Ionospheric TEC Short-Term Forecasting in CHINA, Antennas Propagation and EM Theory (ISAPE), 2010 *9th International Symposium*, **10**. 1109/ISAPE. 2010.5696490, 418-421, 2011.

14. Wu Yewen, Liu Ruiyuan, Zhang Beichen, *et al*. Variations of the ionospheric TEC using simultaneous measurements from the China Crustal Movement Observation Network, *Ann. Geophys*., **30**, 1423-1433, 2012.

参考文献

刘瑞源,刘顺林,徐中华,等. 2005. 自相关分析法在中国电离层短期预报中的应用. 科学通报,**50**(24):2781-2785.

刘瑞源,刘国华,吴健,等. 2008. 中国地区电离层 foF2 重构方法及其在短期预报中的应用. 地球物理学报,**51**

（2）：8-14.

刘瑞源,王建平,武业文,等. 2011. 用于中国地区电离层总电子含量短期预报方法. 电波科学学报,**26**（1）：18-24.

武业文,刘瑞源,张北辰,等. 2011. 电离层总电子含量的短期预报方法的误差评估. 电波科学学报,**26**（6）：1141-1147.

Daniell R E, Brown L, Anderson D, *et al*. 1995. Parameterized ionospheric model: A global ionospheric parameterization based on first principles models. *Radio Sci.*, **30**(5):1499-1510, doi:10.1029/95RS01826.

Liu Ruiyuan, Xu Zhonghua, Wu Jian, *et al*. 2005. Preliminary studies on ionospheric forecasting in China and its surrounding area. *J. Atmos. Sol. Terr. Phys.*, **67**(12):1129-1136.

Liu Ruiyuan, Liu Shunlin, Xu Zhonghua *et al*. 2006. Application of autocorrelation method on ionospheric short-term forecasting in China. *Chinese Science Bulletin*, **51**(3):352-357.

Muhtarov G, Kutiev I. 1999. Autocorrelation method for temporal interpolation and short-term prediction of ionospheric data. *Radio Sci.*, **34**(2): 459-464.

Shi H, Zhang D H, Hao Y Q, *et al*. 2014. Modeling study of the effect of ionospheric scintillation at low latitudes in China. *Chinese J. Geophys.*, **57**(3):691-702, doi:10.6038/cjg20140301.

Stanislawska I, Gulyaeva T, Hanbaba R, *et al*. 2000. COST 251 reconnended instantaneous mapping model of ionospheric characteristics-PLES. *Phys. Chem. Earth*, **25**(4): 291-294.

Storch H V, Zwiers F W. 2002. Statistical Analysis in Climate Research. Cambridge Univ. Press, Cambridge, UK.

Wan W X, Ding F, Ren Z P, *et al*. 2012. Modeling the global ionospheric total electron content with empirical orthogonal function analysis. *Sci. China Technol. Sci.*, (05):1-8, doi:**10**.1007/s11431-012-4823-8.

Xue X, Wan W, Xiong J, *et al*. 2007. Diurnal tides in mesosphere/low-thermosphere during 2002 at Wuhan (30.6°N, 114.4°E) using canonical correlation analysis. *J. Geophys. Res.*, **112**, D06104, doi:10.1029/2006JD007490.

Xue X, Wan W, Xiong J, *et al*. 2008. The characteristics of the semi-diurnal tides in mesosphere/low-thermosphere (MLT) during 2002 at Wuhan (30.6°N, 114.4°E)-using canonical correlation analysis technique. *Adv. Space Res.*, **41**(9):1415-1422, doi:10.1016/j.asr.2007.04.071.

Yu Y, Wan W, Xiong B, *et al*. 2015. Modeling Chinese ionospheric layer parameters based on EOF analysis. *Space Weather*, **13**:339-355, doi:10.1002/2014SW001159.

Yu Y, Wan W, Zhao B, *et al*. 2013. Modeling the global NmF2 from the GNSS-derived TEC-GIMs. *Space Weather*, **11**:272-283, doi:10.1002/swe.20052.

Zhang D H, Xiao Z, Feng M, *et al*. 2010. Temporal dependence of GPS cycle slip related to ionospheric irregularities over China low latitude region. *Space Weather*, **8**, S04D08, doi:10.1029/2008SW000438.

Zhang D H, Cai L, Hao Y Q, *et al*. 2010. Solar cycle variation of the GPS cycle slip occurrence in China low-latitude region. *Space Weather*, **8**, S10D10, doi:10.1029/2010SW000583.

Zhang M L, Liu C, Wan W, *et al*. 2009. A global model of the ionospheric F2 peak height based on EOF analysis. *Ann. Geophys.*, **27**(8): 3203-3212, doi:10.5194/angeo-27-3203-2009.

Zhao B, Wan W, Liu L, *et al*. 2005. Statistical characteristics of the total ion density in the topside ionosphere during the period 1996—2004 using empirical orthogonal function (EOF) analysis. *Ann. Geophys.*, **23**:3615-3631.

Zhao B, Zhu J, Xiong B, *et al*. 2014. An empirical model of the occurrence of an additional layer in the ionosphere from the occultation technique: Preliminary results. *J. Geophys. Res. Space Physics*, **119**:10204-10218, doi:10.1002/2014JA020220.

第 5 章　中高层大气模式

5.1　概况

5.1.1　目的意义

　　中高层大气是日地耦合系统中重要环节之一,是日地空间科学研究不可缺少的组成部分。它与人类生存环境和国家的航空航天、军事活动有着极为密切的关系。中高层大气对飞行器所产生的阻力效应将导致飞行器轨道和姿态的改变;中高层大气成分中的原子氧与飞行器表面材料的相互作用将导致表面材料的质量损失和物理与化学性质的改变。此外,大气参数(温度、密度、压强、风场等)的偏差将会严重影响导弹的命中精度、卫星和飞船的安全发射、在轨寿命及顺利返回。所以,中高层大气研究是日地空间环境研究中重要且必须的一项工作。

　　大气模式是对各种大气参数时空分布和变化的定量描述,模式研究是大气研究的重要手段之一。基于对大量探测数据进行统计和理论分析而建立的中高层大气模式,可以模拟中高层大气中的物理化学变化过程、预报大气温度、密度、压强、风场、标高和各主要气体成分数密度等重要参数。此外,通过对中高层大气模式的数据同化,还可为没有观测数据的地区提供一定的参考。值得提出的是,中高层大气温度、密度、压强和风场等参数的预报在航天和军事活动的保障服务方面有着至关重要的作用。

　　目前,我国主要引进国际公开发表的大气模式作为国家标准。例如:我国在航天工程中较常用的美国国家标准大气模式。这对于我国的航天和军事工程应用有两个不利方面:①美国的国家标准大气,基本代表美国的平均状态的大气结构参数随高度的分布状况,对我国实际的应用没有给出最优化参数;②我们能引进的国际公开发表的大气模式版本都不够新,随着大气探测技术的快速发展,有很多大气中的新现象和新规律被观测到,而老版本的模式并没有包含这些现象和规律,对现实大气的模拟不够全面。

　　中国作为空间大国,也应该发展代表我国中高层大气基本状态的模式,针对我国空间活动和国防工程提供所需的大气参数,并且实现以自主研发为主的可持续化发展,从而改变现有对国外模式的依赖状况。我国航天事业和军事的发展对建立自主的大气模式提出了越来越迫切的需求。并且,我国日渐增多的地基探测和将要进行的卫星探测都会给我国中高层大气预报模式的建立补充新鲜的观测数据,为建立自己的大气模式提供了实际探测的保障,也使得自主模式的不断改进和可持续发展成为可能。

5.1.2　研究目标

利用中高层大气激光雷达探测手段,发展新的数据分析处理方法,研究和改进我国中纬度地区大气模式。①结合多点的激光雷达观测(在项目前期结合武汉物理与数学研究所;项目后期结合子午工程建设的其他几部激光雷达),建立我国中纬度地区的 30~65 km 中高层大气的温度、密度模式;②利用钠荧光激光雷达观测数据,建立 80~110 km 高度钠层模式;③利用中国科技大学正在建设中的多普勒测风激光雷达提供的 0~40 km 高度大气风场数据,研究风场特性,初步建立大气风场模式。

基于对近几年全球中低纬地区几个地面无线电雷达对中间层和低热层的探测数据和美国发射的 SABER/TIMED(Sounding of the Atmosphere using Broadband Emission Radiometry/the Thermosphere-Ionosphere-Mesosphere Energetic and Dynamics)卫星探测数据的统计及理论分析,并与国际参考大气模式进行比较研究,弥补国际参考大气的不足并借鉴其构建经验,建立一个中低纬地区中高层大气四维(经度、纬度、高度和时间)回归预报模式。本模式可给出中低纬范围中高层大气温度和密度的分布和变化特征。

模式的建立将为我国空间天气预报及中高层大气的科学研究提供重要基础,为我国航空航天活动的顺利进行提供可靠保障。

5.1.3　模式组成

中高层大气预报模式由以下四个模式组成:
(1)中低纬度地区中高层大气温度和密度预报模式。
(2)大气温度和密度日变化模式。
(3)钠层季节变化模式。
(4)钠层日变化模式。

5.1.4　技术路线

1. 利用自主的地基激光雷达观测,分析自主观测资料所反映的空间天气特性,并比较国际上同类资料或同类模式结果,采用基础研究的成果,借鉴国际已有经验,发展我国中纬度地区大气模式。

2. 利用合肥激光雷达,包括米-瑞利-钠荧光激光雷达,以及在 2008 年度建成的测风激光雷达的观测资料,采用适当的数据分析手段,对我国中高层大气模式进行经验建模(如温度、密度、钠层、风场)。

3. 在现有掌握的部分全球大气探测资料的基础上,多方收集和利用国外探测数据,进行同化和统计,建立实用的大气模式,为我国航天和军事服务。具体技术路线如下:

1)对卫星探测数据的分析处理

第一步:分解提取卫星观测资料中的纬圈平均的温度场、潮汐波、行星尺度波等各个波分量。

第二步:对每个波分量及纬圈平均场进行季节、年际分析。

第三步:将上述分析结果用于全球回归预报模式的构建。

2)对中低纬几个地基无线电雷达探测数据的分析处理

第一步:分解提取相应台站风场中背景风场、潮汐波和行星波等各重要分量。

第二步:找出各分量空间分布特征和随时间变化的规律。

第三步:将上述分析结果用于全球回归预报模式的构建。

3)数据分析结果与国际参考大气模式对比分析

第一步:对比分析近几年较新的实测大气动力学参数和国际参考大气模式计算结果并估计偏差。

第二步:基于这些偏差估计,寻求改进和弥补国际参考大气模式的不足的优化方案。

第三步:将上述优化方案用于全球回归预报模式的构建。

4)中低纬地区中高层大气温度和密度预报模式的构建

第一步:基于实测数据的分析结果及改进国际参考大气模式的偏差估计的优化方案,借鉴国外成功模式的经验,采用回归分析的方法,结合国际相关模式,完成有关数学与物理模型的研制和微机程序化,并进一步调试预报模式软件。

第二步:利用软件显示技术实现预报模式计算结果的数据。

5.2　中高层大气模式研究现状

中高层大气具备大气密度稀薄、空间辐射剂量小等优点,成为人类空间活动重要区域之一。如国际空间站、太阳同步气象卫星、移动通信卫星、航天飞机等都运行在这一区域。中高层大气状态并不是一成不变的,受太阳活动和地磁活动等参数的影响。中高层大气参数的变化关系到这些航天器轨道稳定性,关系到其运行的寿命,也关系到航天器和地面之间的通信等。同时,中高层大气的变化也会影响到低层大气的状态,进而影响地面人类活动。因此,研究中高层大气参数变化特性,发展中高层大气模式,并预测中高层大气参数分布及其变化显得非常重要。

在 20 世纪 60 年代以前,中高层大气研究还比较少,因为当时的航天事业还比较落后,还没有足够的观测数据以供研究。60 年代之后,大量卫星观测数据使得中高层大气模式研发得到迅速的发展,相继诞生了许多模式。这些模式大致可分为理论模式和经验模式。

5.2.1　理论模式

中高层大气的数值模拟研究是从 20 世纪 60 年代初开始的。最早的全球模式是 Kohl 等(1967)模式,该模式仅考虑了压强分布作为动力源,采用了简化的 Navier-Stokes 完备方程。Geissler(1967)和 Kohl 等(1967)在 CIRA1965 年全球温度和密度模式基础上,编制了稳态模式。随后,Bailey 等人发展了该模式,不过还是没有添加非线性项和黏滞项。1975 年,Straus 等考虑了将太阳 EUV 作为外部能量输入,建立了自洽的单谐波模式。随后 Mayr 等也发展了该模式,引入了氧原子和氮分子两个主要成分。早期的这些模式仅仅是二维的,尽管比较容易解决时变项计算,但无法模拟热层时变响应及热层对能量输入扰动的响应,尤其是不能模拟地磁暴时的时变响应,不过这些模式对后续三维时变模式的发展起到重要作用。

虽然在 70 年代末之前,科学家们已经发现在谐波模式中加入非线性项和时变项,采用分离格点的步长法寻求完全三维时变动量和能量方程是可行的。不过当时受计算设备的影响,直到 70 年代末期求解时变三维模式才成为可能。在此,我们仅介绍两个已被国际认可的时变三维模式:英国伦敦大学(UCL)的热层模式和美国国家大气研究中心(NCAR)的热层模式。

1. UCL 热层模式

1980 年 Fuller-Rowell 和 Rees 编制了 UCL 最初的热层三维时变 GCM(General Circulation Model)模式。该模式引入了非线性项、科里奥利力项、黏滞项等,自洽地解决了中性大气的能量和动量方程。该模式采用格点法,将全球由西向东划分为 20 个区域,经度间隔为 18°,而纬度的间隔可根据模式要求而改变,一般用 2°网格;时间步长为 1 min;垂直方向上将 80 km 到 450 km 的热层划分为 15 个压强面,其上边界的高度随着温度剖面的变化而变化,可从太阳活动低年地磁宁静期约 300 km 变化到太阳活动高年地磁扰动期的 700 km 左右。

与以往模式相比,GCM 模式可得到较好的热层风场和温度场的三维结构。不过其初步结果不可能和热层风场观测数据一致,因为这个模式依赖于太阳加热、电子密度、极区电场的经验和半经验模式。该模式还存在其他问题,如假定热层只含有一种成分,没考虑因经向环流造成的平均分子量的变化,没考虑中纬极化电场,没考虑地球自转轴和磁轴之间的夹角,没考虑中层大气向上传播的潮汐能,等。虽然该模式存在比较大的不足,但它是 UCL 后续一系列模式发展的基础。

1983 年 Fuller-Rowell 和 Rees 在 GCM 中加入了 O,O_2 和 N_2,并假设 O 和 O_2 处于光化学平衡,用动量和能量方程自洽地解决了热层平均分子量的变化,完成了对热层平均分子量守恒方程的推导,同时还描述了其主要成分的传输以及由分子湍流作用产生的相对扩散。虽然该模式仅将太阳 EUV 加热作为热层的能量源,但其结果和 MSIS 经验模式取得了较好的一致,同样展示了 MSIS 模式中发现的热层温度、成分、密度的主要日变化和纬度变化特征。1984 年 Fuller-Rowell 和 Rees 继续发展 GCM 模式,在模式中考虑了地球自转轴和地磁磁轴偏离不重合的情况,并模拟了热层对地磁亚暴的响应。1985 年,Rees 等人用 GCM 模式模拟了伴随太阳和地磁输入的热层日变化、季节变化和对地磁变化的响应,理论上证实了两极热层风、温度、密度和成分的变化量级都随着地磁活动的增长而增长,同时也发现大地磁暴会导致热层结构猛烈的变化。同年,Rees 等人结合 Chiu(1975)全球电离层模式、Sheffield 电离层模式、PIONS 电离层模式和两个极区电场模式,进行了稳态时变模拟。

1987 年,Fuller-Rowell 等人将 GCM 模式扩展为耦合的热层和电离层模式(Coupled Thermosphere-Ionosphere Model),简称为 CTIM。该模式可用于研究热层中性风和极区电离层成分间的动力学和化学作用。1988 年,Rees 等人利用该模式模拟了电离层和热层耦合系统的季节响应和行星际响应。1994 年 Fuller-Rowell 等人利用该模式模拟了秋分时,高层大气对磁暴的响应,讨论了磁暴导致热层和电离层变化的时间相关性。

考虑到磁层对电离层和热层的影响,Fuller-Rowell 等(1996)和 Millward 等(1996)将 CTIM 模式继续向前发展,在模式中考虑了等离子体层对电离层和热层的影响,建立了非线性耦合的热层-电离层-等离子体层模式(Coupled Thermosphere-Ionosphere-Plasmasphere Mode),简称 CTIP。此模式中包含了一个全球热层模式、一个高纬度电离层模式和一个中低纬度电离层-等离子体层模式。

2. NCAR 热层模式

在 80 年代以前,NCAR 的模式大部分都是二维,即使有三维,也都是半经验的,且无法对热层的时变响应做出响应的模拟。直到 1981 年 Dickinson 等人提出了合适的边界条件,NCAR 才发展了自己的热层普适环流模式(Three-Dimensional General Circulation Model of the Thermosphere),简称 TGCM,并用该模式模拟了秋分和冬至时全球热层温度分布和热层环流。该模式采用格点法,经纬度网格均为 5°,在垂直方向上将 90~500 km 高度分为 24 个常压面,时间步长为 5 min。模式假定太阳周期内最小的太阳射电流量为 F10.7 $= 80×10^{-22}$ W·m^{-2}·Hz^{-1},最大为 F10.7 $= 160×10^{-22}$ W·m^{-2}·Hz^{-1},约是早期参考值两倍大,弥补了以前的双倍修正。

在 TGCM 模式中,驱动热层的能源包括了太阳 EUV 和 UV 辐射及一个结合极光过程的高纬度热源。该模式实现了 5 d 内的日变化再现,且没有出现大尺度运动的流体静力学不稳定性,得到令人满意的三维结构热层风和温度的模拟结果。但是,TGCM 采用的还是 Chiu 等(1975)经验模式电子密度分布,该模式低估了电离层电导率,限制了地磁能量的输入及在极光椭圆区附近的热层和电离层耦合增长。而且 TGCM 模式还假设了地磁轴和地球自转轴一致,高纬度热源在经度上呈均匀分布。

1988 年,在中性风和等离子体的相互作用及波和底层大气耦合可能会一起使热层变化的思想推动下,Roble 和 Ridley 在 TGCM 模式基础上,发展了热层-电离层耦合模式(Thermosphere-Ionosphere General Circulation Model),简称 TIGCM。该模式同时考虑了地磁轴和地球自转轴差异、高纬磁层对流和高纬粒子沉降的影响,并自洽解决了能量、动量、连续性、流体静力学完全耦合的非线性方程,以及中性风成分和粒子的状态方程,可模拟出在太阳极大年和极小年,在不同季节下地磁宁静、适度和扰动三种状态下的热层响应,给出多种成分离子、原子和分子的密度,离子、电子和中性成分的温度及中性风等信息。该模式与经验模式得到的热层和电离层全球结构取得很好的一致。这证明了该模式已经能够模拟出合理的热层和电离层大尺度结构主要的物理和化学过程。不过,该模式仍然采用 Heelis 等(1982)的经验对流模式来计算离子曳力和焦耳加热,同时模式还需要一个更好的磁层-电离层等离子体传输的过程来改进 F 区以上电离层顶部结构。为了扩大 TIGCM 模式在科学领域上的应用,其理论计算结果和实际观测结果都放在 NCAR 的 CEDAR 数据库中。

1992 年 Richmond 等人在 TIGCM 模式中加入了热层和电离层间的电动力学反馈作用,发展出了热层-电离层-电动力学耦合模式(Thermosphere-Ionosphere General Circulation Model with Coupled Electrodynamics),简称 TIE-GCM。该模式采用了一个非偶极地磁场,自洽计算出了热层风的发电机效应,同时用得到的电场和电流来计算中性成分和等离子体的电动力学,再现了热层、电离层、质子层的粗略结构和电动力学过程。1995 年,Hernandez 等人用 TIE-GCM 模式计算了热层风场和温度,其结果和高分辨率的 Fabry-Perot 光谱仪测量的结果很吻合,也证实了该模式可以模拟太阳活动周内热层主要变化。

1994 年,Roble 和 Ridley 将 NCAR 模式向低高度发展,增加了中间层大气对热层特性的影响,建立了中间层-热层-电离层电动力学耦合模式(Thermosphere-Ionosphere-Mesosphere-Electrodynamics General Circulation Model),简称 TIME-GCM 模式。该模式不但包括了 TIE-GCM 模式所有特性,还将模式适用的下边界从 97 km 向下扩展到 30 km,在模式中加入了适于中间层和平流层上部的物理和化学过程。

2002 年,Mendillio 等人又将 TIME-GCM 与 NCAR 的通用气候学模式(Community Climate Model,简称 CCM3 模式)相结合,建立了热层-电离层-低层大气通量耦合模式(Thermosphere-Ionosphere-Lower atmosphere Flux-Coulped Model),简称 TIME-GCM-CCM3 模式。该模式模拟结果与电离层探空火箭的数据相比,所获得的峰值电子密度 $NmF2$ 非常好。

从以上介绍可知,UCL 模式主要是向上扩展,考虑磁层对流;NCAR 模式主要是向低层大气扩展,考虑向上传播的潮汐。他们都是为了不断完善热层理论模式而努力,也都在不断地向前发展。

5.2.2　经验模式

20 世纪 60 年代之后,随着大量卫星和火箭直接探测,科学家们获得了相当数量关于中高层大气成分、压强、密度和温度等资料。在这些数据基础上,发展出了许多大气经验模式。以下只介绍大家常用到的一些大气经验模式。

1. 美国标准大气 1976 模式

美国标准大气 1976 模式是中等太阳活动条件下稳态大气状态的近似描绘。模型分两部分,分别为高度低于 86 km 的低层大气和高度为 86～1000 km 的高层大气。低层大气采用分子温度和压强的解析方程描述,而高层大气则需要通过数值积分来确定主要气体成分(N_2,O,O_2,Ar,He 和 H)的数密度、质量密度和压强。该模式的高度分辨率为 0.05～5 km。

2. 国际参考大气 CIRA 系列模式

国际参考大气 CIRA 系列包括:CIRA1961,CIRA1965,CIRA1972 和 CIRA1986。CIRA1986 由空间研究委员会(COSPAR)1988 年发布。其内容丰富、权威性高,是国际上广泛承认的一组参考大气模型。CIRA 由三部分组成,包括热层参考大气、中间层参考大气和微量成分参考大气,分别在 1988 年、1990 年和 1996 年发布。CIRA86 的热层大气模型除主体部分 90～2000 km 经验模型外,还包含了热层—电离层耦合理论模式,给出利用星载质谱仪、非相干散射雷达、卫星和多面光学系统对热层成分、温度和风场的一些新的探测结果,并讨论了磁暴和太阳远紫外变化对热层大气的影响。CIRA1986 的中层大气部分从地面到 120 km,热层部分从 90～2000 km,90～120 km 相互重叠,数据及形式都有所不同。如果所需数据参数都在 100 km 以上,一般使用热层经验模式。热层理论模式可用于科学研究,提供温度、密度、成分和环流的变化图像。如果需要的参数都在 120 km 以下,则一般使用 CIRA1986 的中层大气模式。CIRA1986 热层经验模式提供了计算机 FORTRAN 程序和所需要的系数。在程序中输入球坐标参数、世界时、日期、太阳辐射参数 F10.7 和地磁 Ap 指数,就可以得到所需要的温度、压强、密度及成分。

3. Jacchia 系列模式

以卫星轨道衰变反演的大气密度数据为基础的 Jacchia 系列包括 J65,J70,J71,J77,MSFC/J70,MET 和 METV2.0。其中 Jacchia-70 模型一直是美国海军和空军目标定轨预报的标准模型。模型提供了 90～2500 km 的主要气体成分(N_2,O,O_2,Ar,He 和 H)的大气温度、平均分子量、质量密度和数密度,建立了随季节、纬度、地方时、太阳通量和地磁指数等的变化模型。

4. DTM 系列模式

DTM 系列是采用了 J71 模型基于不同热大气层成分的独立静态扩散平衡假设,包括:DTM78,DTM94 和 DTM2000。由紫金山天文台在 DTM 的基础上利用卫星阻力数据反演大气密度开发的大气密度模型 PMO2000 也属于 DTM 类型。DTM 系列模型采用扩散平衡方程的分析解形式,联合卫星阻力资料、大气成分和温度资料估计模型系数。卫星定轨实践表明,DTM 系列模型是一种较为实用的大气模型。

5. MSIS 系列模式

MSIS 系列模式基于 OGO-6,San Maxco 3,Aeros A 和 AE-C 等卫星的质谱仪资料,以及 Arecibo,Jicamarca,Millstone Hill 和 St. Santin 等台站的非相干散射雷达测量温度的结果来建立的。该模式在低热层接近全球大气环流系统的结果。它包括 MSIS77,MSIS83,MSIS86,MSIS90(MSISE90)和 MSIS00(NRLMSISE00)。NRLMSISE00 大气模型由美国海军研究实验室(Nary Research Laboratory,NRL)于 2000 年在 MSISE90 模型的基础上发展而成。主要改进在于 500 km 高度以上增加了一种新的大气成分:氧离子(O^+)或热氧原子(hot-oxygen)。模型研制者认为,这种非规则氧成分在 500 km 高度以上对卫星受到的大气阻力贡献很大,应该计入气体总密度中。MSIS 系列在热层主要基于质谱仪(mass spectrometer,MS)和非相干散射雷达(incoherent scatter radar,ISR)的测量数据,标志着该模型从地面覆盖到逸散底层。其中最新的 MSIS00 模型不仅加入了新的卫星数据,还包含了 Jacchia 系列模型的数据库。该模型共 8 个输入项:当年 1 月 1 日至当天的天数、当天 00:00:00 至求解时刻的秒数、地理经度、纬度、海拔、前一天 10.7cm 的太阳辐射流量($F10.7$)、81 d(3 个太阳自转周期,以当天为中点)的平均 $F10.7$、由当天平均地磁指数(Ap)和求解时刻之前的 20 个 3 h 平均 Ap 算得的 8 位数组。输出包括 N_2,O_2,He,Ar,N,H,O 和电离层正氧离子 O^+ 的数量密度、中性大气温度和总体大气密度。该模式不仅能输出不同太阳活动水平和不同地磁扰动条件下,热层大气纬度和质量密度分布,还可以输出主要大气成分的分布,是当前国际上广泛使用的最有影响的中高层大气模式。

6. JB2006 模式

JB2006(Bowman *et al*.,2006)是 Bowman 等人 2006 年 10 月发表的采用多种太阳辐射指数的大气模型,它以 CIRA72 模型为基础,采用指数组($F10.7$,S10,Mg10)代替传统的太阳指数 $F10.7$ 计算外层温度,其他的物理方程与 CIRA72 基本相同。JB2006 模型是对多种辐射指数联合建模的一次有益尝试。2008 年,在 JB2006 模型基础上建立的 JB2008,再次增加了一个新的太阳指数 Y10.7,并且采用了新的地磁指数 Dst。

90 km 高度以上高层大气的变化机制非常复杂,大气密度基本上按指数模型随高度的增加而减小。事实上,大气密度主要受高层大气温度的影响而变化,而太阳活动、时间、季节、纬度和地磁活动又影响大气温度变化。因此,各种经验大气密度模型都采用大气温度来表征。200 km 以上的大气温度称为顶层温度,顶层温度与太阳的 10.7 cm 辐射流量 $F10.7$ 相关,所以用 $F10.7$ 的变化来反映顶层温度和大气密度的变化。无论哪种模型都不能保证在任何情况下总能稳定地表征大气密度的实际变化,其误差范围从 10% 到 200% 都是有可能的。在实际进行轨道计算时,可通过输入太阳辐射流量 $F10.7$ 和地磁指数 Kp 的动态变化值,并解算大气阻力系数等手段来改进大气阻力模型的精度。各国科学家都仍在继续着大气密度模型的研究工作,不断有新的模型推出。但到目前为止,尚没有一个模型在任何情况下都是最好的。

5.3　中低纬地区中高层大气温度和密度预报模式

5.3.1　模式的研究背景和研究路线

利用近些年美国发射的 TIMED 卫星对全球平流层、中间层和低热层大气温度的探测数据,利用回归分析方法,建立全球中低纬地区中高层大气温度和密度分布的大气预报模式。该模式可以给出中低纬大气温度、密度分布随地方时、季节和年际的变化。

该模式的研究路线如下:

①完成 TIMED 卫星的全球平流层、中间层和低热层大气温度等探测数据的下载,分析卫星的轨道特性以及观测数据的误差。

②依据经度-纬度-高度-时间格点化卫星探测数据,并提取大气探测资料中的平均场、短周期扰动(潮汐、行星波)、季节变化和年际变化等信息。

③在总结大气参数时空变化规律的基础上,利用回归分析方法,建立全球中低纬地区中高层大气温度、密度回归预报模式,并实现微机程序化,图像可视化。

④进行所建立的模式与国际参考大气模式(NRLMSIS-00)的比较研究,检验所建模式预报的准确性。

模式主要预报全球中低纬度中高层大气温度和密度。

5.3.2　模式的建立方法

中高层大气的动力学特征主要由纬圈平均的背景大气参数和大气的潮汐波,以及行星尺度波和各种尺度的重力波组成,所以,有效地分离出这些波动是十分重要的。

由于 TIMED 卫星是准太阳同步卫星,120 d 卫星轨道进动一周,所以利用卫星上下行观测数据,利用 60 d 的数据可以完成 24 h 覆盖。所以,我们采用 60 d 窗口进行分析。具体的计算方法如下。

在纬度和高度分别为 φ 和 z 的温度可以表示为:

$$T(t,\lambda) = \overline{T}(t) + \sum_{m=-M}^{M}\sum_{s=1}^{S} T_{s,m}^{tw}\cos[s\omega_0 t_u + m\lambda + \beta_{s,m}] + \sum_{k=-K}^{K}\sum_{l=1}^{L} T_{l,k}^{pw}\cos\left[\left(\frac{\omega_0}{D(l)}\right)t_u + k\lambda + \alpha_{l,k}\right]$$

$$(5.1)$$

这里 $\omega_0 = 2\pi/24(\text{hour})$, λ 是经度, t_u 为世界时。上式右边第一项为纬圈平均,第二项为潮汐波,其中包括迁徙潮($s=m$)和非迁徙潮($s\neq m$),第三项为行星尺度波。如果换算为地方时 t,式(5.1)变为:

$$T(t,\lambda) = \overline{T}(t) + \sum_{j=1}^{J} T_j^{m-tw}\cos[j\omega_0(t - t_{0,j})] +$$

$$\sum_{\substack{m=-M \\ m\neq s}}^{M}\sum_{s=1}^{S} T_{s,m}^{n-tw}\cos[s\omega_0 t + (m-s)\lambda + \beta_{s,m}] +$$

$$\sum_{k=-K}^{K} \sum_{l=1}^{L} T_{l,k}^{pw} \cos\left[\left(\frac{\omega_0}{D(l)}\right)t + \left(k - \frac{1}{D(l)}\right)\lambda + \alpha_{l,k}\right] \tag{5.2}$$

在数据处理中采用 60 d 窗口,对每天的数据进行纬圈平均,可以除去非迁徙潮。可以得到:

$$\frac{1}{2\pi}\int_0^{2\pi} T(t,\lambda)\mathrm{d}\lambda = \overline{T}_0(t_0) + \eta(t-t_0) + \sum_{j=1}^{J} T_j^{m-tw} \cos[j\omega_0(t-t_{0,j})] +$$

$$\sum_{l=1}^{L} T_l^{pw} \cos\left[\left(\frac{\omega_0}{D(l)}\right) \cdot (t - \alpha_l)\right] \tag{5.3}$$

利用最小二乘方法和式(5.3)及 60 d 的数据,可以得到纬圈平均温度、迁徙潮和行星尺度波。

然后,分别对式(5.3)中各个参量求出季节变化特征。对纬圈平均背景温度场季节变化信息的提取如下:

$$\overline{T}(t) = \overline{T} + \mu(t-t_c) + T_{SAO}\cos\left[\frac{2\pi}{182.5(\mathrm{day})}(t-t_{SAO})\right] +$$

$$T_{AO}\cos\left[\frac{2\pi}{365(\mathrm{day})}(t-t_{AO})\right] + T_{QBO}\cos\left[\frac{2\pi}{P_{QBO}(\mathrm{day})}(t-t_{QBO})\right] \tag{5.4}$$

对温度潮汐波的季节变化信息的提取如下:

$$A_j(t) = \overline{A}_j + \mu_j^A(t-t_c) + A_{j,SAO}\cos\left[\frac{2\pi}{182.5(\mathrm{day})}(t-t_{j,SAO}^A)\right] +$$

$$A_{j,AO}\cos\left[\frac{2\pi}{365(\mathrm{day})}(t-t_{j,AO}^A)\right] + A_{j,QBO}\cos\left[\frac{2\pi}{P_{j,QBO}^A(\mathrm{day})}(t-t_{j,QBO}^A)\right] \tag{5.5}$$

$$\Phi_j(t) = \overline{\Phi}_j + \mu_j^{\Phi}(t-t_c) + \Phi_{j,SAO}\cos\left[\frac{2\pi}{182.5(\mathrm{day})}(t-t_{j,SAO}^{\Phi})\right] +$$

$$\Phi_{j,AO}\cos\left[\frac{2\pi}{365(\mathrm{day})}(t-t_{j,AO}^{\Phi})\right] + \Phi_{j,QBO}\cos\left[\frac{2\pi}{P_{j,QBO}^{\Phi}(\mathrm{day})}(t-t_{j,QBO}^{\Phi})\right] \tag{5.6}$$

这里 $j = 1, 2, 3, 4$ 分别表示日潮、半日潮、8 h 潮和 6 h 潮。A_j 和 Φ_j 为潮汐波的振幅和相位。

对大气密度采用同样的方法进行分析。

5.3.3　算例比较

1. 大气温度预报方面

通过对本模式与 NRLMSISE00 模式温度预报结果比较发现(图 5.1)和夏冬至两个模式计算的 55°S—55°N 纬度范围内的温度分布一致;在春秋分,平流层和中间层下部(70 km 以下)的高度范围内两个模式计算的结果基本一致,在 70 km 以上两个模式输出的温度分布有一定差别,本模式可以很好地给出赤道和低纬地区中层顶逆温层的结构,而 NRLMSISE00 模式给出的逆温层结构过于简单。

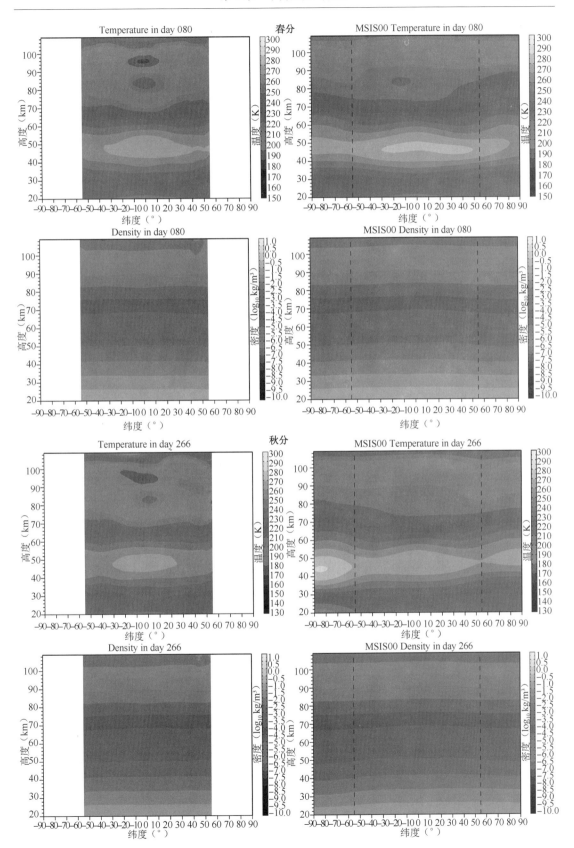

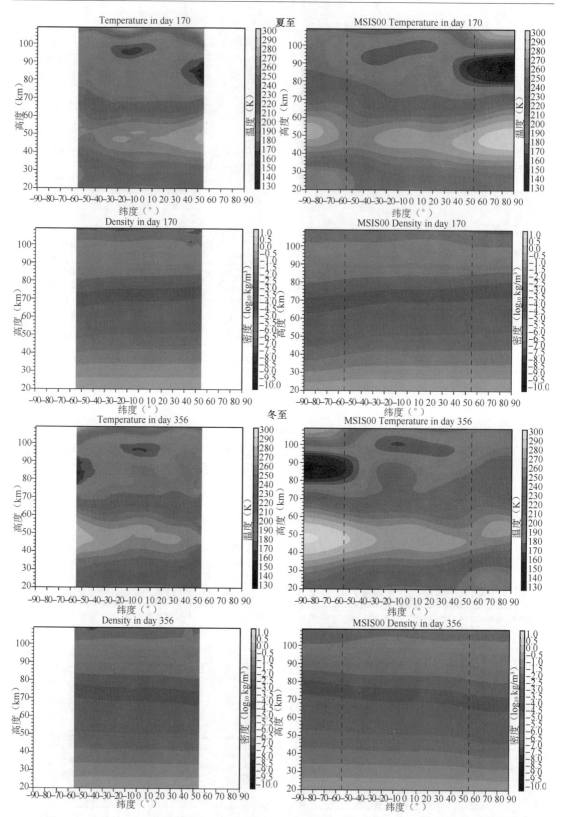

图 5.1　中低纬地区中高层大气温度和密度预报模式（左）与 NRLMSISE00 模式（右）的温度和密度随纬度-高度分布情况（见彩图）（两条虚线分别标出纬度 55°S 和 55°N 的位置）

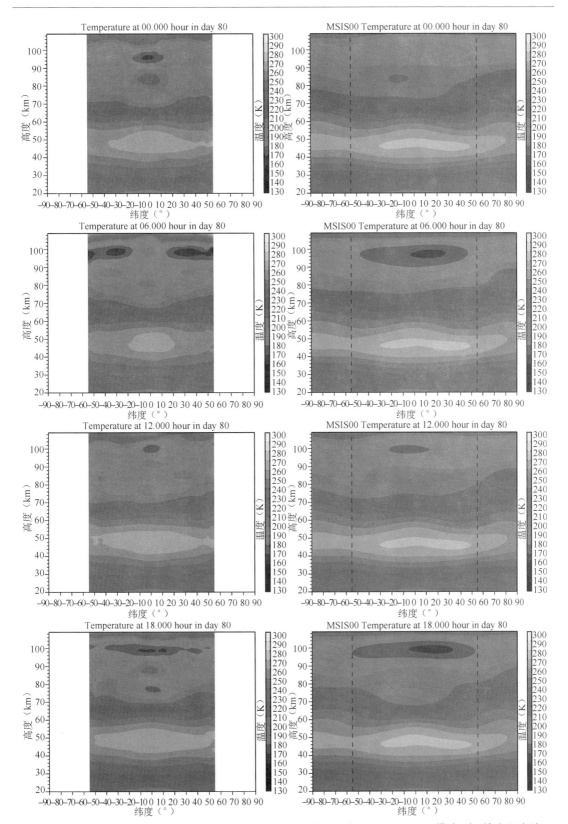

图 5.2　中低纬地区中高层大气温度和密度预报模式（左）与 NRLMSISE00 模式（右）输出温度随地方时变化（春分）（见彩图）（两条虚线分别标出纬度 55°S 和 55°N 的位置）

2. 大气密度预报方面

如图 5.1 所示,本模式与 NRLMSISE00 模式计算的 55°S—55°N 纬度范围内的密度分布一致性很好。

3. 在赤道及低纬地区逆温层的预报上,本模式优于 NRLMSISE00 模式

卫星和地基探测表明,在春秋分季节的赤道及低纬地区(20°S—20°N)中层顶(约 85 km)附近存在稳定的逆温层。从图 5.1 可看出,本模式计算结果中逆温层现象明显、结构清晰,而 NRLMSISE00 模式计算结果中逆温层不明显、结构过于简单。Picone 等(2002)指出,NRLM-SISE00 模式构建过程采用的这一高度范围的实测数据很少,只有少量的火箭探测数据,所以不能充分地把中层顶逆温层的信息包含在模式中。而本模式基于美国发射的 TIMED 卫星搭载的 SABER 探测器长达几年的数据构建,能很好地给出全球大气的温度的变化,尤其在中间层和低热层区域的预报更接近实际的大气分布。

4. 本模式输出温度随地方时变化情况

图 5.2 给出本模式和 NRLMSISE00 模式输出温度随地方时的变化情况。本模式计算的温度全球分布中可辨认出低纬中层顶-低热层高度上潮汐成分的痕迹,而 NRLMSISE00 模式的计算结果不能很好地给出这一信息。潮汐波结构对背景温度的调制使得中层顶高度和温度发生剧烈变化,所以,潮汐波信息对中层顶大气参数预报很重要(Xu *et al.*,2007a;2007b)。

5.3.4 模式的输入与输出

模式输出的大气温度分布如图 5.3 所示。

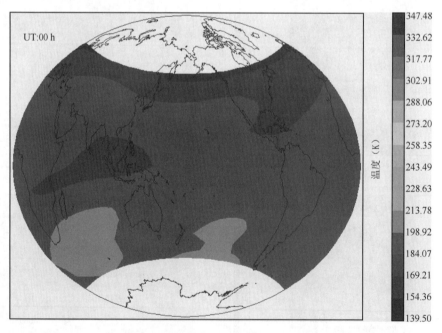

图 5.3 模式输出的大气温度分布图

模式输入数据为:日、地方时、纬度、经度和高度。

输入参数的数值范围和单位:

参数特性：

日：1～365 d

地方时：0～24 h

纬度：−55°～55°

经度：0～360°

高度：20～109 km

模式输出大气参数数据为：温度和密度。

5.3.5 模式界面

中低纬地区中高层大气温度模式界面如图5.4所示。

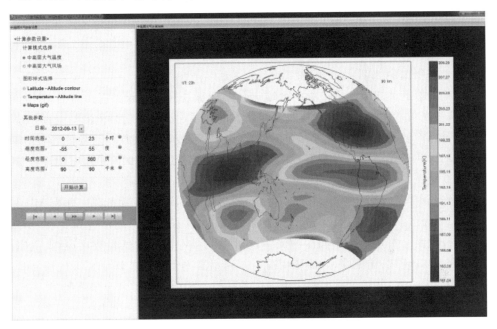

图5.4 中低纬地区中高层大气温度模式的界面图（见彩图）

5.4 大气温度密度日变化模式

5.4.1 模式的研究背景和研究路线

10 km以上的地球大气称之为中高层大气。它是日地系统的一个重要的中间环节，包括对流层的上部、平流层、中间层和热层。中高层大气的状态和变化对人类的生活，生产乃至安全都会产生直接的影响。从生态的角度来说，主要存在于低平流层内的臭氧强烈吸收了来自太阳的紫外辐射，保护着地球生物圈的安全；从航天和军事方面来看，中高层大气是各种航天器的通过区和低轨航天器的驻留区,在其高度上的暂态结构对飞行器的安全与准确入轨具有重要的影响,远程战略导弹通常运行在中高层大气中,要能够准确地命中目标,精确地给出中高层大气参数是至关重要的。因此,中高层大气的探测与研究不仅在大气科学和空间物理学中具有重要的科学意义,而且也是优化人类生存环境,保障人类可持续性发展的需求。

在对高空大气的观测手段中,早期使用火箭探测,所得的信息有限;随后发展起来的无线电雷达技术,大大促进了对高空大气动力学的观测和研究。但是无线电雷达的分辨率特别是空间分辨率较低是其主要的缺点。在这方面,激光雷达所用探测束波长的缩短和定向性的加强,为解决高空大气观测的空间分辨率提供了一个很好的手段。同时,激光雷达具有高灵敏度及可连续探测等优点,也是传统探测手段所不具备的。因此,激光雷达成为研究中高层大气中获得高空间分辨率的大气参数的一种主要手段。

1)激光雷达概述

激光雷达工作的基本原理和雷达是一样的,它们的区别在于所使用的波长不一样,雷达使用无线电波段,而激光雷达使用的是由激光器产生的激光。激光雷达所用的光束的波长依赖于所探测的物质,其范围可以从红外到可见光和紫外光,所用波长的不同使得激光雷达和雷达在仪器设备上有很大的区别。

激光雷达发射的激光束与大气中的尘埃、云雾、烟雾及其他微粒相互作用后,产生的光子回波信号,被激光雷达的望远镜系统接收。接收到的光子回波经过信号检测与处理系统,可以得到回波信号强度随高度的分布,进而利用激光雷达方程反演出被探测对象的各种物理参数的空间分布和时间变化。通过激光雷达,可以探测各个大气层段中的几乎所有物理参量,以及它们的时空变化。

根据激光光束与被探测对象相互作用的物理机制不同,可以将激光雷达分为 Mie 散射激光雷达、Rayleigh 散射激光雷达、Raman 散射激光雷达、共振荧光散射激光雷达、差分吸收激光雷达和多普勒激光雷达等。不同的激光雷达可以测量不同的大气参数,包括大气密度、温度、臭氧含量、大气衰减、能见度、风的切变图等。利用激光雷达还能够研究大气层结构、大气污染、大气动力学过程,并且可以探测出大气层各种微量成分的种类和分布情况。

Rayleigh 散射激光雷达是一种利用大气中原子分子的 Rayleigh 散射机制工作的激光雷达,主要用于 30~90 km 范围中层大气的探测。这个高度范围是中层大气的主要部分。这部分大气的探测,对探空气球而言太高,对卫星探测又太低,偶尔发射探空火箭又难以取得连续的探测数据,同时此高度的大部分又是无线电的探测盲区。然而 Rayleigh 散射激光雷达正好满足了对这段中层大气进行高时空分辨率的探测,为中层大气的研究提供了有效的探测手段。正因为 Rayleigh 散射激光雷达有此优点,自 1960 年第一台激光器问世,三年后就有了第一台的 Rayleigh 散射激光雷达。此后 Rayleigh 散射激光雷达发展迅速,各国都相继建立了 Rayleigh 激光雷达或观测台站。比较著名的有美国 University of Illinois at Urbana-Champaign 校园的激光雷达、日本 Fukuoka 的 XeF 激光雷达和位于法国 Haute Provence Observation 的同位置的两台激光雷达等。

共振荧光激光雷达是一种利用共振荧光散射机制工作的激光雷达。原子分子在吸收入射光后再发射的光称为荧光。改变入射激光的波长 λ 使其光子能量正好和原子能级间的能量差相等时该原子将吸收此入射光子的能量而从基态跃迁到激发态。由于原子在激发态的寿命通常很短(约 10^{-8} s),处于激发态的原子会很快自发地跃迁回到原来的能态并向外发射一个荧光光子,即是共振荧光过程。荧光容易在碰撞过程中湮灭。在高空大气中,碰撞作用显著减小,共振荧光激光雷达便显出了自己的优势。到目前为止,除了用共振荧光激光雷达对钠层及其相关特性进行了系统而深入的探测和研究之外,还对其他几种原子和离子进行了类似探测和研究。由于受到可调激光波长的限制,使先后探测的其他金属原子为:K,Li,Fe,Ca 等。其中探测到的 Li 层每立方厘米仅有几个原子。

中国科学技术大学于 2004 年底起在"211 工程"经费的支持下,通过与中国科学院安徽光学精密机械研究所合作,建成了一部米-瑞利-钠荧光双波长激光雷达。该激光雷达于 2005 年底建成并进入试验观测,2006 年 5 月进入常规观测。建成的激光雷达工作波长为 532 nm(用于气溶胶和大气温度、密度探测)和 589 nm(用于钠层密度探测)。在米散射模式下,532 nm 波长可以探测近地面到 30 km 高度的大气气溶胶消光系数,垂直分辨率为 15~150 m;在瑞利工作模式下,532 nm 波长夜间可测量 30~70 km 的大气密度和温度,垂直分辨率为 150~300 m;在钠荧光共振模式下,589 nm 波长可以探测夜间 80~110 km 钠层密度,垂直分辨率为 75~600 m。

2)平流层温度的测量

平流层温度的分布与臭氧吸收太阳辐射加热大气有很大关系。因此,它直接关系到平流层臭氧的变化,同时它亦与大气重力波和大气环流结构紧密相关。随着人们意识到全球大气温度的变化及平流层臭氧的减少,平流层温度的监测已显得愈来愈重要。近年来,国际平流层变化观测网(NDSC)已在全球设立网站观测平流层温度,但是由于平流层上部较高的高度范围,全球有效的观测手段及观测网站比较有限,现有的手段主要有火箭及高空气球探空、卫星和激光雷达。由于火箭和高空气球探空的费用昂贵,其观测次数受到限制;而卫星数据不仅需要地面值定标,并且其距离分辨率较高,无法提供高空间分辨率的数据。所以,激光雷达仍是目前对这一区域比较好的测量方式。

本节主要研究 USTC 米-瑞利-钠荧光双波长激光雷达在钠荧光共振模式下工作获得的数据,反演获得平流层温度(包括密度)。虽然在该模式下,激光雷达的主要任务是利用钠的共振荧光散射回波探测 80~110 km 钠层密度,但是在 30~50 km 区域,激光雷达接收的主要还是 Rayleigh 散射回波,而这部分数据正好提供了平流层中上部大气密度和温度的有效信息。另外,中国科学技术大学 USTC 激光雷达拥有较长时间的 589 nm 的探测记录,为进行平流层温度的长期变化规律的研究提供了条件。

3)中国科学技术大学激光雷达系统观测结果

中国科学技术大学的米-瑞利-钠荧光双波长激光雷达在瑞利工作模式下,利用 532 nm 波长夜间可测量 30~70 km 的大气密度和温度,垂直分辨率为 150~300 m,积累时间是 4 min。图 5.5 是典型 532 nm 光子回波图。图中的数据来源于 2005 年 12 月 6 日,从图中可以看出,光子计数在 30~80 km,随高度的上升基本上呈指数下降。80 km 之后可看作是背景噪声,在 4 min 的积分时间内,bin 的门宽是 1 μs 时,平均噪声约为 16 个。

4)后向散射式激光雷达探测原理

假设 N_0 是激光在波长 λ_l 时一个单脉冲中总的光子数,τ_l 为激光雷达光学传输系数,那么该激光雷达系统的一个单脉冲激光向大气发射的总光子数目为 $N_0 \tau_l(\lambda_l)$。

在大气高度范围 r 到 $r+dr$ 区域内参与散射的光子数,可以表示为:$N_0 \tau_l(\lambda_l)\tau_a(r,\lambda_l)dr$。其中 $\tau_a(r,\lambda_l)$ 是大气在波长 λ_l 沿着激光路径 r 的光学传输系数。注意到对于光束垂直发射的激光雷达,激光路径 r 等价于实际大气的高度 z。

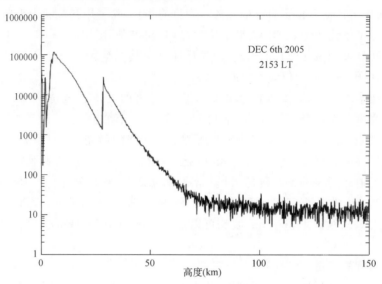

图 5.5　2005 年 12 月 6 日 21 时 53 分观测的原始光子回波

对某种 i 类型的散射,在 R_1 到 R_2 区间内单位立体角后向散射的总光子数为: $N_0\tau_t(\lambda_l)\int_{R_1}^{R_2}\tau_a(r,\lambda_l)\sigma_\pi^i(\lambda_l)n^i(r)\mathrm{d}r$。这里 $\sigma_\pi^i(\lambda_l)$ 第 i 种散射的后向散射截面,$n^i(r)$ 是在 r 处产生该种散射的散射体的数密度。而被望远镜采集到的后向散射的光子数,可以表示为: $N_0\tau_t(\lambda_l)A\int_{R_1}^{R_2}\frac{1}{r^2}\tau_a(r,\lambda_l)\tau_a(r,\lambda_s)\zeta(r)\sigma_\pi^i(\lambda_l)n^i(r)\mathrm{d}r$。这里 A 是望远镜的接收面积,λ_s 是后向散射光的波长,$\zeta(r)$ 是激光光束与望远镜视场的重叠几何因子,当激光光束完全进入望远镜视野的时候 $\zeta(r)=1$,由于高度的增加引起光通量随 $1/r^2$ 衰减。最终被光电探测系统(主要是光电倍增管)探测到的光子数目为:

$$N_0\tau_t(\lambda_l)A\tau_r(\lambda_s)Q(\lambda_s)\int_{R_1}^{R_2}\frac{1}{r^2}\tau_a(r,\lambda_l)\tau_a(r,\lambda_s)\zeta(r)\sigma_\pi^i(\lambda_l)n^i(r)\mathrm{d}r \tag{5.7}$$

这里 $\tau_r(\lambda_s)$ 为接收光学系统在波长 λ_s 时的传输系数,$Q(\lambda_s)$ 是光电倍增管在波长 λ_s 处的量子效率。对于采用模拟探测的激光雷达,$Q(\lambda_s)$ 可以利用光电倍增管的增益系数 $G(\lambda_s)$ 取代。

在许多情况下,方程(5.7)可以简化,例如,如果假定探测的区域范围 $\delta R=R_2-R_1$ 很窄,其中的大气状态参数基本不随 r 而变化,那么可以去掉积分符号,方程变为:

$$N_0\tau_t(\lambda_l)A\tau_r(\lambda_s)Q(\lambda_s)\frac{1}{R^2}\tau_a(R,\lambda_l)\tau_a(R,\lambda_s)\zeta(R)\sigma_\pi^i(\lambda_l)n^i(R)\delta R \tag{5.8}$$

其中 R 为散射中心体的高度,$\delta R=R_1-R_2$。这个形式的激光雷达方程可以用来计算瑞利激光雷达、荧光共振激光雷达等后向散射型激光雷达的回波光子数,只需要考虑散射的类型和应用的波长对各种参数的影响。

5)激光雷达反演中高层大气密度、温度原理

中层大气后向散射回波主要是大气中原子分子经 Rayleigh 散射后的信号。而对于 Rayleigh 散射,散射后波长不变,则(5.8)式进一步改写为: $N_0\tau_t A\tau_r Q\frac{1}{R^2}\tau_a^2\zeta(R)\sigma_\pi^i n^i(R)\delta R$。

考虑到背景噪声：

$$N_0 \tau_t A \tau_r Q \frac{1}{R^2} \tau_a^2 \zeta(R) \sigma_\pi^i n^i(R) \delta R + N_B \qquad (5.9)$$

下面推导 Rayleigh 散射后向散射截面 $\sigma_{i\pi}$ 的计算公式。Rayleigh 散射理论描述的是粒子的线度远小于入射光的波长时所产生的散射，散射体一般为大气中各种原子与分子。Rayleigh 散射是一种弹性散射过程，即散射波长和入射波长相等。它是由 Lord Rayleigh 首先发展起来的，可以用来解释由于大气分子散射引起的天空的颜色，光强分布以及光的偏振等现象。

假设半径为 r_0 的电介质小球处于单一线偏振光场中，这个小球将成为一个振动偶极子，它将形成自己的电场，并向外辐射电磁波。根据这一原理，可以推导出单个分子散射方程：

$$I_m(\Phi) = E_0^2 \frac{9\pi^2 \varepsilon_0 c}{2 N^2 \lambda^4} \left(\frac{n^2 - 1}{n^2 + 1} \right) \sin^2 \Phi \qquad (5.10)$$

其中，n 为粒子相对于介质的相对折射系数 $n = \dfrac{n_{\text{molecule}}}{n_{\text{medium}}}$，$\varepsilon_0$ 为自由空间的介电常数，c 为真空中的光速，N 为散射中心的粒子数密度，λ 为入射电磁辐射波长，Φ 为偶极轴与散射方向的夹角，E_0 为入射电磁辐射的最大电场强度。方程中，散射光强与波长的四次方成反比，但实际上，因为相对折射率系数本身也随波长而改变，所以，散射光强并不是正好与波长的四次方成反比，而是带有一定的修正项，Middleten 给出了在可见光波段，散射光强反比于 $\lambda^{4.08}$。

在 Rayleigh 散射理论中，另一个感兴趣的问题就是微分散射截面的计算。微分散射截面定义为被散射的光能量与单位立体角内的总能量之比：$\dfrac{\mathrm{d}\sigma_r(\Phi)}{\mathrm{d}\Omega} I_0 = I(\Phi)$。其中，下标 r 表示 Rayleigh 散射，$I_0 = \dfrac{1}{2} c \varepsilon_0 E_0^2$。

综合上述两式，可得微分散射截面为：

$$\frac{\mathrm{d}\sigma_r(\Phi)}{\mathrm{d}\Omega} = \frac{9\pi^2}{N^2 \lambda^4} \left(\frac{n^2 - 1}{n^2 + 2} \right) \sin^2 \Phi \qquad (5.11)$$

当 Rayleigh 散射理论扩展到非偏振光，则 Φ 不再有意义，因为电偶极子的轴可能在垂直于传播方向的平面上的任一角度，唯一可以确定的方向的是入射光和探测到的散射光，如果用 θ 表示这两个方向的夹角，则微分散射截面可以写为：

$$\frac{\mathrm{d}\sigma_r(\theta)}{\mathrm{d}\Omega} = \frac{9\pi^2}{N^2 \lambda^4} \left(\frac{n^2 - 1}{n^2 + 2} \right) (1 + \cos^2 \theta) \qquad (5.12)$$

由此可以看出，散射光强度随着散射角的不同而变化，并且在 $\theta = 0°$ 或者 $\theta = 180°$ 的时候达到峰值，也就是前向散射和后向散射最大。激光雷达就是利用后向散射回波进行大气探测的。

Kent 和 Wright 给出了在 90 km 以下，加入了校正因子后 Rayleigh 分子后向散射截面：

$$\frac{\mathrm{d}\sigma_r(\theta = \pi)}{\mathrm{d}\Omega} = \frac{4.75 \times 10^{-57}}{\lambda^4} \quad (\mathrm{m}^2 \cdot \mathrm{sr}^{-1}) \qquad (5.13)$$

Fisco 考虑了相对折射率的变化，将式(5.13)改为：

$$\frac{\mathrm{d}\sigma_r(\theta = \pi)}{\mathrm{d}\Omega} = \frac{4.73 \times 10^{-57}}{\lambda^{4.09}} \quad (\mathrm{m}^2 \cdot \mathrm{sr}^{-1}) \qquad (5.14)$$

上述两式都只能在 90 km 以下成立，因为 90 km 以上，氧原子浓度变大，改变了大气的相对组分，即折射率发生变化，公式不再成立。一般的 Rayleigh 散射激光雷达的探测高度都在 100 km 以下，所以上式一般都成立。

6）中、高层大气密度的反演

在 30～90 km 的高度范围内，大气不含气溶胶成分，对激光的散射成为单纯的 Rayleigh 散射。Rayleigh 激光雷达获得光子回波数据后，通过激光雷达方程，可以反演得到对应高度的密度和温度，下面做具体的推导。

之前推导的激光雷达方程（5.9）：$N_0 \tau_t A \tau_r Q \dfrac{1}{R^2} \tau_a^2 \zeta(R) \sigma_\pi^i n^i(R) \delta R + N_B$。

对于 Rayleigh 散射激光雷达可以改写为：

$$N(z) = \eta N_0 \frac{A}{z^2} T_a^2 \sigma^i(\pi) n^i(z) \Delta z + N_B \tag{5.15}$$

其中，$N(z)$ 是在高度范围 $(z - \Delta z/2, z + \Delta z/2)$ 内探测到的包括背景噪声在内的光子数目，$n^i(z)$ 是在 z 处产生该种散射的散射体的数密度，N_B 是背景噪声和暗电流计数，$\sigma^i(\pi)$ 是有效后向散射截面，Δz 是接收器门宽的高度范围，T_a 是激光传输的单程透过率，η 是雷达系统的总效率。

为计算中层大气密度 $n(z)$，方程写为：

$$n(z) = \frac{N(z) - N_B}{\eta N_0 \dfrac{A}{z^2} T_a^2 \sigma(\pi) \Delta z} \tag{5.16}$$

可以看出，在某一高度 z，被探测粒子的密度与这一高度上的回波信号的光子数成正比。如果希望得到大气密度的绝对值，必须精确确定激光器的出射脉冲光子数 N_0、雷达系统的总效率 η 和大气的传输系数 T_a。这几个参数不仅难以测量，而且易受环境因素的影响。激光器出射能量的起伏、雷达系统的总效率的波动及大气传物系数的变化，都给直接解激光雷达方程得到的密度带来很大的误差。所以一般情况下，均采用信号归一化的方法，对密度进行计算。首先从激光雷达方程中获得大气密度的相对分布，然后通过其他方法测量出某一高度的大气密度，并利用该数据进行定标，从而得到大气密度的绝对分布。

设高度 z_0 为定标高度，也就是说，$n(z_0)$ 可以用其他方法精确测得，则有：

$$n(z_0) = \frac{N(z_0) - N_B}{\eta N_0 \dfrac{A}{z_0^2} T_a^2 \sigma(\pi) \Delta z} \tag{5.17}$$

由上述两式相比，可得：

$$n(z) = \frac{z^2}{z_0^2} \frac{N(z) - N_B}{N(z_0) - N_B} n(z_0) \tag{5.18}$$

其中，$N(z)$ 是在高度 z 上的回波光子数，$N(z_0)$ 是在归一化高度上的回波光子数，N_B 为背景噪声引起的光子数。（5.18）式表明，中层大气的密度廓线的绝对值可以从探测高度处和参考高度处的激光雷达回波信号之比求得，而与其他激光雷达的技术参数无关。

由此公式推出的大气密度的精确度与接收的光子数的统计起伏有关，在背景噪声可以忽略的条件下，反演所得大气密度的标准偏差可表示为：

$$\frac{\text{std}[\rho(z)]}{\rho(z)} = \frac{1}{\sqrt{N(z)}} \tag{5.19}$$

即相对大气密度 $\rho(z)$ 的相对误差和光子数 $N(z)$ 的平方根成反比，而由激光雷达方程可知，在

z 高度上收集的光子数和激光器的发射功率、接收望远镜的面积、接收门宽、光子数积累时间成正比。所以，高的激光雷达的配置，大的门宽范围，长的积累时间都能使相对密度误差减小，提高数据反演的准确性。

7）中层大气温度的反演

通过对大气分子相对密度的测量可以获取温度廓线，进行温度反演基于两个假设：

①假定中层大气处于静力学平衡状态，并符合理想气体定律。

②假定大气中各种成分的比例是恒定的。在这两个假设前提下，通过相对密度廓线，可以求出中层大气的温度廓线。

利用理想气体状态方程 $\rho = \dfrac{pM}{RT}$ 和静力学方程 $\mathrm{d}p = -\rho g \mathrm{d}z$。可以得出：$T(z) = \dfrac{M}{R}\dfrac{p(z)}{\rho(z)}$ 和 $p(z) = p(z_0) - \displaystyle\int_{z_0}^{z} \rho(r)g(r)\mathrm{d}r$。

由这两个式子，可以得到在高度为 z 处的温度为：

$$T(z) = \frac{T(z_0)\rho(z_0)}{\rho(z)} - \frac{M}{R}\frac{\displaystyle\int_{z_0}^{z}\rho(r)g(r)\mathrm{d}r}{\rho(z)} \tag{5.20}$$

其中，$T(z)$ 为 z 处大气温度，$\rho(z)$ 为 z 处大气密度，z_0 是积分上边界的高度，$T(z_0)$ 是通过其他方式求得的在高度 z_0 上的温度（一般取自参考大气的温度值），M 为大气平均分子量，R 为普适气体常数。取 $M = 28.964\ \mathrm{kg/kmol}$。这种计算方法的精度依赖于 Rayleigh 散射回波光子计数的准确度以及积分上边界的温度。

Hauchecome 等利用另外一种方法来反演大气的温度。如将探测范围的大气分为 n 个层次。每层高度为 Δz 时，则第 i 层，即处于高度 z_i 处的大气温度可写成：

$$T(z_i) = \frac{mg(z_i)\Delta z}{K\dfrac{\ln\left[p\left(z_i - \dfrac{\Delta z}{2}\right)\right]}{\ln\left[p\left(z_i + \dfrac{\Delta z}{2}\right)\right]}} \tag{5.21}$$

式中，K 为波尔兹曼常数，m 为大气的平均分子质量，$g(z_i)$ 为重力加速度。上式表明，如果将激光雷达探测的高度范围分成一系列的厚度为 Δz 的薄层，则第 i 层的温度将由该层顶部大气压强和该层底部大气压强之比所决定。为求解上式所需的第 i 层顶部和底部的大气压强，由静力学方程和激光雷达测量的大气密度值写出如下方程：

$$p\left(z_i - \frac{\Delta z}{2}\right) = p\left(z_i + \frac{\Delta z}{2}\right) + m\rho(z_i)g(z_i)\Delta z \tag{5.22}$$

$$p\left(z_i + \frac{\Delta z}{2}\right) = p\left(z_n + \frac{\Delta z}{2}\right) + \sum_{j=i+1}^{n} m\rho(z_j)g(z_j)\Delta z \tag{5.23}$$

其中 $p\left(z_n + \dfrac{\Delta z}{2}\right)$ 为第 n 层（激光雷达探测的最高处）顶部的大气压，其值通常由参考大气模式得到。

此两种方法依据的原理一样，只是上边界引入的设定参数不同，本程序采用后者的计算方法。

8）大气温度密度日变化

如图 5.6，5.7 所示。

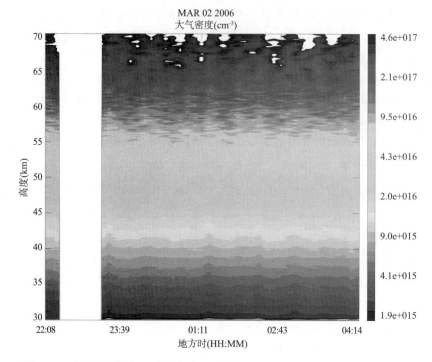

图 5.6　不累加的情况下，大气密度日变化情况（空白表示观测间断）（见彩图）

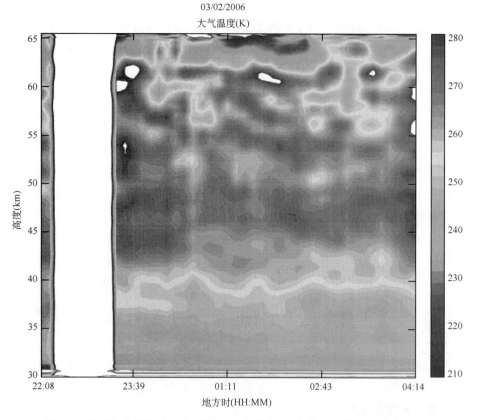

图 5.7　不累加的情况下，大气温度日变化情况（空白表示观测间断）（见彩图）

5.4.2　模式软件说明

1. 输入数据说明
- 数据文件名称:ATMS_DTPh_001. input. MCS,ATMS_DTPh_002. input. MCS。
- 数据文件类型:MCS 二进制格式。
- 对应输入数据文件的格式(format):每一个 ATMS_DT_Ph_ * * *. input. MCS 格式文件对应着一次激光雷达的采样数据。二进制文件具体编码如下:

触发标志:trigger,类型 byte,开始位置第 2 字节,长度 1 字节。

Dwell 标志:dwell_flag,类型 byte,开始位置第 3 字节,长度 1 字节。

Dwell 单位:dwell_unit,类型 byte,开始位置第 4 字节,长度 1 字节(说明:dwell_unit 为采样时间单位,0=μs,1=ms,2=sec,3=ns)。

采样模式:acq_mode,类型 byte,开始位置第 5 字节,长度 1 字节(说明:acq_mode 为采样采用的模式,0-replace,1-sum)。

说明参数:类型 unsigned long integer,开始位置第 6 字节,长度 4 字节。

通道长度:pass_length,类型 unsigned integer,开始位置第 10 字节,长度 2 字节。

通道计数:pass_count,类型 unsigned long integer,开始位置 12 字节,长度 4 字节。

说明参数:类型 unsigned long integer,开始位置 16 字节,长度 4 字节。

采样时间:acq_time,1 维数组(含 8 个数组元素),类型 byte,开始位置 20 字节,长度 8 字节。

采样日期:acq_date,1 维数组(含 8 个数组元素),类型 byte,开始位置 28 字节,长度 8 字节。

说明参数:开始位置第 36 字节,长度 220 字节。

光子计数:chan_data,对应每个 pass_length 上的光子计数,类型 unsigned long integer,开始位置第 256 字节,长度为 4 个字节,总长度为 pass_length×4。

- 数据文件大小:单个文件 9k。
- 数据获取方式:激光雷达夜间观测。
- 时间分辨率:典型 500 s(可调)。
- 空间分辨率:典型 150 m(可调)。
- 数据目录:输入数据的存储以年为一级目录,以天为二级目录,MCS 数据文件存储在以天为单位的二级目录下,因此输入数据的目录结构为:(以驱动 D 为例);

```
Driver(D:)-|
            |-database  -|
            |            |-2006- |-20060101
            |            |       |-20060201
            |            |       |-……
            |            |-2007- |-20070101
            |            |       |-20070201
            |            |       |-……
```

2. 输出数据

1)大气温度密度日变化特征

- 数据文件名称：ATMS_DnTp_20060302_0.0h. output

  或 ATMS_DnTp_20060302_0.5h. output

  或 ATMS_DnTp_20060302_1.0h. output

- 数据文件类型：ASCII

- 对应输出数据文件的格式（format）

第 N 列	数据项中文名称	数据项英文名称	记录格式	物理单位（中英文）	无效缺省值	数值范围
01	数据获取日期	Date	YYMMDD			
02	数据获取时刻	Time	HH:MM:SS			
03	高度	Altitude	F6. 3	千米(km)	无	$0\sim1000$
04	大气分子密度	Density	E13. 6	厘米$^{-3}$(cm^{-3})	-999	$0\sim10^4$
05	大气温度	Temperature	F7. 3	开尔文(K)	0	$0\sim10^4$

2)实例

　20060302　22:08:16

　　30.000　6.293499e+016　254.503

　　30.150　3.061268e+017　255.276

　　30.300　2.892467e+017　264.970

　　……

　　……

3. 程序使用说明

1)程序流程图

如图 5.8 所示。

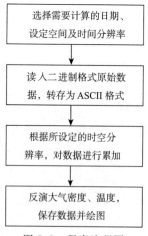

图 5.8　程序流程图

2)函数说明

全部程序运行在 idl 下。主函数为 plot_profile_532. pro，整合了计算需要的全部函数。

(1)首先编译 plot_profile_532. pro，然后运行，得到图 5.9。

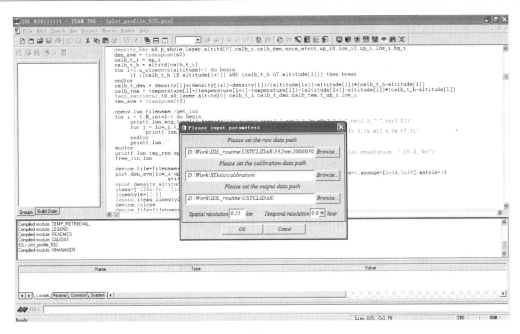

图 5.9

(2)选择输入数据文件夹，点 Browse···选择日期，以及输出数据文件夹。如图 5.10 所示。

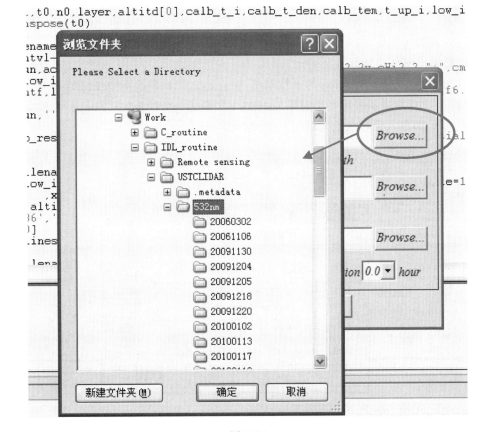

图 5.10

(3)选择定标文件路径,点 Browse…将路径指定为 SIRA86 文件夹所在位置。如图 5.11 所示。

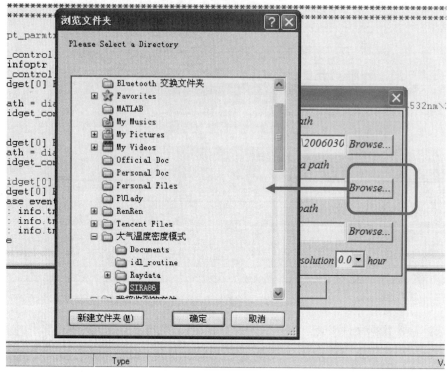

图 5.11

(4)设定输出文件路径。

(5)点击 Temporal resolution 的下拉菜单,可以选 0.0 h 表示不做任何的累加,采用原始的时间分辨率,0.5 h 表示采用半小时累加一次,1 h 则是一小时累加一次。如图 5.12 所示。

(6)点 OK,即进入计算及绘图过程。如图 5.12 所示。

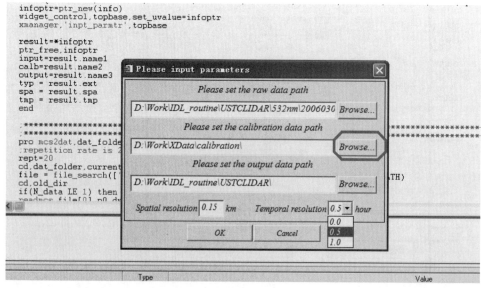

图 5.12

图 5.13 为模式输出的大气密度和温度分别随地方时和高度的变化。

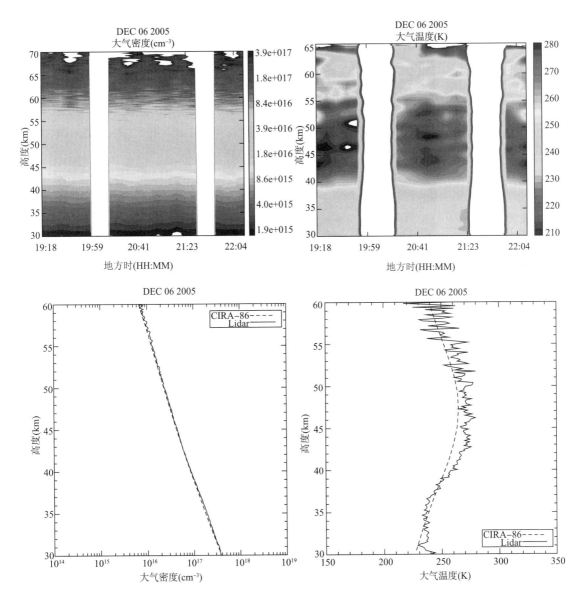

图 5.13　模式输出的大气密度(左)和温度(右)分别随地方时(上)和高度(下)的变化(见彩图)

5.4.3　模式界面

如图 5.14 所示。

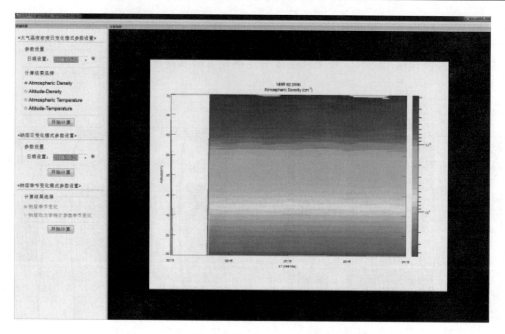

图 5.14　大气温度密度模式界面图（见彩图）

5.5　钠层季节变化模式

5.5.1　研究背景

在日地空间环境中,中高层大气与人类生存环境关系极为密切,有关它的研究在日地空间物理研究中占有特殊地位。作为最靠近对流层大气的空间物理层次,中高层大气不仅受到太阳活动的影响,也受到地球天气、气候的影响。

中高层大气的研究,观测起着十分重要的作用。在对高空大气的观测手段中,早期使用火箭探测,所得的信息有限;随后发展起来的无线电雷达技术,大大促进了高空大气动力学的观测和研究。特别是近年来才发展起来的雷达网,使得研究大尺度范围的高层大气运动成为可能。其中比较突出的是加拿大建立在北纬 $40°N,81°—107°W$ 的 3 部中频雷达,联合夏威夷岛 $(21°N,157°W)$、圣诞岛 $(2°N,157°W)$ 构成了西半球联合观测网,在中高层大气研究中取得一些有价值的结果。激光雷达特别是钠荧光激光雷达的发展,为解决高空大气观测的精确空间分辨率提供了一个很好的手段。利用激光雷达研究高层大气运动,成为获得高空间分辨率的一种主要手段。

在我国,该领域的研究过去长期受制于缺乏相应的探测手段(激光雷达、MST 雷达、流星雷达等)。近年来随着国家经济实力的增强以及对空间探测投入的不断增多,国内相继建成和即将建成多部无线电雷达和激光雷达台站,如中国科学院大气物理研究所、中国科学院地质与地球物理研究所、中国科学技术大学、武汉大学、中国科学院武汉物理与数学研究所等的相关观测。特别是在目前已经启动的子午工程的资助下，在我国 120°E 和 30°N 的子午链上，还将陆续建成多部无线电、光学的地基台站，将为深入研究东亚地区中高层大气的动力学过程和气候学过程提供一流的实验条件。

在中高层大气中，可以为探测提供示踪的物质包括大气分子、一些"特别"的原子及带电粒子。其中大约在 80～110 km 的高度范围，存在一个由大量的金属原子和离子组成的金属层，目前观测和理论研究都支持其来源是流星进入大气层后烧蚀所形成的，流星中主要的金属物质的比例分别为：Na 0.6%，Ca 1.0%，Ni 1.5%，Al 1.7%，Fe 11.5%，Mg 12.5%。这些金属原子(或离子)可以吸收特定波长的光子辐射而处于激发态，当它们向基态跃迁的过程中发出同一波长的光子，这种过程称为荧光共振。由于原子和原子离子具有比分子或分子离子更大的荧光共振截面，可以利用激光雷达实现对它们的探测。其中金属钠原子荧光共振截面较大，并且有较高的密度和最合适荧光共振波长，因而，Bowman 等人最先实现利用激光雷达对钠层进行了探测，此后许多学者都展开了对钠层相应的观测和研究。

中国科学技术大学于 2005 年底建成了应用"荧光共振"探测技术对钠层进行探测 Na 荧光激光雷达。该激光雷达主要由激光发射单元、光学接收单元和信号检测单元三部分组成，系统结构如图 5.15 所示。

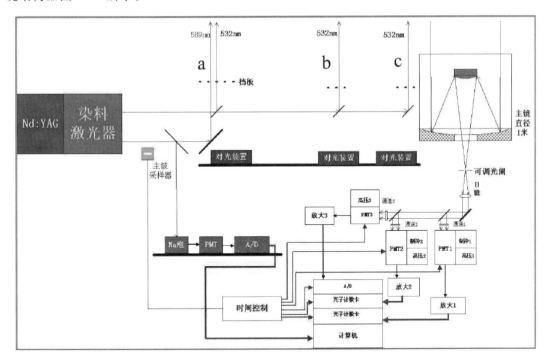

图 5.15　中国科学技术大学激光雷达的构成

激光发射部分由 Nd:YAG 激光器、染料激光器、波长定标系统(主要针对钠荧光探测)和激光光束发射平台组成。Nd:YAG 激光器的谐振腔振荡产生的 1064 nm 基频光经放大后通过二倍频晶体(SHG)倍频，产生 532 nm 的倍频激光，脉冲重复频率 20 Hz。对于测量钠层密度，需要利用 Nd:YAG 激光器 532 nm 激光泵浦染料激光器，使出射的激光波长位于钠荧光共振波长 589 nm。

激光雷达接收部分主要由接收望远镜及后继光学系统组成。中国科学技术大学激光雷达使用的接收望远镜为 1 m 口径的卡塞格林式接收望远镜（Cassegrain）。其主镜为抛物面,副镜为双曲面,主副镜均镀有铝膜,以适应从紫外光到可见光的宽波段接收;在焦平面处安装了小孔光阑,通过调节小孔光阑的孔径,可以使望远镜的接收视场角在 0.2~2 mrad 范围内变化。中国科学技术大学激光雷达发射和光学接收部分的主要技术参数列在表 5.1 中。

表 5.1　中国科学技术大学激光雷达发射和光学接收部分主要技术参数

Transmitter	Nd:YAG	Dye Laser
波长(nm)	532	589
脉冲能量(mJ)	550	50(typ.)
线宽(cm^{-1})	1	0.05
脉冲宽度(ns)	6	6
重复率(Hz)	20	20
光束发散角(mrad)	0.5	0.5
Receiver-Telescope		
类型	Cassegrain	
孔径(mm)	1000	
视场角(mrad)	0.2—2	
Receiver-Filter		
波长(nm)	532	589.3(589.0)*
带宽(nm)	1.0	1.0(0.5)
峰值透过率	≥60%	30%(70%)

* 2007 年 4 月起更换了新的 589 滤光片。

信号探测部分主要是用来对激光雷达接收到的大气后向散射光进行光电转换和放大,由延时器、光电倍增管、脉冲放大器、光子计数卡和计算机软硬件组成。

中国科学技术大学激光雷达自 2005 年年底建成后,即开始了观测实验。截至 2009 年底,中国科学技术大学对于 Na 层的观测共计累计有效观测时间约 1200 h。各个月份的观测时间如图 5.16 所示。

5.5.2　研究成果

利用 2005—2009 年 180 d 近 1200 h 的钠层的观测的数据进行分析,可以获得钠层的季节变化规律,如图 5.17 所示。

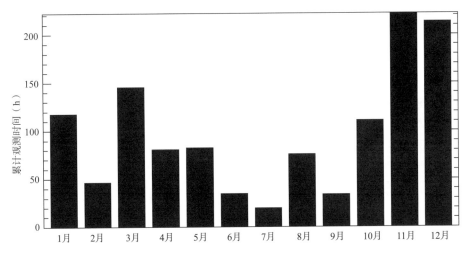

图 5.16　中国科学技术大学激光雷达月观测统计图(2005—2009 年)

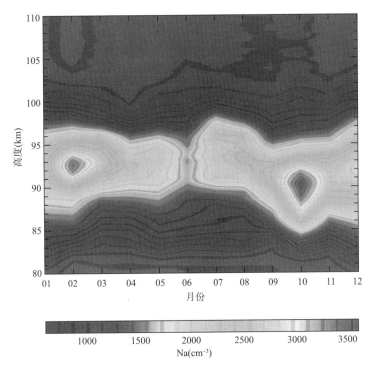

图 5.17　2005—2009 年季节平均钠层密度变化(见彩图)

180 个夜间平均的柱密度、质心高度和 RMS 宽度分别画在图 5.18 中。三角形代表每天观测的平均值,实线表示该日观测值的标准偏差的范围。

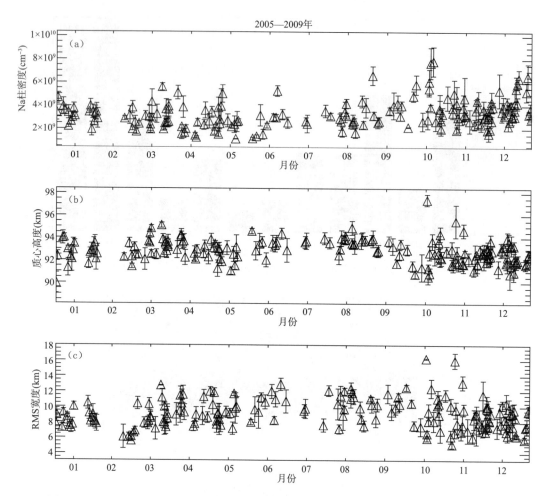

图 5.18　(a)柱密度随季节的变化;(b)质心高度随季节的变化;(c)RMS 宽度随季节的变化

柱密度最小的值 1.1×10^9 cm^{-3} 出现在 6 月份,最大值 8×10^9 cm^{-3} 出现在 10 月份。在秋季(特别是 10 月份)和晚冬(2 月份)柱密度表现出显著的峰值,而在夏季月份柱密度则表现为极小值。这种变化趋势与北半球其他钠荧光激光雷达观测稍有区别(在其他中纬度观测中柱密度的最大值多出现在冬季)。质心高度的月平均值分布在 $92 \sim 94$ km,夏季质心高度较高,而冬季相对较低。不同于 Gardner 等人报道的质心高度呈现准半年周期变化。RMS 宽度与质心高度季节变化类似,极小值出现在两个分点附近。

5.5.3　软件说明

1. 输入数据说明
* 数据文件名称:ATMS_NaPh_001. input. MCS,ATMS_NaPh_002. input. MCS。
* 数据文件类型:MCS 二进制格式。
* 对应输入数据文件的格式(format):每一个 ATMS_NaPh_ ∗∗∗. input. MCS 格式文件

对应着一次激光雷达的采样数据。

二进制文件具体编码如下：

触发标志：trigger，类型 byte，开始位置第 2 字节，长度 1 字节。

Dwell 标志：dwell_flag，类型 byte，开始位置第 3 字节，长度 1 字节。

Dwell 单位：dwell_unit，类型 byte，开始位置第 4 字节，长度 1 字节（说明：dwell_unit 为采样时间单位，$0=\mu s$，$1=ms$，$2=sec$，$3=ns$）。

采样模式：acq_mode，类型 byte，开始位置第 5 字节，长度 1 字节（说明：acq_mode 为采样采用的模式，0-replace，1-sum）。

说明参数：类型 unsigned long integer，开始位置第 6 字节，长度 4 字节。

通道长度：pass_length，类型 unsigned integer，开始位置第 10 字节，长度 2 字节。

通道计数：pass_count，类型 unsigned long integer，开始位置 12 字节，长度 4 字节。

说明参数：类型 unsigned long integer，开始位置 16 字节，长度 4 字节。

采样时间：acq_time，1 维数组（含 8 个数组元素），类型 byte，开始位置 20 字节，长度 8 字节。

采样日期：acq_date，1 维数组（含 8 个数组元素），类型 byte，开始位置 28 字节，长度 8 字节。

说明参数：开始位置第 36 字节，长度 220 字节。

光子计数：chan_data，对应每个 pass_length 上的光子计数，类型 unsigned long integer，开始位置第 256 字节，长度为 4 个字节，总长度为 pass_length×4。

- 数据文件大小：单个文件 9 k
- 数据获取方式：激光雷达夜间观测
- 时间分辨率：典型 250 s（可调）
- 空间分辨率：典型 150 m（可调）
- 数据目录：输入数据的存储以年为一级目录，以天为二级目录，MCS 数据文件存储在以天为单位的二级目录下，因此输入数据的目录结构为（以驱动 D 为例）：

```
Driver(D:)-|
           |-database  -|
           |            |-2006- |-20060101
           |            |       |-20060201
           |            |       |-……
           |            |-2007- |-20070101
           |            |       |-20070201
           |            |       |-……
```

2. 输出数据：

1)钠层季节变化特征

- 数据文件名称：ATMS_NaDn_YYYY_month. output
- 数据文件类型：ASCII
- 对应输出数据文件的格式（format）

第 N 列	数据项中文名称	数据项英文名称	记录格式	物理单位(中英文)	无效缺省值	数值范围
01	高度序列数目	Output data altitude dimension	I4			
02	数据时间	Date and time	A7			
03	高度	Altitude	F6.2	千米(km)	无	0~1000
04	钠原子密度	Sodium Density	E12.4	厘米$^{-3}$(cm^{-3})	−999	0~10^4
05	统计方差	Std Error	E12.4	厘米$^{-3}$(cm^{-3})	0	0~10^4

实例：

401

2008_01

　　60.00　1.0452E+002　5.2321E+001

　　60.15　1.0217E+002　4.9974E+001

　　　······

2008_02

　　60.00　6.5686E+001　1.6060E+001

　　60.15　6.6980E+001　1.6006E+001

　　　······

2)钠层动力学统计参数季节变化特性

· 数据文件名称:ATMS_NaDn_YYYY_stat.output

· 数据文件类型:ASCII

· 对应输出数据文件的格式(format)

第 N 列	数据项中文名称	数据项英文名称	记录格式	物理单位(中英文)	无效缺省值	数值范围
01	年	Year	I4	/	无	/
02	日期	DoY	I4	/	无	0−366
03	钠层柱密度	Sodium Column Density	E12.4	厘米$^{-3}$(cm^{-3})	−999	0−10^{11}
04	钠层柱密度误差	Sodium Column Density Std	E12.4	厘米$^{-3}$(cm^{-3})	−999	0−10^{11}
05	钠层质心高度	Sodium Central Height	E12.4	千米(km)	−999	80−120
06	钠层质心高度误差	Sodium Central Height Std	E12.4	千米(km)	−999	0−20
07	钠层半宽度	Sodium RMS width	E12.4	千米(km)	−999	0−10
08	钠层半宽度误差	Sodium RMS width Std	E12.4	千米(km)	−999	0−10

实例：

　　2007　58　3.1571E+009　7.7214E+008　9.3500E+001　4.3665E-001

6.0701E+000　5.0861E-001

　　2008　60　3.8340E+009　5.1711E+008　9.2325E+001　4.0057E-001

6.1749E+000　5.5941E-001

3. 程序使用说明

1)程序流程图

如图 5.19 所示。

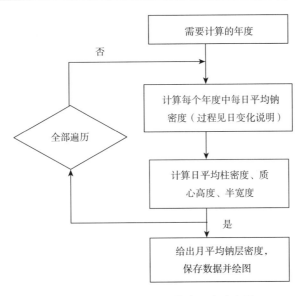

图 5.19　钠层季节变化模式程序流程图

2)函数说明

全部程序运行在 IDL 环境下。主函数为 NaModel. pro,整合了计算需要的全部函数。但需要辅助软件包 asspackages 中函数的支持(以适应不用驱动器名称、绘图等需要)。因此应事先将 asspackages 的目录添加到 IDL 的参考目录中,具体操作为在 IDL->file->preference->path 中插入(insert)asspackages 所在的目录,并勾选这个目录,如图 5.20 所示。

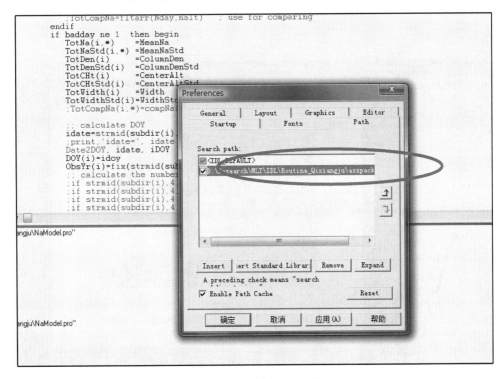

图 5.20　程序运行界面图

首先编译 NaModel.pro（如果为了使用方便,也可以将该函数所在目录按照上面同样的方式添加到 IDL 的参考目录中）。

对于钠层季节变化主要测试函数为 Call_NaSeasonVar.pro。在观测数据按照 1 中输入数据说明中存储格式存储的前提下,只需要给出需要设置如下 4 个变量即可。

（a）sampleYear：字符数组,表示需要计算季节变化的年度。

（b）refPath：大气参考模式所在目录（即 CIRA86 目录所在位置）。

（c）dataPath：观测数据所在的目录,如果按照 1 中输入数据说明中存储格式存储,即所有数据存放在 D:\database 下,那么这个变量的赋值为 dataPath= 'd:\database'。

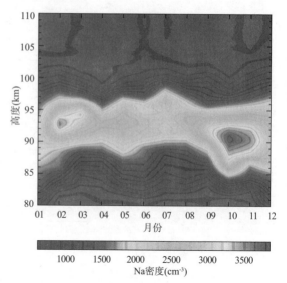

图 5.21　钠层钠密度随季节的变化图

（d）outputPath：输出文件和图形保存的目录。在输出目录下,将得到两个 dat 文件,分别是钠层季节变化特征和钠层动力学统计参数季节变化特征,名称和格式见 2 输出数据中的说明。如图 5.21 所示。

5.5.4　模式界面

如图 5.22 所示。

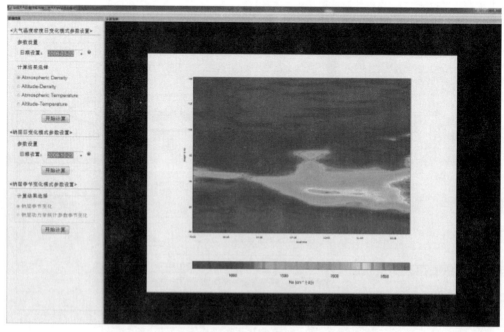

图 5.22　钠层季节变化模式界面图（见彩图）

5.6　钠层日变化模式

5.6.1　模式原理

下面先推导后向散射式激光雷达探测原理。

假设 N_0 是激光在波长 λ_1 时一个单脉冲中总的光子数，τ_t 激光雷达光学传输系数，那么该激光雷达系统的一个单脉冲激光向大气发射的总光子数目为：$N_0\tau_t(\lambda_1)$，在大气高度范围 r 到 $r+dr$ 区域内参与散射的光子数，可以表示为：$N_0\tau_t(\lambda_1)\tau_a(r,\lambda_1)dr$，其中 $\tau_a(r,\lambda_1)$ 是大气在波长 λ_1 沿着激光路径 r 的光学传输系数。注意到对于光束垂直发射的激光雷达，激光路径 r 等价于实际大气的高度 z。

对某种 i 类型的散射，在 R_1 到 R_2 区间内单位立体角后向散射的总光子数为：$N_0\tau_t(\lambda_1)\int_{R_1}^{R_2}\tau_a(r,\lambda_1)\sigma_\pi^i(\lambda_1)n^i(r)dr$，这里 $\sigma_\pi^i(\lambda_1)$ 为第 i 种散射的后向散射截面，$n^i(r)$ 是在 r 处产生该种散射的散射体的数密度。而被望远镜采集到的后向散射的光子数，可以表示为：$N_0\tau_t(\lambda_1)A\int_{R_1}^{R_2}\dfrac{1}{r^2}\tau_a(r,\lambda_1)\tau_a(r,\lambda_s)\zeta(r)\sigma_\pi^i(\lambda_1)n^i(r)dr$，这里 A 是望远镜的接收面积，λ_s 是后向散射光的波长，$\zeta(r)$ 是激光光束与望远镜视场的重叠几何因子，当激光光束完全进入望远镜视野的时候 $\zeta(r)=1$，由于高度的增加引起光通量随 $1/r^2$ 衰减。

最终被光电探测系统（主要是光电倍增管）探测到的光子数目为：

$$N_0\tau_t(\lambda_1)A\tau_r(\lambda_s)Q(\lambda_s)\int_{R_1}^{R_2}\frac{1}{r^2}\tau_a(r,\lambda_1)\tau_a(r,\lambda_s)\zeta(r)\sigma_\pi^i(\lambda_1)n^i(r)dr \tag{5.24}$$

这里 $\tau_r(\lambda_s)$ 是接收光学系统在波长 λ_s 时的传输系数，$Q(\lambda_s)$ 是光电倍增管在波长 λ_s 处的量子效率。对于采用模拟探测的激光雷达，$Q(\lambda_s)$ 可以利用光电倍增管的增益系数 $G(\lambda_s)$ 取代。

在许多情况下，方程(5.24)可以简化。例如，如果假定探测的区域范围 ΔR 很窄，其中的大气状态参数基本不随 r 而变化，那么可以去掉积分符号，方程变为：

$$N_0\tau_t(\lambda_1)A\tau_r(\lambda_s)Q(\lambda_s)\frac{1}{R^2}\tau_a(R,\lambda_1)\tau_a(R,\lambda_s)\zeta(R)\sigma_\pi^i(\lambda_1)n^i(R)\delta R \tag{5.25}$$

这个形式的激光雷达方程可以用来计算瑞利激光雷达、荧光共振激光雷达等后向散射型激光雷达的回波光子数，只需要考虑散射的类型和应用的波长对各种参数的影响。对于我们所关心的 Na 荧光共振散射过程，激光发射为准直发射，故激光雷达方程中 R 可以高度 z 代替。

在方程(5.25)中，激光雷达发射的波长 λ_1 和钠原子后向散射荧光波长 λ_s 相等，记 $T_a^2(z)=\tau_a(R,\lambda_1)\tau_a(R,\lambda_s)$，同时 $\eta=A\tau_t(\lambda_1)\tau_r(\lambda_s)Q(\lambda_s)\zeta(z)$ 为激光雷达系统函数，并考虑到背景光子计数 N_B，那么激光雷达探测到光子数可以写成：

$$N(z)=\eta N_0 T_a^2(z)\frac{1}{z^2}\sigma_\pi^i n^i(z)\delta z+N_B$$

在钠层高度上 $80\sim110$ km，主要的散射过程钠原子荧光散射，相应的钠原子密度可以写成：

$$n_{\mathrm{Na}}(z) = \frac{N(z) - N_B}{\eta N_0\, T_a^2(z)\frac{1}{z^2}\sigma_{\mathrm{Na}}\delta_z} \tag{5.26}$$

其中为 σ_{Na} 钠原子荧光散射的后向散射截面。

为了简化对钠原子密度的求解,在实际测量中一般利用 30 km 附近大气瑞利散射的信号对钠层荧光共振信号进行归一化处理。在参考高度 z_0 处,利用瑞利散射探测到的大气密度可以表示成:

$$n_a(z_0) = \frac{N(z_0) - N_B}{\eta N_0\, T_a^2(z_0)\,\frac{1}{z_0^2}\sigma_R\delta_z} \tag{5.27}$$

其中 σ_R 为大气分子瑞利散射的后向散射截面。

假设大气双程透射率 $T_a^2(z)$ 是常数,那么将方程(5.26)和(5.27)相比,可以得到最后钠原子密度反演公式:

$$n_{\mathrm{Na}}(z) = \frac{\sigma_R n_a(z_0)}{\sigma_{\mathrm{Na}}} \cdot \frac{[N(z) - N_B]z^2}{[N(z_0) - N_B]z_0^2} \tag{5.28}$$

其中 $n_a(z_0)$ 为参考高度的大气密度,一般利用大气模式的结果给出,不同的月份略有不同;$N(z)$ 为在高度 z 处 Δz 范围内在积分时间内回波的光子数;$N(z_0)$ 为参考高度上回波的光子数,这里利用 $27.5\sim32.5$ km 范围内回波光子数的加权平均来得到,以减少散粒效应(shot noise)的影响;N_B 为背景噪声,一般利用 130 km 以上的背景信号的平均来计算。σ_R 是大气瑞利后向散射截面,利用的是 Collis 和 Ressell 给出的对于 100 km 以下混合大气普适的经验公式:

$$\sigma_R = 5.45\left[\frac{550}{\lambda(\mathrm{nm})}\right]^{4.09} \cdot 10^{-32}\ \mathrm{m^2 \cdot sr^{-1}} \tag{5.29}$$

对于 $\lambda = 589.0$ nm,计算得到 $\sigma_R = 4.14\times10^{-32}$ $\mathrm{m^2 \cdot sr^{-1}}$;$\sigma_{\mathrm{Na}}$ 是钠的荧光共振后向散射截面,它与激光参数相关,这里采取的值为 4.00×10^{-17} $\mathrm{m^2 \cdot sr^{-1}}$。

由于观测表明钠层密度随高度的变化可以用高斯分布近似,

$$n_s(z) = \frac{C_s}{\sqrt{2\pi}\sigma_s}\mathrm{e}^{\left[-\frac{(z-z_s)^2}{2\sigma_s^2}\right]} \tag{5.30}$$

这里 $n_s(z)$ 表示钠层的密度,C_s 为钠层柱密度,z_s 为质心高度,σ_s^2 为 RMS 宽度的平方。钠层的变化和大气对钠层的短期动力学和化学的影响都要通过这几个参数来反映。将它们表示成空间矩阵的形式:$m_i = \int_{z_c-\Delta z_c}^{z_c+\Delta z_c} z_i n_s(z)\mathrm{d}z$,这里下标 i,表示第 i 阶矩。通常取 $z_c = 90$ km,$\Delta z_c = 30$ km,那么柱密度 C_s,质心高度 z_s 和 RMS 宽度 σ_s 可以分别表示为:

$$C_s = m_0, \quad z_s = \frac{m_1}{m_0}, \quad \sigma_s = \left[\frac{m_1}{m_0} - \left(\frac{m_2}{m_0}\right)^2\right]^{1/2} \tag{5.31}$$

本课题主要利用中国科学技术大学激光雷达自 2005 年年底起的 Na 层观测资料,反演到的 Na 原子数密度,进行统计分析后得到合肥地区上空 Na 层数密度的日变化、季节变化规律。

5.6.2　研究成果

图 5.23a 给出 2007 年 2 月 1—2 日典型的夜间钠层的观测。可以看出钠密度后半夜较前半夜明显增大,在凌晨 0500LT 之前,钠层的下半部分向下拓展显著;上半部分只是略有拓展,

整体变化不大；钠层密度的峰值高度基本保持在 91～92 km。图 5.23b 给出了柱密度、质心高度和 RMS 宽度随时间的变化曲线。柱密度在 1 日 1930LT 呈现最小值大约 2.0×10^9 cm^{-3}，随后由于钠层向下展宽而增长，并在 2 日凌晨 0200LT 达到最大值 4.4×10^9 cm^{-3}。质心高度在 2300LT 之前变化的不大，在 2300LT 后开始下降，在 0300LT 达到最低 90.2 km，其变化与柱密度反相。RMS 宽度的变化稍稍滞后于柱密度，但基本上保持与之同相。

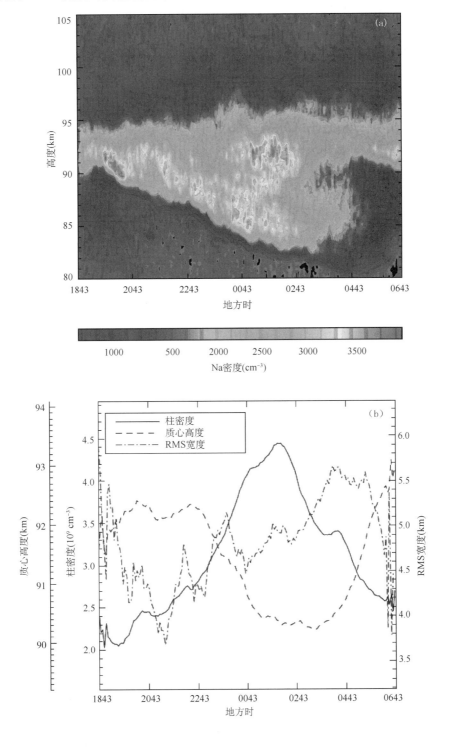

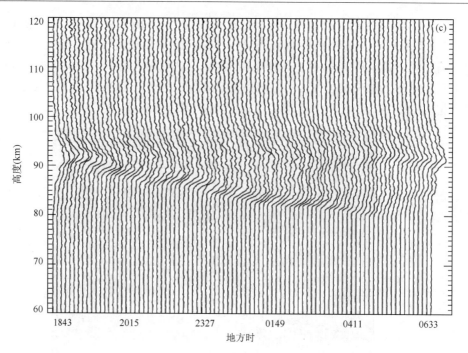

图 5.23　(a)2007 年 2 月 1—2 日典型的夜间钠层的观测；(b)相应的柱密度、质心高度和 RMS 宽度的变化曲线；(c)2007 年 2 月 1—2 日夜间钠层密度廓线随时间的变化，每条廓线的时间间隔为 500 s

从图 5.23b 中，可以计算柱密度的最大值和最小值的时间差约为 6.5 h，这恰好可以与半日潮汐周期对应。图 5.23c 给出 2007 年 2 月 1—2 日钠层密度廓线随时间的变化(每条廓线间隔 500 s)，1843LT—0511LT 有明显波动向下传播。这种下传的相位及图 5.23b 中柱密度的最大值和最小值之间约 6.5 h 的时差，暗示了半日潮汐存在。按照半日潮汐估算其垂直波长约 50 km，基本与经典潮汐 S 模相对应。

图 5.24a 给出 2008 年 12 月 28—29 日夜间钠层观测。与前面不同，钠层在午夜附近展现出显著的双峰结构，宽度向上向下都有所拓展；在下半夜上部的峰消失，下部也有明显收缩；在接近日出时刻钠层密度向上向下又有所增加。图 5.24b 给出相应的柱密度、质心高度和 RMS 宽度的变化，也可以看出柱密度变化和质心高度变化大致反相，并领先于 RMS 宽度变化。

钠层夜间观测另一个比较经常出现的现象是突发钠层事件。图 5.25a 给出 2009 年 03 月 14—15 日观测到的突发钠层结构。突发事件最显著的时间在 14 日夜间 2020LT—2120LT 之间，钠层密度峰值到达 17600.0 cm^{-3}。图 5.25b 给出 2009 年 03 月 15—16 日夜间另一次突发钠层事件，与图 5.25a 不同，这次事件发生在此日凌晨 0300LT 以后，一直持续到观测结束，相比前一个事件，其峰值密度仅有 6566.0 cm^{-3}。连续两天的观测都有突发钠层的现象出现，说明在合肥地区突发钠层发生频率较高，另外通过连续两日突发的不同特征也说明突发钠层的随机特性。

在累计的数据中，有近 1/3 的观测天数内都有不同程度的突发钠层发生，大致时间都集中在午夜或者凌晨，持续时间为几十分钟到几个小时。突发钠层与电离层突发 E 层(Es)，中高层大气动力学过程(如重力波等)，以及流星注入都有关系，导致突发钠层的形成的原因至今仍是钠层研究的主要热点。我们在此项目支持下，发表了关于突发钠层现象的综合研究(Dou et al.，2010)。

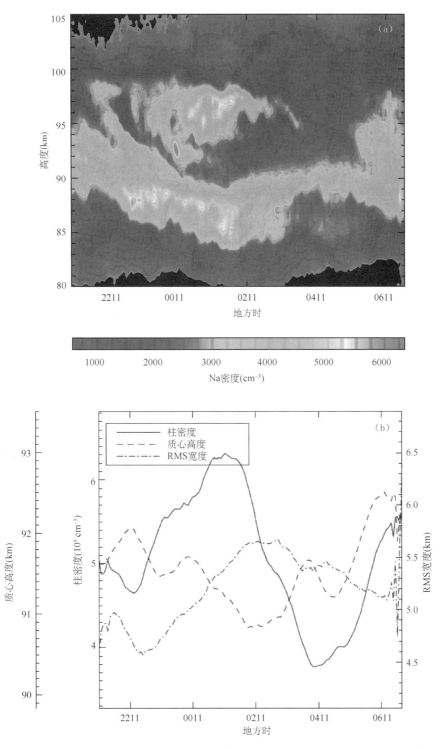

图 5.24　(a)2008 年 12 月 28—29 日典型的夜间钠层的观测;(b)相应的柱密度、质心高度和 RMS 宽度的变化曲线

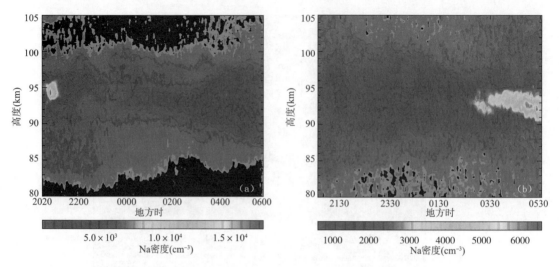

图 5.25　(a)2009 年 3 月 14—15 日夜间的突发钠层事件；(b)2009 年 3 月 15—16 日夜间的突发钠层事件(见彩图)

5.7　总　结

中高层大气模式完成了两部分研究工作。

1. 利用激光雷达观测资料(含风场)进行我国中纬度大气模式研究

①结合多点的激光雷达观测，对 30～65 km 中高层大气的温度、密度进行探测，以完善我国中纬度地区的大气模式。

②利用 Na 激光雷达观测资料，研究 80～110 km 高度钠层动力学特性和季节特性。

2. 建立中低纬地区中高层大气温度、密度预报模式

利用近些年美国发射的 TIMED 卫星对全球平流层、中间层和低热层大气温度的探测数据，利用回归分析方法，建立全球中低纬地区中高层大气温度分布的大气预报模式。该模式可以给出中低纬地区大气温度、密度分布随地方时、季节和年际的变化。

中层大气是航天活动的门户，并且正在成为未来航空活动的一个重要场所，"临近空间(near space)"概念正是在这样的背景下被提出来的。而本研究项目点面结合，对中纬度大气模式进行修正并利用先进风场观测手段综合研究平流层—中间层大气波动，进而深入研究这个区域中发生的各种关键过程及其相互联系，研究成果对于未来航空器飞行保障有重要作用。由此取得的理论和统计结果将被逐步融入下一步开展的中层大气预测预报模式之中，并为全球环境变化和日地物理研究提供参考和基础。

发表相关论文

1. X. K. Dou，X. H. Xue，T. Li，T. D. Chen，C. Chen，and S. C. Qiu. 2010. Possible Relations between Meteors，Enhanced Electronic Density Layers and Sporadic Sodium Layers. *J. Geophys. Res.*，VOL. **115**，A06311，doi：10.1029/2009JA014575.

2. Dou X., *et al.* Variability of gravity wave occurrence frequency and propagation direction in the upper mes-osphere observed by the OH imager in Northern Colorado. *Journal of Atmospheric and Solar-Terrestrial Physics*(2010), doi：**10**. 1016/j. jastp. 2010. 01. 002.

3. Xu J Y, Liu H L, Yuan W, *et al*. 2007a. Mesopause structure from thermosphere, ionosphere, mesosphere, energetics, and dynamics (TIMED)/sounding of the atmosphere using broadband emission ra-diometry (SABER) observations. *J Geophys Res*, **112**：D09102.

4. Xu J Y, Smith A K, Yuan W, *et al*. 2007b. Global structure and long-term variations of zonal mean temperature observed by TIMED/SABER. *J Geophys Res*, **112**：D24106.

5. Xu J Y, Smith A K, Liu H L, *et al*. 2009a. Seasonal and quasi-biennialvariations in the migrating diurnal tide observed by thermosphere, ionosphere, mesosphere, energetics and dynamics (TIMED). *J Geophys Res*, **114**：D13107.

6. Xu J Y, Smith A K, Liu H L, *et al*. 2009b. Estimation of the equivalent rayleigh friction in mesosphere/lower thermosphere region from the migrating diurnal tides observed by TIMED. *J Geophys Res*, **114**：D23103.

7. Xu J Y, Smith A K, Jiang G Y, *et al*. 2010a. Seasonal variation of the hough modes of the diurnal compo-nent of ozone heating evaluated from aura microwave limb sounder observations. *J Geophys Res*, **115**：D10110.

8. Xu J Y, Smith A K, Jiang G Y, *et al*. 2010b. Strong longitudinal variations in the OH nightglow. *Geophys Res Let*, **37**：L21801.

9. Jiang G Y, Xu J Y, Xiong J, *et al*. 2008. A case study of the mesospheric 6. 5-day wave observed by radar systems. *J Geophys Res*, **113**：D16111.

10. Jiang G Y, Xu J Y, Shi J, *et al*. 2010. The first observation of the atmospheric tides in the mesosphere and lower thermosphere over Hainan, China. *Chin Sci Bull*, **55**：1059-1066.

11. Jiang G., W. Wang, J. Xu, J. Yue, A. G. Burns, J. Lei, M. G. Mlynczak, and J. M. Rusell III. 2014. Responses of the lower thermospheric temperature to the 9 day and 13. 5 day oscillations of recurrent geo-magnetic activity. *J. Geophys. Res*, **119**, 4841- 4859, doi：10. 1002/2013JA019406.

参 考 文 献

Bowman B R, Tobiska W K, Marcos F A. 2006. A new empirical thermospheric density model JB2006 using new solar indices. AIAA.

Bowman B R, Tobiska W, Marcos F A, *et al*. 2008. The JB2006 empirical thermospheric density model. *J. Atmos. Sol. Terr. Phys.* **70**(5)：774-793.

Chiu Y T. 1975. An improved phenomenological model of ionospheric density. *J. Atmos. Terr. Phys.*, **37**：1563-1570.

Dou X K, Xue X H, Li T, *et al*. 2010. Possible Relations between Meteors, Enhanced Electronic Density Layers and Sporadic Sodium Layers. *J. Geophys. Res.*, **115**, A06311, doi：10. 1029/2009JA014575.

Fuller-Rowell T J, Rees D, Quegan S, *et al*. 1996. A Coupled Thermosphere-Ionosphere Model (CTIM), in Solar-Terrestrial Energy Program: *Handbook of Ionosheric Models*. edited by R. W. Schunk, 217-238, Sol. Terr. Energy Prog. Logan, Ut.

Fuller-Rowell T J. 1998. The "thermospheric spoon": A mechanism for the semiannual density variation. *J.*

Geophys. Res. **103**: 3951-3956.

Geisler J E. 1967. On the limiting daytime flux of ionization into the protonosphere. *J. Geophys. Res.* **72**(1): 81-85.

Geissler J E. 1967. A numerical study of the wind system in the middle thermosphere. *Journal of Atmospheric & Terrestrial physics*, **29**(12): 1469-1482.

Heelis P F. 1982. The photophysical and photochemical properties of flavins (isoalloxazines). *Chemical Society Reviews*, **11**: 15-39.

Heelis R A, Lowell J K, Spiro R W. 1982. A model of the high-latitude ionospheric convection pattern. *J. Geophys. Res.*, **87**: 6339-6345.

Kohl H, King J W. 1967. Atmospheric winds between 100 and 700 km and their effects on the ionosphere. *J. Atmos. Terr. Phys.*, **29**: 1045-1062.

Millward G H, Moffett R J, Quegan S, *et al*. 1996. A coupled thermosphere ionosphere plasma-sphere model (CTIP), in STEP Handbook on Ionospheric Models, edited by R. W. Schunk, 239-280, Utah State Univ., Logan.

Picone J M, Hedin A E, Drob D P, *et al*. 2002. NRLMSISE-00 empirical model of the atmosphere: Statistical comparisons and scientific issues. *J. Geophys. Res.*, **107**(A12): 1468, doi: 10. 1029/2002JA009430.

Xu J Y, Liu H L, Yuan W, *et al*. 2007a. Mesopause structure from thermosphere, ionosphere, mesosphere, energetics, and dynamics (TIMED)/sounding of the atmosphere using broadband emission radiometry (SABER) observations. *J. Geophys. Res.*, **112**: D09102.

Xu J Y, Smith A K, Yuan W, *et al*. 2007b. Global structure and long-term variations of zonal mean temperature observed by TIMED/SABER. *J. Geophys. Res.*, **112**: D24106.

第6章　空间天气预报模式发展现状与趋势

日地空间是当前人类航天活动、空间开发利用以及空间军事活动的主要区域,是与人类活动息息相关的第四生存环境,已经成为维护国家安全的战略高地,空间产业逐渐成为促进国民经济持续发展以及高技术系统发展的重要支柱。众多空间技术系统如通信卫星、导航定位系统、监测系统、预警系统、各类对地观测系统等进入空间,空间成就了航天产业和信息产业的巨大发展,为人类进入空间时代的信息化社会发展开拓了广阔的前景。目前在轨运行的卫星近千颗,预期未来十年会有近千颗商业卫星升空,人类对空间技术系统的依赖性迅速增长。国内外航天实践表明,人类在开发和利用空间的过程中遭遇到空间天气的巨大威胁,而灾害性空间天气是卫星在轨故障的主要原因之一,雄居各种故障因素的首位。据长期统计,航天故障率约40%来自空间天气。美国宇航局最新(2008 年)报导大约59%的地球和空间科学卫星任务受到空间天气影响,我国卫星在轨发生的异常或故障大约50%是由空间天气引起的。而且空间活动规模越大、空间技术水平越发达,空间天气的危害越突出、越严重。因此,各航天大国在航天事业蒸蒸日上的同时,都要建设一定规模的空间天气保障体系为其空间活动保驾护航。在未来十至二十年内,我国将陆续发射数量众多的卫星,为及时、有效地防护、规避、减缓空间天气的危害,大力发展空间天气预报服务已经上升到国家重大需求的层面。由于空间天气过程涉及不同空间领域,发展日地系统和太阳系的不同空间区域以及集成性整体行为变化的预报建模技术,建立相应的科学、定量、实用的空间天气预报与效应的规范,构建统一集成的空间天气定量预报模式,是提高空间天气服务水平和质量的必由之路。

6.1　发展现状

当前空间天气预报的水平与实际需求还有较大差距,预报的水平相当于气象天气预报二十世纪五六十年代的水平。借鉴气象天气预报发展经验,要从根本上提高空间天气预报的水平,一方面要大力开展空间探测,另一方面需要进行理论研究和建立相关的空间天气定量化预报集成模式。空间天气预报的定量化是提升空间天气业务水平必经的重要阶段,也是空间天气服务的关键基础之一。

国外空间大国(以美国为首)在 20 世纪 60 年代就开展了空间天气监测和预报工作,并在随后的 40 年中相继开展了一系列空间天气探测和研究计划,并成立了专门的空间天气应用部门。在未来二十年(2016—2035 年)的空间物理和太阳系空间环境探测领域中规划了规模宏大的太阳—行星际—地球空间的探测计划,日地联系的探测成为国际空间探测的主要方向。我国目前没有自主的空间天气监测卫星,空间天气预报很大程度还是依赖国外卫星的数据来开展工作,使得我国在空间天气的研究和预报方面都与国外空间大国有较大的差距。

　　空间天气探测、研究和应用是密不可分、相互促进的三个方面。空间天气建模是进行空间天气预报的基础。诸多国际科学计划和科学组织，如国际与太阳同在计划、美国国家空间天气计划、欧洲空间天气计划、日地系统气候与天气计划、"2011 美国国家航空、航天战略计划"、"NASA 空间科学规划（2007—2016）"、"日球物理（科学与技术 2009—2030）"、"联合国国际空间天气起步计划（2010）"和世界气象组织所属的国际空间天气协调工作组（ICTSW, 2010）等都十分关注空间天气，它们在空间天气探测、研究、建模、预报和效应方面都做出了并正在不断做出重大的贡献。国际日地物理科学委员会推进的 2004—2008 年国际"日地系统气候和天气计划（CAWSES）"的目标是要建立可靠的、极具确定性的、从一端到另一端的模型。该模型通过对观测现象，即日地系统间不同等离子体区域多尺度耦合的定量了解，预报地球空间环境。美国 1995 年的空间天气计划中明确把空间天气模式等研究成果的技术转化和集成列为计划中的战略要素；在 2000 年的美国空间天气体系框架计划中，设计了快速原型中心，负责快速、集中地将所需研究模式和成果转化集成到空间天气业务系统中。目前，美国在空间天气业务系统（以 SWPC 为代表）已实现了许多单一空间天气预报模式的应用转化和集成，并在多模式耦合集成上开展了大量工作，如磁层、电离层和热层模式的耦合集成。迄今为止，针对典型的空间灾害性天气事件，从太阳表面太阳风暴驱动源出发，贯穿日地空间，最终到地球空间的基于物理规律的整体集成预报模式，在国际上正处于起步阶段，美国基金委重点支持了以波士顿（Boston）大学牵头联合几个大学组成了的空间天气集成模型中心（CISM）和密歇根（Michigan）大学主持的空间环境模型中心（CSEM），他们的目标是完成初步的空间天气集成的数值模型。

　　目前，国内空间天气界已有大量的侧重于日地空间天气基本物理过程的研究成果和预报技术（预报方法和预报模式），国家自然科学基金委 2006 年支持组建了空间天气物理预报模式创新研究群体，主攻太阳—行星际—磁层耦合的数值模式；载人航天工程、国家 863 高技术计划和国家（973）重大科学研究计划支持初步开展了空间环境保障系统的集成建设和空间天气物理预报模式集成技术研究，在确保人类空间活动安全和有效方面具有直接的应用价值。但多是基于科学研究层面，没有统一的技术规范，尚不能应用于实际业务预报中，这些预报技术和预报方法在向业务转化之前还需要进行有组织的技术攻关来集成化（技术化和规范化）。

　　为实现科研成果向业务应用的有效转化，公益性行业（气象）科研专项项目——"空间天气定量化预报技术及其集成"（GYHY200806024）资助将这些具有潜在业务应用价值的预报模式进行分类，确定空间天气预报技术规范，并将比较成熟类的预报方法和技术转化成面向业务的定量化预报技术。密切结合中国气象局气象监测与灾害预警工程、国家大科学工程"子午工程"以及风云卫星工程的科学目标和应用目标而开展业务应用研究，完成了跨越空间天气所涉及的五大区域（太阳、行星际、磁层、电离层和中高层大气）25 个模式的研发改造工作，构建了空间天气定量化预报初步框架（图 6.1），是国内首个面向业务应用的跨越空间天气所涉及的五大区域的集成预报模式，是我国空间天气监测预警的基础性、前瞻性工作，也将成为我国空间天气业务领域的关键技术和重要工作，能够极大提高我国对灾害性空间天气的预测预报能力，对提升整个行业的业务水平具有极其重要的意义。具体表现有以下几点：

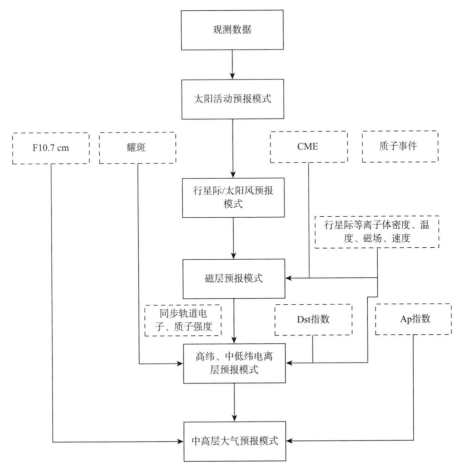

图 6.1　空间天气应用预报集成框架

· 实现多学科交叉的综合研究,实现我国在灾害性空间天气过程及其对人类活动影响的研究方面取得突变性进展,全面提升我国在空间天气服务领域的自主创新能力,促进我国空间天气业务跨越式发展。

· 定量预报模式所提供的空间环境的背景要素是进行航天器空间环境防护辅助设计的重要依据,特别是以前航天器很少涉足的空间区域。随着我国航天活动增加,若能避免或减少因灾害性空间天气引起的航天活动失败,其效益和社会影响将是显著的。

· 定量预报技术可以从空间探测的有限区域数据中了解整个空间全貌,从而为各空间区域可能受到灾害性空间天气影响的相关部门提供定量化空间天气参数,帮助各部门利用这些参数,采取相应的措施来规避空间天气所造成的影响,从而减少经济损失。

6.2　发展趋势

空间天气预报模式是认识空间环境及其变化规律,减轻、避免灾害性空间天气对高技术系统的影响的重要基础手段。由于空间天气过程涉及日地空间五个不同的空间区域(太阳日冕—行星际—磁层—电离层—中高层大气),建立从太阳表面到地球空间的空间天气预报集成模式是空间天气预报模式发展的方向。

　　空间天气预报建模需要空间天气事件的初发、发展、传播和影响过程模式化和定量化,涉及太阳风暴的发生、发展、传播和演化的全物理过程,其因果链覆盖从太阳大气直至地球中高层大气。其预报建模技术包括利用长期观测或大样本统计结果建立的经验—统计预报模式和以物理机理为基础的数值建模预报技术。经验—统计预报模式以现有或历史观测数据为基础,从长期可预报太阳活动周日地空间空间物理条件的演化,从短期可预报太阳活动区爆发特征、冕洞冕流及背景太阳风特征、日冕物质抛射和共转相互作用区到达地球的时间和速度、高能粒子的流量、地磁活动的强度等。以物理机制为基础的数值建模是空间天气预报追求的目标,利用观测提供的动态初始或边界条件,期待从长期预报太阳发电机和活动周的演化,从短期完整自洽地实现太阳活动区的演化和爆发、太阳风及其瞬时现象的行星际空间传播、高能粒子加速和传播、太阳风能量注入地磁空间以及地磁空间的响应等整个空间天气因果链,如图6.2所示。

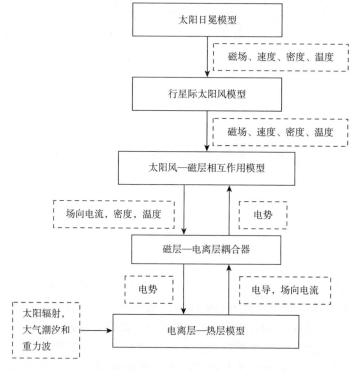

图 6.2　空间天气物理集成模式框架
(由中国科学院国家空间科学中心王赤研究员提供)

　　空间天气预报技术研究的主要内容就是提升空间天气预报建模水平。建模研究主要面临两个挑战:一是如何将空间天气驱动源和日地空间系统中的物理过程复杂性和不确定性融入模式,二是如何将大量的天基和地基实测数据、预报方法与物理模式有机融合和同化。这两个挑战的研究在于促进研究与应用的有效融合,通过将观测数据、经验统计模式、数值预报模式和业务运行四者有机结合,建立由观测约束驱动,而且融合不同观测数据的、包含不同时空尺度相互作用过程的、高效稳定且具高时空分辨的日地空间乃至太阳系的空间天气经验—统计预报模型和基于物理的数值预报模型,初步实现空间天气预测与预报,以满足人类对空间天气预报日益增长的需求。

由于我国空间天气业务的发展起步比较晚,与国际先进水平相比,在监测、预报、研究和服务方面,空间天气业务的开展还不完善,面临着巨大的挑战。目前,我国空间天气预报建模主要针对日地空间因果链上的关键区域和要素,以及灾害性空间天气事件的应用建模技术,是面向业务的定量化空间天气应用预报技术的初步集成,而不是从太阳表面到地球空间的空间天气物理预报模式集成。发展基于物理的太阳—行星际—磁层—电离层/热层大气的空间天气集成数值模式,是空间天气预报模式发展的最终目标,也就是发展日地系统和太阳系的不同空间区域以及集成性整体行为变化的预报建模技术,建立相应的科学、定量、实用的空间天气预报与效应的规范。我国的空间天气预报业务已经开始沿着"预报客观化,流程标准化,产品自动化"的发展模式进行,其主要发展趋势是:

(1)空间天气因果链关键节点多参数、多手段预报。主要节点包括太阳、太阳风、地磁、近地空间辐射环境、高层大气、电离层等;控制和影响日地系统空间天气基本要素包括电磁辐射、电磁场、带电粒子、中性粒子和等离子体,以及所涉及的时间、空间变化的基本过程。

(2)空间天气因果链集成预报。将空间天气因果链关键节点的预报集成起来,从太阳表面出发,横贯日地行星际空间,最终到地球磁层—电离层/热层大气的多空间尺度的完整统一的集成物理和应用模式,实现从太阳扰动源头、日地系统物理过程,以及空间环境效应的完整定量预报。

(3)基于物理模式的数值预报。发展模块式和集成式的空间天气因果链数值预报。结合空间天气事件诊断、事后分析和仿真,积极开展数值预报试验;基于最新观测数据,借鉴相关统计预报经验,进行数值预报模式改进、融合和同化;通过数值预报试验进行空间天气机理研究。

空间天气预报技术的发展前沿就是主要针对关键区域和系统集成的以及严重的空间天气灾变事件的精确、可靠和时变的建模技术。不同国家、地区和不同科学家团队以及国际科学组织都十分关注空间天气预报,其发展态势就是聚焦提升空间天气预报水平应予突破的科学前沿问题,有效合理利用现有全球天基、地基探测和科学研究资源,通过全球合作共建协调发展和联合探索,以期不断提升空间天气精确可靠的科学预报水平,以及人们特别关注的服务效益水平,使人们感受到空间天气预报带来的重要价值,正成为空间天气预报发展的必然态势。

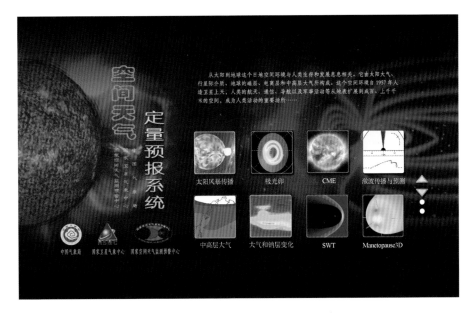

空间天气定量预报系统运行主界面图

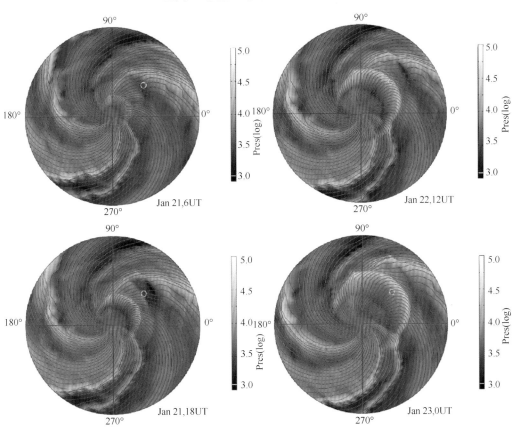

图 1.21　2004 年 1 月 20 日的太阳爆发事件产生的太阳风动压扰动在黄道面的传播。图中红、蓝曲线分别表示行星际磁力线方向为背向和指向太阳，圆圈代表地球所在位置，伪色彩代表太阳风动压的扰动强度

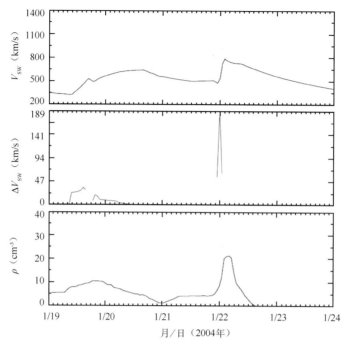

图 1.22　模拟得到的 2004 年 1 月 20 日太阳爆发事件在地球轨道处产生的太阳风速度和密度扰动

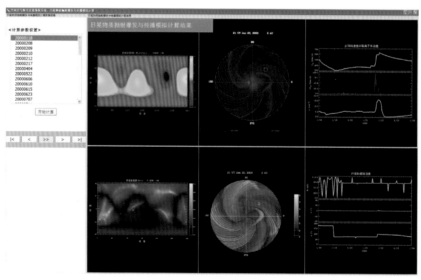

图 1.25　三维运动学模式运行界面

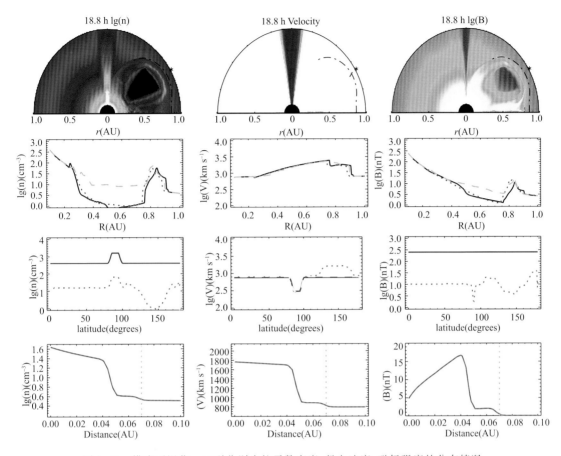

图 1.41　模式可视化。三列分别为粒子数密度、径向速度、磁场强度的分布情况。

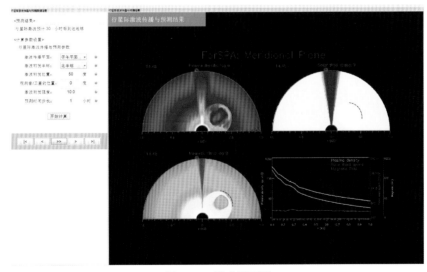

图 1.42　模式界面图

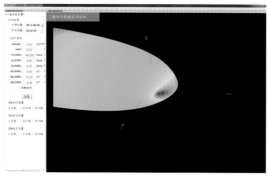

图 2.19　三维磁层顶可视化软件界面

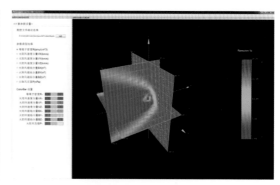

图 2.23　软件界面图

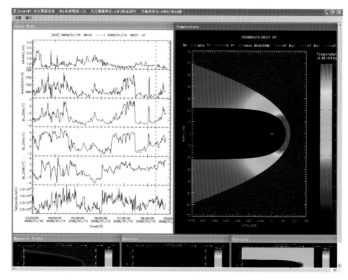

图 2.33　软件界面图

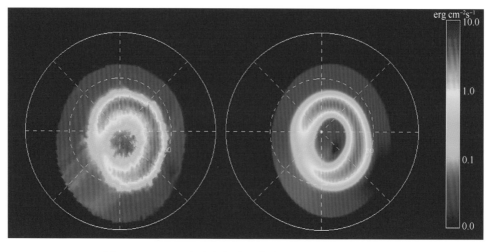

图 2.38　SWPC 发布的极光图像与推算的极光图像对比

（左图：SWPC 图像，右图：推算图像）

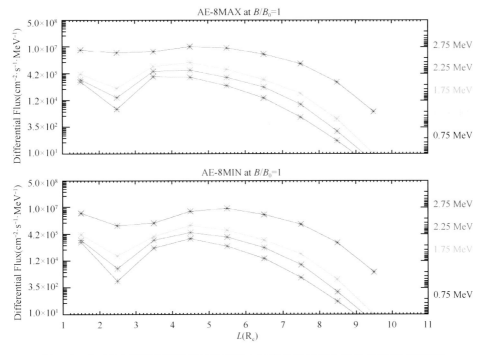

图 3.2　由 AE-8 得到的不同能量的高能电子微分通量随 L 值分布图（磁赤道面）

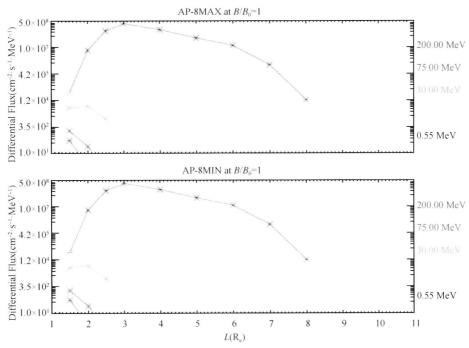

图 3.3　由 AP 8 得到的不同能量的高能质子微分通量随 L 值分布图（磁赤道面）

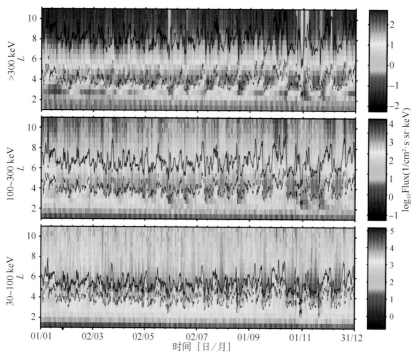

图 3.16 2003 年 NOAA-POES n16 卫星 mep90E 仪器(探测局地投掷角为 90°的电子)观测到的 30～100 keV,100～300 keV,>300 keV 能量电子微分通量随 L 值及时间的变化

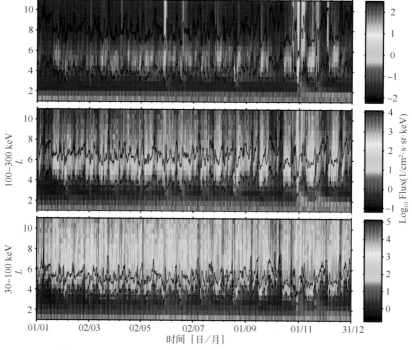

图 3.17 2003 年 NOAA-POES n16 卫星 mep0E 仪器(探测局地投掷角为 0°的电子,沉降电子)观测到的 30～100 keV,100～300 keV,>300 keV 能量电子微分通量随 L 值及时间的变化

AVERAGE CURRENT SYSTEMS FOR DIFFERENT AE RANGES

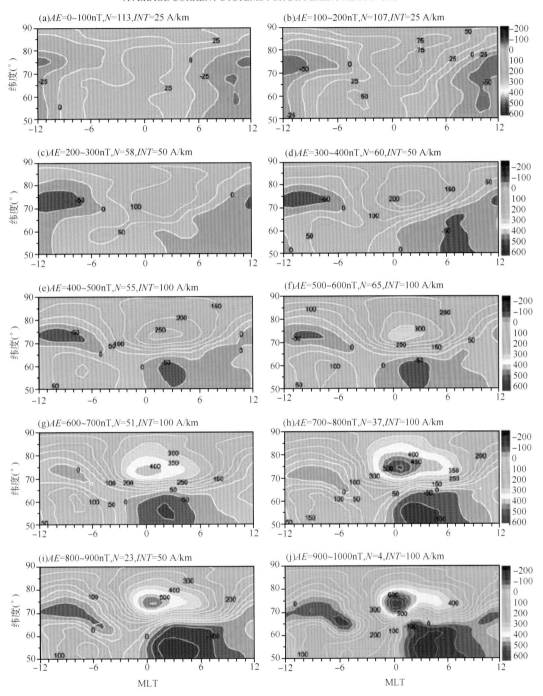

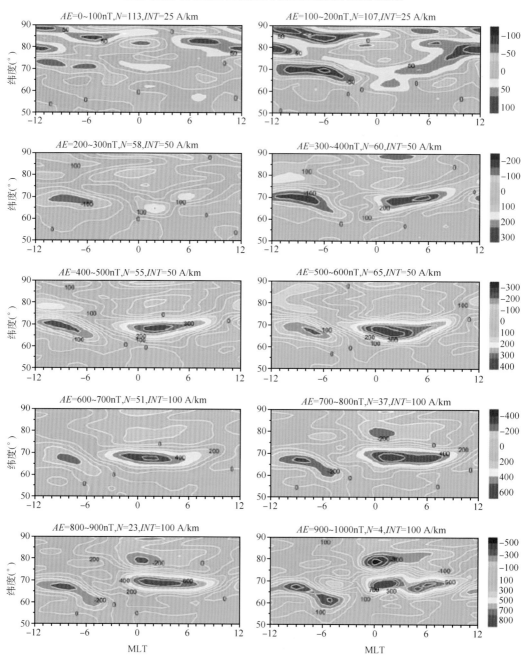

图 3.35　平均等效电流总强度和西向电集流密度随 AE 指数的变化

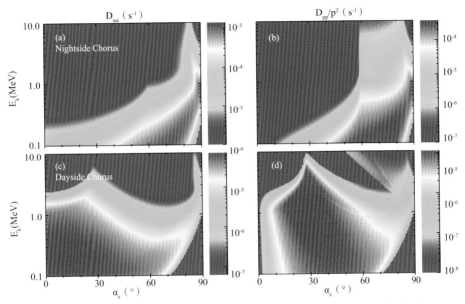

图 3.41　哨声波合声模产生的投掷角扩散系数（左边）及动量扩散系数（右边）

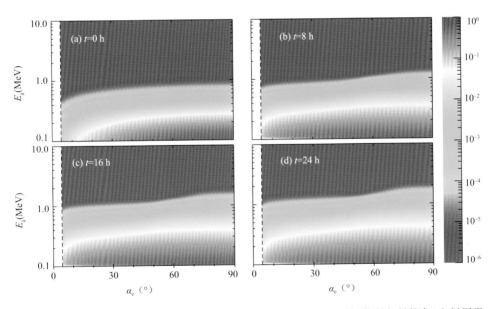

图 3.42　哨声波合声模产生的高能电子分布函数随时间演化的二维（能量与投掷角）空间图形

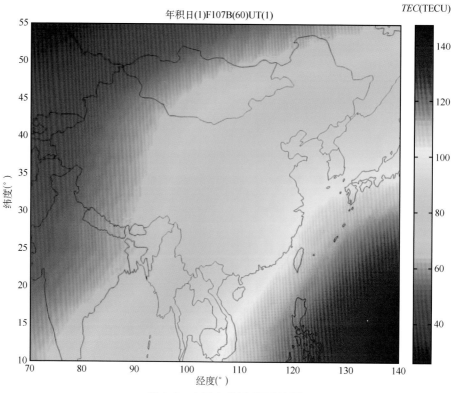

图 4.3　中国电离层 *TEC* 地图

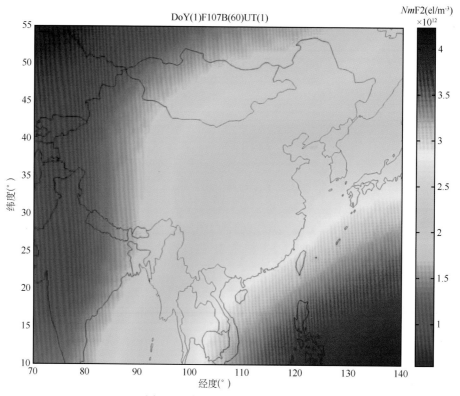

图 4.4　中国电离层 *NmF2* 地图

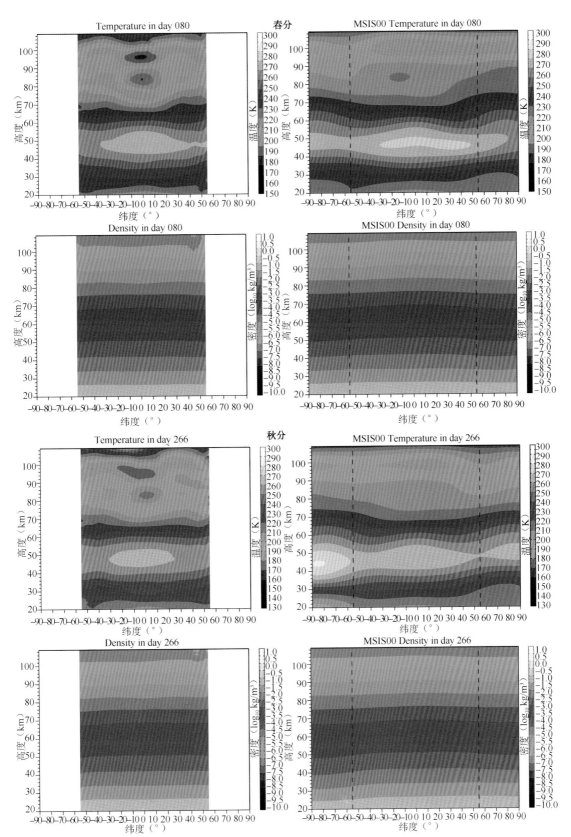

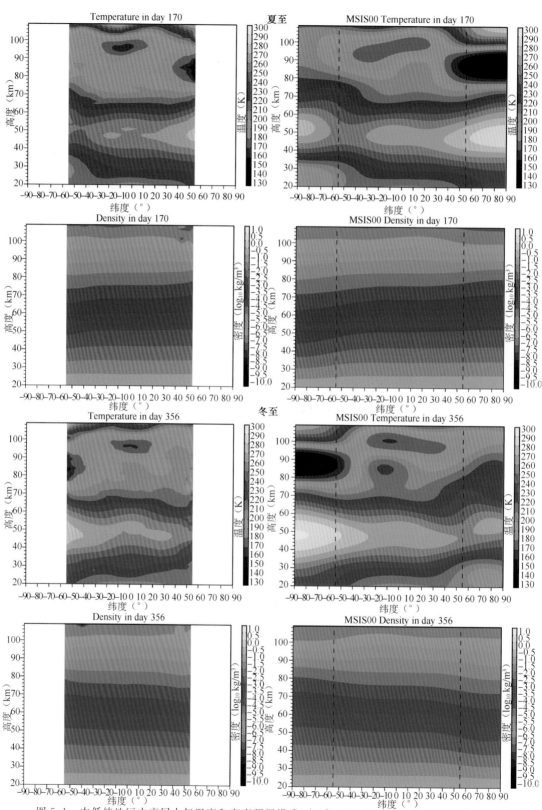

图 5.1　中低纬地区中高层大气温度和密度预报模式(左)与 NRLMSISE00 模式(右)的温度和密度随纬度-高度分布情况(两条虚线分别标出纬度 55°S 和 55°N 的位置)

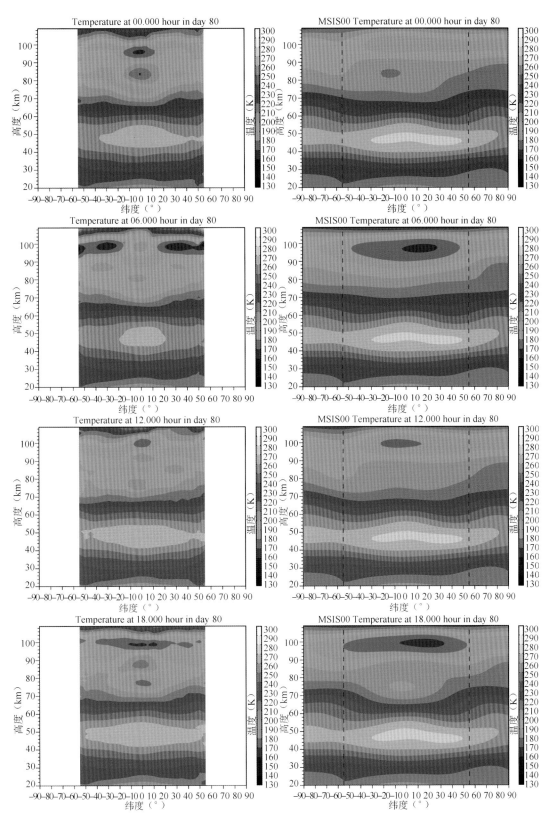

图 5.2　中低纬地区中高层大气温度和密度预报模式（左）与 NRLMSISE00 模式（右）输出温度随地方时变化（春分）（两条虚线分别标出纬度 55°S 和 55°N 的位置）

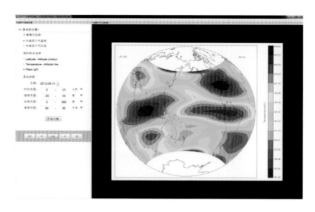

图 5.4　中低纬地区中高层大气温度模式的界面图

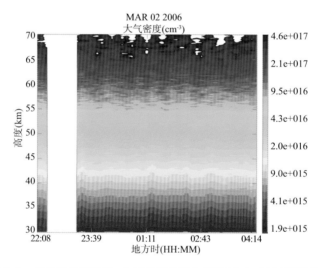

图 5.6　不累加的情况下，大气密度日变化情况（空白表示观测间断）

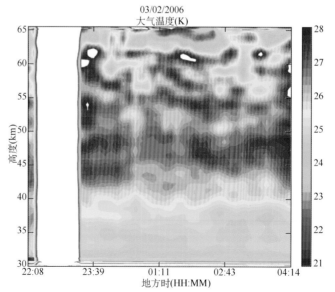

图 5.7　不累加的情况下，大气温度日变化情况（空白表示观测间断）

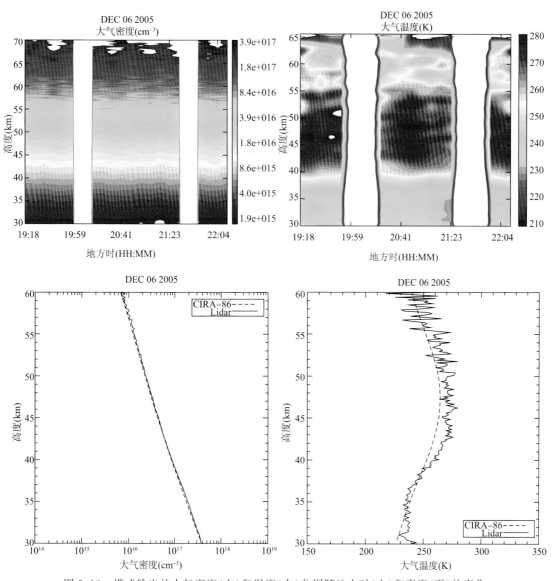

图 5.13 模式输出的大气密度（左）和温度（右）分别随地方时（上）和高度（下）的变化

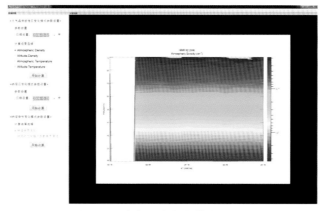

图 5.14 大气温度密度模式界面图

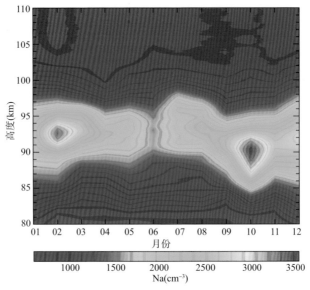

图 5.17　2005—2009 年季节平均钠层密度变化

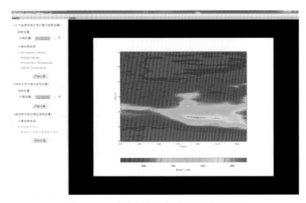

图 5.22　钠层季节变化模式界面图

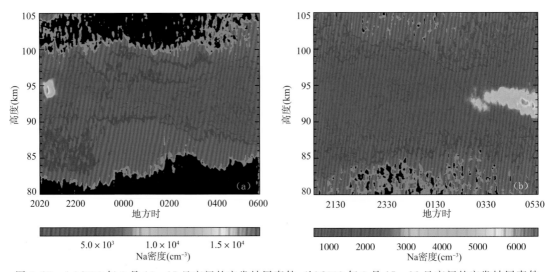

图 5.25　(a)2009 年 3 月 14—15 日夜间的突发钠层事件；(b)2009 年 3 月 15—16 日夜间的突发钠层事件